웰빙시대에 부응하는

푸드 사이언스

김영재 지음

월드사이언스
WORLD SCIENCE
worldscience.co.kr

웰빙시대에 부응하는

푸드 사이언스

인　　쇄 | 2018년 12월 1일
발　　행 | 2018년 12월 10일

저　　자 | 김영재
발 행 인 | 박선진
발 행 처 | (주)도서출판 월드사이언스

주　　소 | 서울특별시 서초구 방배4동 864-31 월드빌딩 1층
등록일자 | 1988년 2월 12일
등록번호 | 제 16-1601호
대표전화 | (02) 581-5811~3
팩　　스 | (02) 521-6418

E-mail | worldscience@hanmail.net
U R L | http://www.worldscience.co.kr

정　　가 | 18,000원
I S B N | 978-89-5881-279-1

이 도서의 국립중앙도서관 출판시도서목록(CIP)은 서지정보유통지원시스템 홈페이지 (http://seoji.nl.go.kr)와 국가자료공동목록시스템(http://www.nl.go.kr/kolisnet)에서 이용하실 수 있습니다. (CIP제어번호: CIP2018037457)

저자 주요 약력

김영재 교수는 세포내 단백질 분비와 생체 에너지 생성 메커니즘의 규명에 기여한 공로를 인정받아 세계 3대 인명사전 기관 중 하나인 영국 케임브리지 국제인명센터(International Biographical Center, IBC)로부터 2012년도 '21세기의 우수 지식인 2000인' 및 '세계 100대 과학자(Top 100 Scientists)'에 선정되었으며, IBC 아시아 지역 부의장(Deputy Director General of the IBC for Asia)으로 선출되었다. 또한 미국 인명 기관(American Biographical Institute, Inc., ABI)으로부터 2012년도 '21세기 위대한 지성인(Great Minds of 21st Century)'에 선정됨과 함께 국제업적상(Universal Award of Accomplishment)을 수상했다. 그리고 세계 3대 인명사전의 하나인 마르퀴스후즈후(Marquis Who's Who)에 2012년 2016년 5년 연속 등재되었다.

1979. 3. ~ 1983. 2.	: 경북대학교 농화학과 졸업
1988. 4. ~ 1991. 3.	: 일본국 Tokyo University 박사학위 취득(PhD)
	미국 Wesleyan University에서 연구원
	한국생명공학연구원(KRRIB)에서 연구원
1995. 3. 1. ~ 현재	: 창원대학교 자연과학대학 생명보건학부 교수
1996. 8.	: 일본국 동경대학 객원교수
2005. 1. ~ 2006. 12.	: 창원대학교 학생처장 및 종합인력개발원장
2006. 3. ~ 2007. 5.	: 창원대학교 학생생활관장
2016. 3. ~ 2016. 7.	: 창원대학교 평생교육원장
2016. 8. ~ 2018. 2.	: 창원대학교 종합인력개발원장

저자 주요 저서 및 논문 실적

1. 김영재. 2009. 최신미생물학. 월드사이언스.
   −2009년 문화체육관광부 우수학술도서−
2. 김영재. 2017 최신미생물학(2판). 월드사이언스
3. 김영재. 2010. 병원미생물 및 항생물질. 월드사이언스.
4. 김영재. 2012. 생화학-생체분자의 세계-. 월드사이언스.
5. 김영재. 2015. 핵심 효소학. 월드사이언스.
   −2016년 대한민국학술원 우수학술도서−

6. Y. J. Kim, Rajapandi, T., and Oliver, D. 1994. SecA Protein Is Exposed to the Periplasmic Surface of the *E. coli* Inner Membrane in Its Active State. *Cell* 78:845-853.
7. Y. J. Kim and Oliver, D. 1994. *Escherichia coli* SecY and SecE proteins appear insufficient to constitute the SecA receptor. *FEBS Lett.* 339:175-180.
8. Y. J. Kim, Song, K., and Rhee, S. 1995. A Novel Aerobic Respiratory Chain-Linked NADH Oxidase System in *Zymomonas mobilis*. *J. Bacteriol.* 177:5176-5178.
9. S. S. Kim, Rhee, I. K., and Kim, Y. J. 2001. Purification and characterization of a novel extracellular protease from *Bacillus cereus* KCTC 3674 *Arch. Microbiol.* 175:458-461.
10. O. K. Kim, Ham, K., Park, Y., and Kim, Y. J. 1999. cAMP-mediated catabolite repression and electrochemical potential-dependent production of an extracellular amylase in *Vibrio alginolyticus*. *Biosci. Biotechnol. Biochem.* 63:288-292.
11. Y. M. Ha, Lee, D. G., Yoon, J. H., Park, Y. H., and Kim, Y. J. 2001. Rapid purification and enzymatic properties of a novel extracellular β-amylase from *Bacillus* sp. *Biotechnology Letters* 23:1435-1438.
12. Y. J. Kim, Mizushima, S., and Tokuda, H. 1991. Fluorescence Quenching Studies on the Characterization of Energy Generated at the NADH:Quinone Oxidoreductase and Quinol Oxidase Segments of Marine Bacteria. *J. Biochem.* 109:616-621.
13. K. H. Cho and Kim, Y. J. 2000. Enzymatic and energetic properties of the aerobic respiratory chain-linked NADH oxidase system in the marine bacterium *Pseudomonas nautica*. *Mol. Cells.* 10: 432-436.
14. S. S. Kim, Park, Y., Rhee, I., and Kim, Y. J. 2000. Influence of Temperature, Oxygen, CCCP, Cerulenin, and Quinacrine on the Production of Extracellular Proteases in *Bacillus cereus*. *J. Microbiol. Biotechnol.* 10: 103-106.

PREFACE

머리말

식품은 인간이 살아가는 데 있어서 가장 중요한 의·식·주 중의 하나이다. 따라서 식품에 관한 연구는 인간사에 있어서 매우 중요하다고 할 수 있다. 이러한 식품은 인체 내에서 소비된 물질의 보충이나 성장, 번식 등의 활동에 필요한 영양소를 함유하고 있는 물질을 일컫는다.

푸드 사이언스(식품과학)는 식품 원료가 수확되어 가공, 저장, 유통의 과정을 거치는 동안 일어나는 모든 물리적, 화학적, 생물학적 반응을 비롯하여 위생, 안전성, 품질관리 등을 다루게 된다. 또한, 식품 원료의 종류와 특성, 기능, 구조, 생체 내에서 일어나는 반응 등과 같이 식품을 섭취했을 때 인체에 나타나는 모든 현상을 전반적으로 연구하는 학문이라고 정의할 수 있다.

과거 수십 년 동안 식품학 관련 여러 유형의 서적이 출간되어 왔다. 그러나 이들 서적 대부분은 일반인들이 이해하기 어렵게 기술되어 있거나 피상적인 내용 등으로 기술된 것들이었다. 따라서 본 저자는 전문적인 내용을 독자들이 보다 쉽게 이해할 수 있도록 기술하고자 노력하였다. 또한 이 책은 식품학 관련 다른 서적과 비교하여 몇 가지 다른 특징을 제시하고자 하였다. 첫째, 푸드 사이언스(식품과학)는 생명과학의 한 분야이기 때문에 독자들이 보다 쉽게 이해할 수 있도록 생화학 및 미생물학적 기초 지식을 많이 첨가하였다. 둘째, 푸드 사이언스의 내용들 중 일부분은 노벨상 수상자들에 의해 이루어진 업적들이다. 따라서 어떤 내용들이 노벨상 수상자들에 의해 규명되었는지를 상세히 수록하여 푸드 사이언스를 공부하는 독자들에게 흥미를 유발하고자 노력하였다. 셋째, 본 저서는 한글로 기술된 책이지만 원서를 접하는 느낌을 주기 위하여 전문 용어의 대부분을 영어와 함께 병행표기하였다. 그리고 외래어는 가능한 원어에 가까운 발음으로 표기하였다.

저자 개인의 부단한 노력에도 불구하고, 이 책은 아직도 부족함이 많을 것이다. 하지만 이후의 개정판에서 보다 새로운 학설을 바탕으로 보다 많은 내용을 보충하고자 한다. 아무쪼록 이 책이 생화학을 공부하는 분들에게 많은 도움이 되길 바란다.

끝으로 이 책의 출판을 쾌히 승낙하여 주신 월드사이언스 사장님과 이 책의 출판을 위해 성의를 다하여 수고하여 주신 정진열 부장님을 비롯한 직원 여러분께 심심한 감사를 드리는 바이다. 그리고 이 책의 출간을 위하여 지원을 아끼지 않은 창원대학교 산학협력단 소속 연구지원실에 깊은 감사의 말을 드리는 바이다.

2018년 12.
김영재

CONTENTS

차 례

2부 식품미생물학 Food Microbiology

1부

식품화학

Food Chemistry

식품화학(food chemistry)은 생화학(biochemistry), 유기화학(organic chemistry), 효소학(enzymology), 영양화학(nutritional chemistry), 발효식품학(Food fermentations), 독성학(toxicology), 식품공학(food technology) 등 다양한 분야의 학문이 복합적으로 어우러진 학문이다. 식품화학은 이상의 학문 영역을 바탕으로 식품 내에 함유되어 있는 생물학적 비생물학적 성분의 화학 공정 및 상호작용을 연구하는 식품과학(food science)의 한 분야이다. 즉, 식품의 원재료나 가공식품 또는 식품첨가물 등의 화학적인 특성과 가공 또는 저장 중에 일어나는 식품 성분들의 화학적인 변화를 다루는 학문이다.

이러한 식품화학의 발전과 더불어 우리 인간이 섭취하는 식품의 주요 성분들이 속속 밝혀짐에 따라 건강을 위해 어떤 식품을 어떻게 섭취해야 하는지를 비교적 쉽게 이해할 수 있게 되었다.

우리들이 매일 섭취하는 식품 속에는 탄수화물, 단백질, 지질, 핵산, 바이타민과 같은 생명 유지에 꼭 필요한 성분들이 함유되어 있다. 따라서 식품을 이해하기 위해서는 이들 분자들에 대한 기초 지식을 습득하지 않으면 안 된다. 제1부에서는 먼저 탄수화물, 단백질, 지질, 핵산, 바이타민과 관련된 생화학적 기본 지식을 간단히 공부한 후 식품 속에 함유되어 있는 기타 주요 성분을 공부해 보기로 한다.

1장 탄수화물이란 무엇인가?

생물체 중에 식물(plants), 조류(algae) 그리고 사이아노박테라아(cyanobacteria)를 비롯한 일부 세균(bacteria)은 태양 에너지를 이용하여 물과 이산화탄소로부터 간단한 탄수화물(carbohydrate)인 글루코오스(glucose, 포도당)를 합성한다. 이러한 광합성 과정에서 물의 분해에 의해 산소가 대기 중으로 방출되고, 태양 에너지는 화학 에너지(NADPH와 ATP)로 바뀐다. 그리고 광합성에 의해 합성된 글루코오스는 생체 내에서 여러 가지 유형의 탄수화물로 전환된다. 즉, 지구상에 서식하는 수많은 종류의 식물들은 광합성(photosynthesis)을 통해 얻어진 글루코오스를 구조적 기능을 가지는 셀룰로오스(cellulose) 및 에너지의 저장적 역할을 하는 녹말(starch)과 같은 식물성 산물(plant product)로 변환시킨다. 식물의 생장에 꼭 필요한 물질인 셀룰로오스는 나무의 절반 이상을 차지하며, 면 섬유의 원료인 목화(cotton)도 대부분 셀룰로오스로 이루어져 있다. 녹말(Starch)은 식물의 생존에 꼭 필요한 에너지원이다. 열매, 줄기, 뿌리 등에 다양한 형태로 저장된 녹말은 초식동물의 중요한 에너지원으로 이용된다. 그리고 육식동물은 초식동물을 자신들의 먹이로 이용하여 대자연의 먹이 사슬이 유지되고 있다. 초식동물과 육식동물을 불문하고 동물은 음식으로 섭취한 탄수화물을 글리코겐(glycogen)이라는 다당류로 체내에 저장한다. 이와 같은 탄수화물(carbohydrates)은 지구상에 존재하는 유기화합물들 중 가장 풍부한 생체분자이다. 그러면 생체 내에서 탄수화물은 어떤 역할을 하는지 간단히 살펴보기로 하자.

첫째, 탄수화물은 에너지 저장 및 연료(fuels)로 사용된다. 녹말(starch)과 글리코겐(glycogen)은 저장용 생체 연료이다. 앞에서 설명한 바와 같이 식물을 비롯한 광합성을 수행하는 생물은 물과 이산화탄소로부터 녹말과 같은 탄수화물을 생산한다. 이러한 녹말은 광합성 생물 자신뿐만 아니라 비광합성 생물의 에너지 공급에 중심적인 역할을 한다. 비광합성 생물인 동물에서 에너지 저장의 역할을 담당하는 탄수화물은 글리코겐이다. 글리코겐은 생물이 에너지를 필요로 할 때 글루코오스(glucose, 포도당)로 분해되어 대사과정을 거쳐 에너지를 공급한다.

둘째, 불용성 탄수화물의 중합체들(polymers)은 세균, 균류, 식물의 세포벽(cell wall)과 동물의 결합조직(connective tissue)에서 구조(structural)와 방어적 성분(protective element)으로 작용한다. 펩티도글라이칸(Peptidoglycan)은 세균 세포벽의 주성분이며, 카이틴(chitin)은 균류(fungi) 세포벽의 주성분이다. 식물 세포벽의 주성분인 셀룰로오스는 생물권에서 가장 풍부한 유기화합물 중의 하나이다. 하이알루론산(Hyaluronic acid)과 같은 글라이코사미노글라이칸(glycosaminoglycan)은 척추동물에서 맑고 매우 점성이 높은 용액을 형성하여 관절액(synovial fluid of joints)에서 윤활제(lubricant)와 같은 역할을 할 뿐만 아니라, 안구(eye-ball)의 유리체액(vitreous humor)에서 젤리와 같은 점도를 부여한다. 하이알루론산(Hyaluronic acid)은 또한 연골조직(cartilage)과 근조직(tendon)의 세포외 기질(extracellular matrix)의 성분인데, 기질(matrix)의 다른 성분과 강한 상호작용의 결과로 장력(tensil strength)과 탄력(elasticity)을 제공한다.

셋째, 라이보오스(ribose)와 디옥시라이보오스(deoxyribose)와 같은 당들은 RNA와 DNA의 구조적 뼈대(structural framework)를 형성하는 성분이다.

넷째, 탄수화물은 많은 단백질이나 지질과 공유결합으로 연결되어 있다. 이와 같은 복잡한 구조를 가진 탄수화물 중합체를 당복합체(glycoconjugates)라고 부른다. 당복합체(Glycoconjugates)는 프로테오글라이칸(proteoglycans), 당단백질(glycoproteins), 당지질(glycolipids)로 구분되며, 세포 내에서 정보 운반체의 역할을 담당하고 있다.

1.1 탄수화물의 정의

탄수화물(Carbohydrates)은 폴리하이드록시 알데하이드(polyhydroxy aldehyde)나 폴리하이드록시 케톤(polyhydroxy ketone) 또는 가수분해되어 그러한 화합물(polyhydroxy aldehyde나 polyhydroxy ketone)을 생성하는 물질로 정의된다. 보다 쉬운 말로 정리해 보면 탄수화물은 2개 이상의 수산기(−OH)가 결합되어 있는 알데하이드(aldehyde)나 케톤(ketone) 또는 가수분해되어 그러한 화합물을 생성하는 물질을 말한다. 탄수화물은 탄소, 수소, 산소가 1 : 2 : 1의 비율로 이루어진 유기 화합물로서, 대부분 $(CH_2O)_n$의 실험식(empirical formula)을 가지고 있다(n은 3이거나 3보다 큰 숫자임). 그러나 탄소, 수소, 산

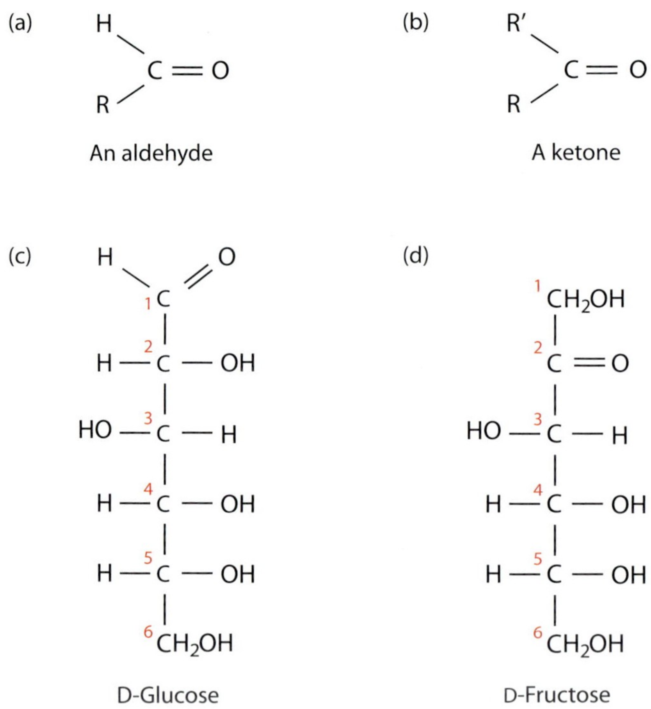

그림 1.1 (a) 알데하이드(Aldehyde), (b) 케톤(ketone), (c) D-글루코오스(D-glucose), (d) D-플락토오스(D-fructose)의 구조.

소 이외에 질소, 인, 황을 함유한 탄수화물과 DNA의 성분인 디옥시라이보오스(deoxyribose)는 $(CH_2O)_n$의 실험식에 적용되지 않는다. 디옥시라이보오스의 분자식은 $(CH_2O)_5$형인 $C_5H_{10}O_5$가 아니라 $C_5H_{10}O_4$이다.

1.2 탄수화물의 분류

탄수화물은 함유하고 있는 당단위(sugar unit)의 수에 따라 단당류(monosaccharides), 올리고당류(oligosaccharides), 다당류(polysaccharides) 등과 같이 세 군(group)으로 분류된다.

① 단당류(monosaccharides)

단순당(Simple sugar)이라고도 불리는 단당류는 단 한 개의 폴리하이드록시 알데하이드(polyhydroxy aldehyde)나 폴리하이드록시 케톤(polyhydroxy ketone) 단위(unit)로 이루어져 있다. 단당류는 무색의 결정형 고체이고, 단맛을 가지고 있다. 그리고 물에 가용성이며 비극성 용매에는 녹지 않는다. 가장 간단한 단당류는 알도오스(aldose)인 글리세르알데하이드(glyceraldehyde)와 이것의 구조 이성질체(structural isomer) 케토오스(ketose)인 다이하이드록시 아세톤(dihydroxy acetone)이다. 글리세르알데하이드(Glyceraldehyde)와 다이하이드록시 아세톤(dihydroxy acetone)의 구조는 다음과 같다.

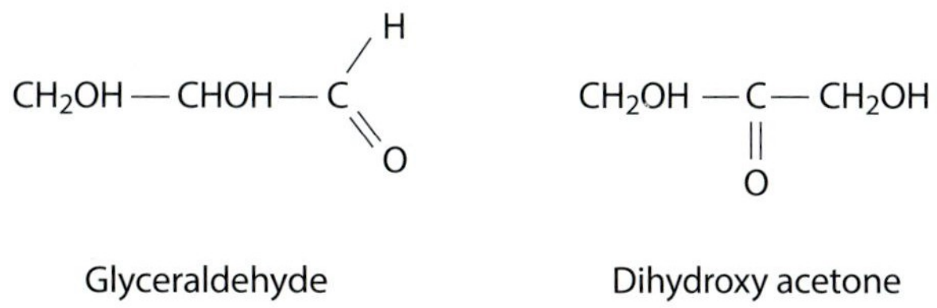

그림 1.2 글리세르알데하이드(glyceraldehyde)와 다이하이드록시 아세톤(dihydroxy acetone)의 구조.

단당류는 탄소의 수에 따라 삼탄당(triose), 사탄당(tetrose), 오탄당(pentose), 육탄당(hexose) 등으로 구분한다. 따라서 글리세르알데하이드(glyceraldehyde)와 다이하이드록시 아세톤(dihydroxy acetone)은 탄소 원자 3개로 이루어진 삼탄당(triose)이다. 일반적으로 거의 모든 단당류 및 올리고당류는 접미사 『-ose』로 끝나는 이름을 가지고 있다.

② 올리고당류(oligosaccharides)

그리스어 "oligos"는 "few"라는 뜻이며 "saccharide"는 "sugar"를 의미하는 그리스어 "*sakcharon*"으로부터 유래되었다. 올리고당류는 일반적으로 2~6개의 단당류로 이루어져 있으며 물에 가용성이며 단맛을 낸다. 올리고당류 중 이당류(disaccharide)가 자연계에 가장 많으며 삼당류(trisaccharide; raffinose)와 사당류(tetra-saccharide; stachyose)도 유리

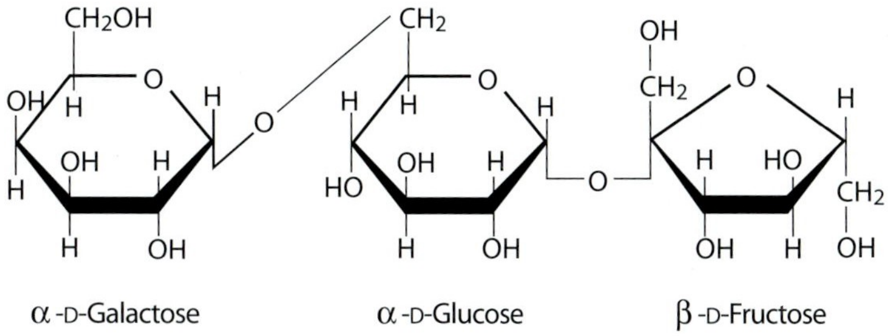

그림 1.3 삼당류 라피노오스(raffinose)의 구조. 라피노오스(Raffinose)는 α-D-galactose, α-D-glucose, β-D-fructose가 연속적으로 연결되어 D-Gal(α1→6)D-Glc(α1↔2β)D-Fru의 구조를 형성하는 비환원형 삼당류이다. 라피노오스는 식물계에 널리 분포해 있고 사탕무우, 목화씨 등 식물의 종자나 뿌리 등에 널리 분포되어 있다.

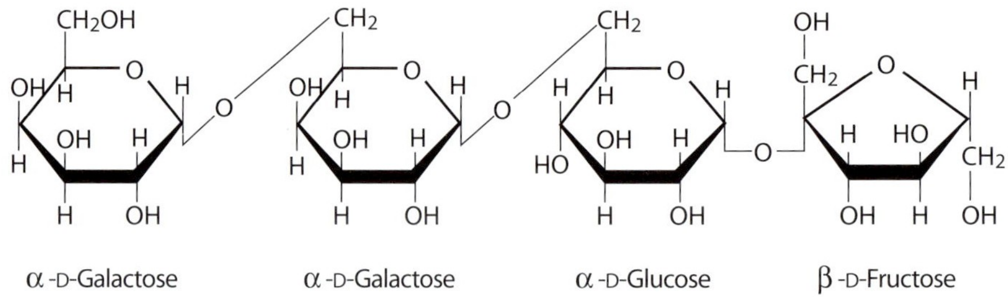

그림 1.4 사당류 스타키오스(stachyose)의 구조. 스타키오스(Stachyose)는 2개의 α-D-galactose, 1개의 α-D-glucose, 1개의 β-D-fructose가 연속적으로 연결되어 D-Gal(α1 → 6)D-Gal(α1 → 6)D-Glc(α1 ↔ 2β)D-Fru의 구조를 형성하는 비환원형 사당류이다. 즉, **스타키오스는 갈락토오스(galactose) + 라피노오스(raffinose)의 구조**를 취하고 있다. 강낭콩, 완두콩, 밀기울, 곡물 등에 함유되어 있는 스타키오스는 사람의 소화효소에 의해 분해되지 않지만 장내의 세균에 의해 쉽게 분해된다. 스타키오스가 포함된 음식물을 섭취했을 때 종종 위장에 가스가 차는 원인이 된다.

상태로 존재한다. 그러나 세포 내에서 3개 이상의 단당으로 이루어진 올리고당류는 대개 당단백질(glycoprotein)의 곁사슬(side chain)에 결합되어 있다.

이당류(Disaccharides): 원핵세포와 진핵세포를 불문하고 다양한 올리고당류들(oligosaccharides)이 다양한 역할을 수행하고 있다. 올리고당류 중 자연계에 가장 널리 분포되어 있는 것이 이당류(disaccharides)이다. 이당류로서 말토오스(maltose), 아이소말토오스(isomaltose), 셀로바이오스(cellobiose), 젖당(lactose), 설탕(sucrose), 트레할로오스(trehalose) 등이 알려져 있다. 이들 이당류들은 *O*-글라이코사이드 결합(*O*-glycosidic bond)에 의해 2개의 단당이 공유결합되어 형성된 것이다. 이당류들 중 말토오스(maltose), 아이소말토오스(isomaltose), 셀로바이오스(cellobiose), 젖당(lactose)은 환원당(reducing sugar)인 반면, 설탕(sucrose)과 트레할로오스(trehalose)는 비환원당(nonreducing sugar)이다. 올리고당류에서 유리 아노머 탄소(free anomeric carbon)가 있는 사슬의 끝부분을 환원 말단(reducing end)이라고 하며, 단백질과 핵산에서와 마찬가지로 올리고당류에서도 개개의 단위체(unit)를 잔기(residue)라고 부른다.

말토오스(Maltose): 말토오스는 맥아당 또는 엿당이라 불리기도 하며 효소 아밀레이스(amylase)에 의해 녹말이 가수분해될 때 중간물질로 얻어진다. 말토오스는 글루코오스 분자의 C-1에 결합된 알파-입체배위(α-configuration)의 수산기(−OH)와 또 하나의 글루코오스 분자의 C-4에 결합된 수산기가 α(1→4) 글라이코사이드결합(glycosidic linkage)으로 연결된 것이다. 즉, 알파-말토오스의 구조는 Glc α(1→4) Glc으로 나타낼 수 있다. 말토오스는 유리 아노머 탄소 원자에 결합되어 있는 수산기(free anomeric hydroxyl group)의 입체배위(configuration)에 따라 알파-말토오스(α-maltose) 또는 베타-말토오스(β-maltose)로 구분된다. 다음 그림은 베타-말토오스(β-maltose)의 예를 나타내고 있다. 이당류인 말토오스는 체내로 직접 흡수되지 못하고 장 점막(intestinal mucosa)에 위치해 있는 말토오스 가수분해효소, 즉 말테이스(maltase)에 의해 2분자의 글루코오스로 가수분해된 후에 흡수된다.

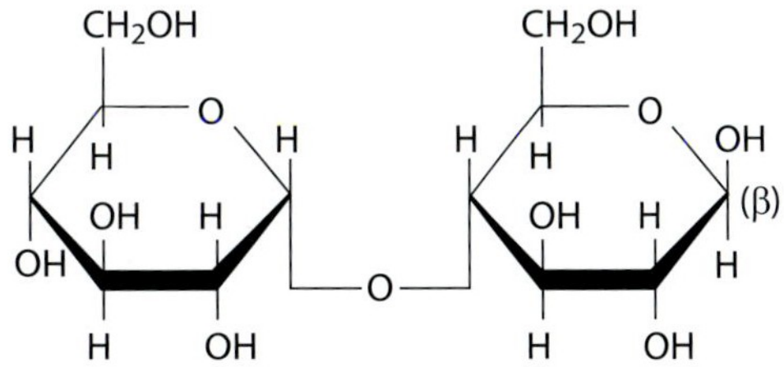

Maltose

아이소말토오스(Isomaltose): 아이소말토오스는 녹말의 아밀로펙틴(amylopectin)의 가수분해 도중에 얻어지는 이당류인데, 글루코오스 두 분자가 α(1→6) 글라이코사이드결합으로 연결되어 있다.

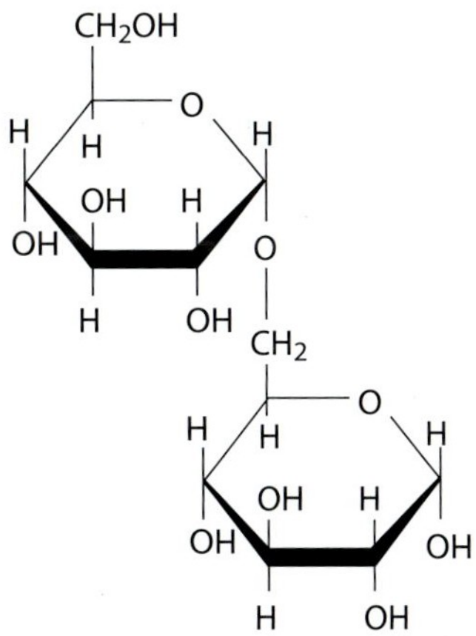

Isomaltose

셀로바이오스(Cellobiose): 셀로바이오스는 셀룰로오스(cellulose)의 효소에 의한 가수분해나 산가수분해 도중에 생성되는 이당류인데, 글루코오스 두 분자가 β(1→4) 글라이코사이드결합[β(1→4) glycosidic bond]로 연결되어 있다. 목화(cotton), 황마(jute), 또는 종이

(paper)와 같은 물질에 풍부한 셀룰로오스는 β(1→4) 글라이코사이드결합으로 연결된 글루코오스의 중합체(polymer)이다.

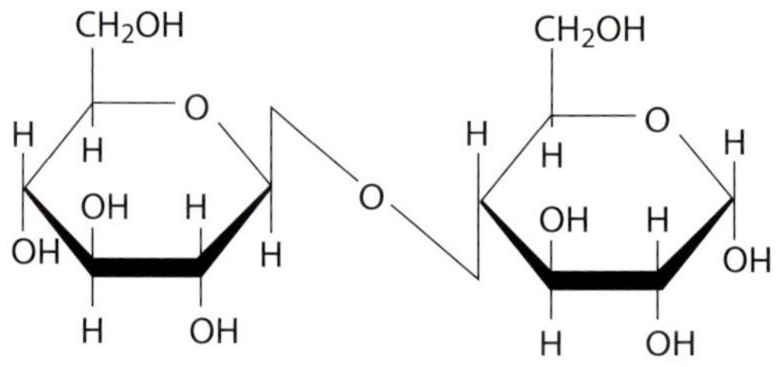

Cellobiose

락토오스(Lactose): 락토오스는 젖당 또는 유당이라고도 하며 젖에 존재하는 이당류인데, D-갈락토오스와 D-글루코오스가 β(1→4) 글라이코사이드결합으로 연결되어 있다. 즉, 알파-락토오스의 구조는 Gal β(1→4) Glc로 나타낼 수 있다. 알파-락토오스(α-Lactose)의 『α』는 유리 아노머 탄소(free anomeric carbon)에 부착되어 있는 수산기의 위치를 나타낸다. 락토오스는 맥아당과 같이 혈액 내로 직접 흡수되지 않고 장내의 점막에 존재하는 효소 락테이스(lactase)에 의해 단당류로 가수분해된 후 흡수된다. 유아(nursing infant)를 비롯한 어린 젖먹이 포유류(young, nursing mammals)에서 젖당 가수분해효소(lactase)는 충분히 발현되지만, 성장하면서 발현되는 양이 현저히 줄어드는 경향이 있다. 그러나 북유럽인과 일부 아프리카인은 성인이 되어도 이 효소를 보유하고 있다. 지중해 사람들과 동양인, 아랍인, 유대인, 인도인, 대부분의 아프리카인의 성인은 장내의 락테이스(intestinal lactase)를 거의 갖고 있지 않기 때문에 이들은 유당을 많이 함유하고 있는 음식을 섭취하면 설사나 복통을 일으키는 유당과민성(lactose intolerance)을 나타낸다.

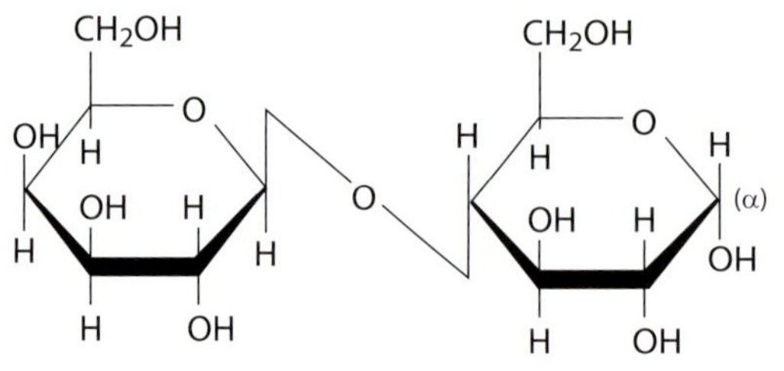

Lactose

슈크로오스(Sucrose): 슈크로오스는 고등식물에 의해 생성되며, 사탕수수(sugar cane)와 사탕무우(sugar beets)가 가장 중요한 상업적 재원(source)이다. 상업적으로 설탕(sugar)이라고도 하는 슈크로오스(sucrose)는 글루코오스(포도당)의 C-1에 결합된 알파-입체배위(α-configuration)의 수산기와 과당(fructose)의 베타-입체배위(β-configuration)의 C-2가 글라이코사이드결합(glycosidic bond)으로 연결되어 있다. 설탕의 구조는 Glc (α1↔β2) Fru으로 나타낼 수 있다. 설탕은 환원당인 다른 단당류나 이당류와는 달리 비환원당(nonreducing sugar)이다. 이것은 설탕을 구성하고 있는 글루코오스의 C-1과 플락토오스의 C-2 환원기가 모두 글라이코사이드결합(glycosidic bond)의 형성에 관여하고 있음을 뜻한다. 설탕도 다른 이당류와 같이 체내에서 직접 흡수되지 않고 소장(small intestine)의 세포에 존재하는 효소 슈크레이스(sucrase), 즉 인버테이스(invertase)에 의해 분해된 후 혈액내로 흡수된다. 인버테이스(Invertase)라는 이름은 분해반응이 일어나면서 슈크로오스(설탕)의 고유광전도가 달라지기(invert, 뒤집다) 때문에 붙여진 이름이다. 즉, 슈크로오스의 고유광회전도(specific rotation) $[\alpha]_D^{20}$는 +66.5°이지만, 슈크로오스가 가수분해되어 글루코오스($[\alpha]_D^{20}$ = +52.5)와 플락토오스($[\alpha]_D^{20}$ = −92)의 혼합물이 형성되면 고유광회전도가 음의 값을 나타낸다.

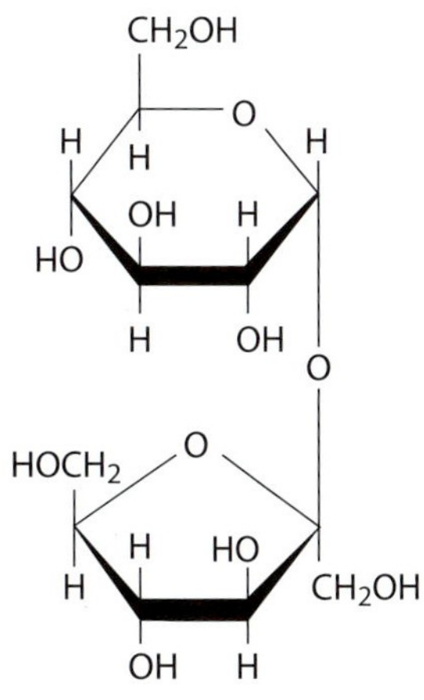

Sucrose

③ 다당류(polysaccharides, Glycan)

일반적으로 20개 이상의 단당류를 함유하고 있는 당 중합체(sugar polymer)를 다당류라 부르며, 수백 또는 수천 개의 단당류로 이루어져 있는 것도 있다. 다당류는 물에 불용성이고 맛이 없다. 한 종류의 단당류로만 구성된 다당류를 균일다당류(homosaccharide)라 하고, 두 종류 이상의 단당류로 구성된 다당류를 혼성다당류(heterosaccharide)라 한다. 식품 속에 존재하는 주요 다당류로는 식물세포에 존재하는 녹말과 동물세포에 존재하는 글리코

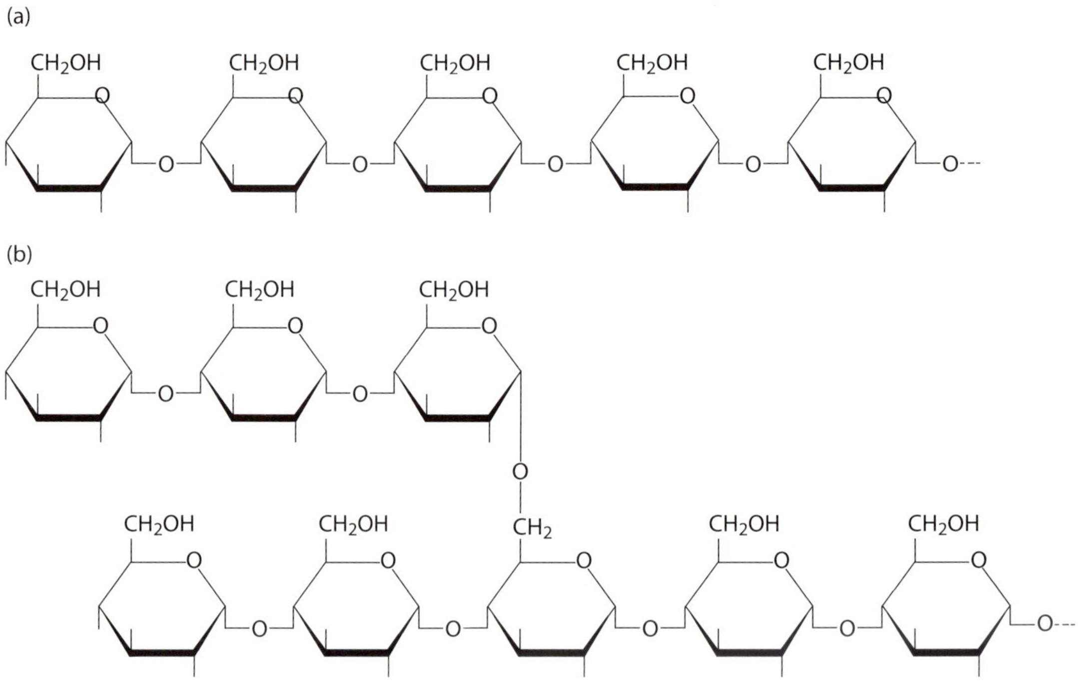

그림 1.5 (a) 아밀로오스(Amylose)와 (b) 아밀로펙틴(Amylopectin)의 구조.

겐 등이 있다.

녹말(Starch): 식물에서 생산되는 전분, 즉 녹말(starch)은 아밀로오스(amylose)와 아밀로펙틴(amylopectin)의 두 성분으로 이루어져 있는 저장형 동종다당류(storage homopolysaccharide)이다. 녹말은 구성성분인 아밀로오스와 아밀로펙틴 사슬이 규칙적으로 밀집된 상태를 유지할 때, 이를 『베타-녹말(starch granules)』이라고 한다. 천연 상태의 베타-녹말은 분자가 규칙적으로 밀집된 미세한 결정구조로 구성되어 있어서 물 분자가 침투하지 못한다. 그러나 베타-녹말은 보통 30% 이상의 물을 첨가하고 100°C에서 20분 이상 가열하면 결정구조가 파괴되면서 불규칙하고 느슨해진다. 이 상태에서 더 많은 물 분자가 침투하게 되고 녹말의 결정구조는 더욱 풀려져서 녹말은 결국 풀처럼 점성이 강한 액체로 변하게 된다. 이러한 녹말을 『알파-녹말(pregelatinized starch)』이라고 하며, 이런 현상을 호화(starch gelatinization)라고 말한다. 호화가 일어난 알파-녹말은 부드러워서 먹기 편할 뿐만 아니라 소화액이 스며들기 쉬워 소화도 잘된다. 종합해서 말하면 자연 상태의 생녹말은 모두 베타-녹말이며, 소화가 안되고, 찬물에 잘 녹지 않는다.

아밀로오스(Amylose)는 D-글루코오스가 $\alpha(1\rightarrow4)$ 글라이코사이드결합으로 연결된 선형 사슬로 이루어져 있는데 분자량이 수천에서 백만 이상까지 아주 다양하다. 아밀로오스는 물에 잘 녹지 않지만, 다당류 사슬이 나선형 입체구조(helical conformation)를 이루어 물 속에서 마이셀(micelle)을 형성한다. 아밀로오스는 요오드와 반응하면 독특한 청색을 띠는데, 이것은 아밀로오스가 물에 분산될 때 형성되는 글루코오스 단위의 나선코일 내부에 할로겐화물이 자리 잡기 때문이다. 그리고 아밀로오스는 자신의 구조적 특성(its tightly packed structure) 때문에 아밀로펙틴보다 소화(digestion)에 더 저항성을 가진다. 즉, 아밀로오스는 효과적인 비소화성 식품 성분인 저항성 전분(resistant starch)의 중요한 형태이다. 분자량이 1억 정도나 되는 아밀로펙틴은 가지사슬을 가진 다당류(branched polysaccharide)이다. 이 분자 내에 $\alpha(1\rightarrow4)$로 연결된 글루코오스 단위의 짧은 사슬들이 $\alpha(1\rightarrow6)$ 글라이코사이드결합으로 서로 연결되어 있다. 분지사슬들은 12~30개 정도의 글루코오스 잔기로 이루어져 있는데, 분지사슬의 평균 길이는 잔기 24~30개 정도이다. 아밀로펙틴도 물에 섞이면 미셀 구조를 형성하고 요오드(I_2)와 반응하면 붉은 자주색(red-violet color)을 띤다.

녹말은 식물에 따라 약 20~30%의 아밀로오스(amylose)와 약 70~80%의 아밀로펙틴(amylopectin)으로 이루어져 있다. 우리나라에서 주식으로 하는 쌀은 멥쌀과 찹쌀 두 종류로 나누어지는데, 아밀로오스와 아밀로펙틴의 구성비는 다음과 같다. 멥쌀은 20~25%의 아밀로오스와 75~80%의 아밀로펙틴으로 이루어져 있으며, 찹쌀은 거의 100% 아밀로펙틴으로만 이루어져 있다. 그리고 찰옥수수도 거의 100% 아밀로펙틴으로만 이루어져 있다. 이러한 사실로부터 짐작해 보아도 녹말은 아밀로펙틴의 함량이 증가할 수록 점도가 높아짐을 알 수 있다. 찹쌀이 주원료인 인절미가 보통 떡에 비해 찰기가 훨씬 높은 것도 이러한 이유 때문이다.

글리코겐: 동물조직에는 글리코겐(glycogen)이라 저장다당류가 존재하는데, 녹말의 아밀로펙틴(amylopectin)의 구조와 유사하다. 글리코겐도 $\alpha(1\rightarrow4)$로 연결된 글루코오스 단위의 짧은 사슬들이 $\alpha(1\rightarrow6)$ glycosidic linkage로 서로 연결되어 있지만, 아밀로펙틴보다 가지사슬이 많으며 약 8~12개의 글루코오스 단위마다 분지점(branch point)이 존재한다. 글리코겐은 간과 근육 등에 존재하는데, 특히 간에 풍부하며, 젖은 무게(wet weight)의 약 7% 정도를 차지하고 있다.

1.3 식이성 섬유

사람의 소화효소가 가수분해할 수 없는 음식물의 성분으로서 가용성 섬유[soluble(prebiotic, viscous) fiber]와 불용성 섬유(insoluble fiber) 두 가지로 구분된다. 가용성 섬유[soluble (prebiotic, viscous) fiber]는 수분을 흡수하여 젤라틴과 같은 점성을 가지며, 대장(colon)에서 서식하는 세균에 의해 발효되어 가스를 생성하는 생리학적으로 활성을 가지는 물질이다. 펙틴(Pectin)과 같은 가용성 섬유는 위장관(gastrointestinal tract)을 통과하는 음식물의 움직임을 느리게 함으로써 소화를 더 잘 시키고 영양분의 흡수를 더 용이하게 한다. 반면에, 셀룰로오스와 같은 불용성 섬유(insoluble fiber)는 대사적으로 불활성인 물질이지만 소화계에서 수분을 흡수하여 음식물의 분량을 증가시켜 포만감(a feeling of satiety)을 유지하게 하여 과식을 방지하는 역할을 한다(bulking action). 또한 불용성 섬유는 소화 생성물들(digestion products)이 대장을 통과하는 속도를 증가시킨다. 즉, 배변을 촉진시킨다. 이것은 콜레스테롤 또는 장 내에서 발생하는 발암물질 등 우리 몸에 유해한 물질로부터 노출을 최소화할 수 있다. 식이성 섬유의 예로서 셀룰로오스, 아라비노자이란(arabinoxylan), 덱스트린(dextrin), 펙틴(pectin), 이눌린(inulin), 카이틴(chitin), 리그닌(lignin), 베타-글루칸(β-glucan) 그리고 올리고당류(oligosaccharides) 등이 알려져 있다. 식이성 섬유를 많이 함유하고 있는 식품으로서 서양자두(plum, 플람)는 껍질에 불용성 섬유와 과육(pulp)에 가용성 섬유를 모두를 함유하고 있다. 가용성 섬유를 많이 함유하고 있는 식품으로서 콩과식물(legumes), 귀리(oat), 호밀(rye), 보리(barley), 과일류(바나나, 사과 배, 플람 등), 채소류(브로콜리, 당근 고구마 양파 등) 등이 있다. 불용성 섬유를 많이 함유하고 있는 식품으로서 배아 및 껍질 등을 제거하지 않은 식품(whole grain foods), 밀(wheat), 옥수수 겨(corn bran), 아보카도 및 바나나를 포함하는 몇몇 과일류, 토마토를 비롯한 몇몇 과실류의 껍질 등이 있다. 식이성 섬유의 목표 섭취량은 10g/100 kcal(성인의 경우 20~25g)이다. 비만 개선 등 섭취 에너지를 제한해야 하는 경우, 식이성 섬유의 활용이 매우 유용하다.

1.4 인공 감미료

단맛을 내는 감미료(sweetener)는 대별하여 천연 감미료와 인공 감미료(합성 감미료)로 구분할 수 있다. 설탕, 스테비오사이드(Stevioside), 글루코오스, 플락토오스 등은 천연 감미료인데, 설탕은 단맛이 강할 뿐만 아니라 가공식품을 제조할 때 가장 널리 사용되는 당질 감미료(saccharide sweetener)이다. 그러나 설탕이 충치, 비만, 당뇨병 등을 유발할 수 있다는 인식이 부각되면서 설탕을 대신할 수 있는 대체 감미료(sugar substitute)가 주목받고 있다. 이들 중 대부분의 인공 감미료는 비당질 감미료(non-saccharide sweetener)라는 특징이 있다.

합성 감미료라고도 부르는 인공 감미료(artificial sweetener)는 식품에 단맛을 내기 위해 사용되는 화학적으로 합성된 감미료를 일컫는다. 사카린(saccharin), 수크랄로오스(Sucralose), 아스파탐(aspartame), 아세설팜칼륨[acesulfame K(potassium)], 둘신(dulcin), 시클라메이트(cyclamate)와 같은 인공감미료들이 잘 알려져 있다. 단맛이 천연 감미료보다 높아 사카린, 수크랄로스, 아스파탐, 아세설팜칼륨은 식품공업에서 널리 사용되고 있지만 둘신, 시클라메이트는 안정성 문제로 사용 금지되어 있다. 현재 미국 식품의약국(FDA)로부터 사용을 승인받은 인공 감미료는 사카린, 수크랄로오스, 아스파탐, 아세설팜칼륨 등이다. 이들 중 가장 널리 알려진 사카린은 1879년 미국에서 발견된 최초의 인공 감미료로 1900년대부터 사용돼 왔다.

1.4.1 인공 감미료 사카린

한때 유해성 식품첨가물로 잘못 알려져 기피 대상이었던 사카린이 재조명되고 있다. 인공 감미료(artificial sweetener)인 사카린(Saccharin, benzoic sulfimide)은 단맛이 강하여 설탕의 300~400배에 이르지만, 고농도에서 약간 쓴 뒷맛(aftertaste)을 느끼게 하는 단점이 있다. 하지만 사카린은 체내에서 에너지화 되지 않고 소변으로 배출되기 때문에 미국과 유럽 등지에서 당뇨 · 비만 환자들에게 설탕 대신 널리 사용되고 있으며, 설탕에 비해 가격도 매우 저렴하다.

사카린은 1879년 미국 존스 홉킨스대학의 아이라 렘슨(Ira Remsen: 1846~1927) 교수의 실험실에서 콜타르 유도체(coal tar derivatives)에 관한 연구를 하던 독일 국적의 연구자 콘스탄틴 팔베르크(Constantin Fahlberg: 1850~1910)가 처음으로 합성하였다. 어느 날

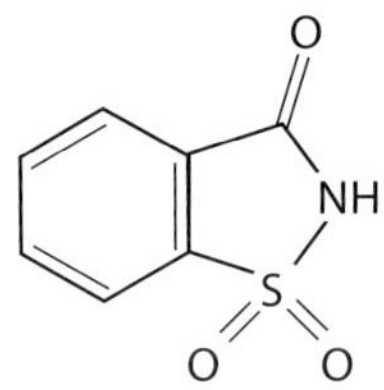

그림 1.6 사카린(Saccharin)의 분자구조. 사카린(Saccharin, benzoic sulfimide)의 화학식은 $C_7H_5NO_3S$, 분자량은 183.18, 녹는점은 228.8~229.7°C이다. 사카린의 소디움염(sodium salt of saccharin)은 무색 반투명의 결정이다. 사카린은 에탄올에 의해 쉽게 용해되지만 물에 잘 녹지 않기 때문에, 물에 녹기 쉬운 NH의 수소를 나트륨으로 치환한 나트륨염인 $C_7H_4NO_3SNa \cdot 2H_2O$(용성 사카린이라고도 한다)를 감미료로 사용한다. 사카린은 가열되면 불안정한 성질을 가지지만, 식품의 다른 성분들과 화학적으로 반응하지는 않는다.

팔베르크는 콜타르에 포함된 화학물질의 산화 반응을 연구하던 중 손을 씻지 않고 빵을 먹다가 강한 단맛을 느꼈다고 한다. 팔베르크는 렘슨 교수에게 이 물질의 정체를 알렸고 두 사람의 공동연구로 사카린이라는 물질이 세상에 처음 알려지게 되었다. 이러한 일화로 사카린은 페니실린과 함께 우연이 만들어진 산물로 유명하다.

사카린의 발견 후, 1차 세계대전으로 원당 수입이 힘들어지면서 심각한 설탕 부족에 시달렸던 유럽 국가들 사이에 급속히 번졌고, 1960~70년대 중반까지 거의 모든 가공식품에 사용될 정도로 큰 인기를 누렸다.

이런 사카린의 유해성 논란은 1977년 캐나다 국립 보건연구소가 발표한 한 연구 결과에서 비롯됐다. 이 연구 결과에 의하면 고농도의 사카린을 투여한 실험용 쥐는 방광암을 일으켰다. 뒤이어 1981년 미국 국립독성연구프로그램(National Toxicology Program, NTP)과 세계보건기구(WHO) 산하의 국제암연구소(International Agency for Research on Cancer, IARC)는 사카린을 '예상되는 인간 발암 물질'로 명시했고, 1988년에는 미국 캘리포니아 주법의 암 유발 화학물질 목록에 추가되면서 사카린은 식품첨가물로서 치명타를 입게 되었다.

하지만 이후 사카린의 유해성을 반박하는 연구 결과들이 속속 이어졌다. 캐나다에서 실시됐던 동물실험은 사카린을 지나치게 고농도로 투여한 조건이었으며, 사람에게는 방광암을 일으키지 않는다는 것들이었다. 사카린의 유해성에 관한 논란은 21세기에 접어들면서 거의 사라진 분위기다. 미국 국립독성연구프로그램(NTP)은 실험을 거쳐 2000년에 사카린을 발암성 물질 목록에서 삭제했으며, 미국 환경보호청(Environmental Protection Agency, EPA)도 2010년에 사카린을 유해물질 목록에서 삭제했다. 아직 논란은 있지만 2015년 4월 미국 화학학회에서 사카린이 항암효과가 있다는 연구결과까지 보고됐다.

우리나라에서도 사카린 규제 완화 추세에 따라 2012년부터 사카린 첨가 식품의 종류를 지속적으로 확대해 왔다. 우리나라의 경우 현재 총 29개 식품에 사카린이 사용되고 있다.

| 표 1.1 | 몇몇 당과 사카린의 상대적 당도

Sugar	Relative sweetness
Sucrose	100
Glucose	70
Fructose	170
Maltose	30
Lactose	16
Saccharin	40,000

이름이 과일을 뜻하는 라틴어 『*fructus*』에서 유래된 D-플락토오스(F-fructose, 과당)는 가장 풍부한 케토헥소오스(ketohexose)로서 벌꿀과 과일은 이 당의 좋은 공급원이다. 표에서 보는 바와 같이 D-플락토오스는 단당류 중 당도가 가장 높다. D-플락토오스의 당도는 포도당의 2.4배, 이당류인 설탕보다 1.7배 더 높다.

1.4.2 인공 감미료 아스파탐

자연적으로 생겨난 펩타이드는 그 길이에 있어서 2개의 아미노산 잔기를 가진 것부터 수천 개의 잔기를 가진 것에 이르기 까지 매우 다양하다. 상업적으로 합성된 디펩타이드(dipeptide)인 L-아스탈틸-L-페닐알라닌 메틸 에스터(L-aspartyl-L-phenylalanine methyl ester)는 아스파탐(aspartame: æspɑːrteɪm)으로 더 잘 알려진 비당질 인공 감미료이다. 처음에 누트라스위트(NutraSweet)라는 상품명으로 시판된 아스파탐은 설탕보다 약 200배나 더 달고, 사카린(saccharine: 설탕의 약 400배 더 단맛)을 비롯한 다른 인공 감미료에서 나타나는 불유쾌한 뒷맛(unpleasant aftertaste)이 없다.

아스파탐은 1965년 미국 〈G.D. Searle & Company〉의 화학자 제임즈. M. 슐레터(James M. Schlatter)가 항궤양 약제 후보물질 평가에 사용하기 위해 가스트린[gastrin: 위산(gastric acid)의 분비를 촉진하는 펩타이드 호르몬]의 테트라펩타이드(tetrapeptide)를 생성하는 중간 단계로서 아스파탐을 합성했다. 아스파탐의 특허권은 1992년에 만료되었다.

아스파탐은 다양한 과학적인 연구로부터 1981년 미국 식품의약국(FDA)로부터 사용 승인을 받았지만, 아스파탐의 안정성은 늘 정치적 의학적 논쟁의 대상이 되어 왔다. 유럽식

품안전청(European Food Safety Authority)은 2013년 아스파탐과 그 분해 산물의 재평가 작업에서 적정 수준의 아스파탐을 섭취할 시 이들은 인체 내에서 안전하다는 최종 결론을 내렸다. 아스파탐은 전 세계 100여 개의 기관에서 안전하다고 공인한 식품첨가물이며, 미국 식품의약국(FDA)은 1일 섭취허용량 40mg/kg에 한해 안전하다고 규정하고 있다. 하지만 아스파탐의 분해 산물은 페닐알라닌을 함유하고 있기 때문에 유전적으로 페닐케톤뇨증(phenylketonuria, PKU)을 지니고 있는 사람은 아스파탐의 섭취를 절대 자제해야 한다. 아스파탐은 섭취 후 아스파트산(aspartic acid), 페닐알라닌(phenylalanine), 메탄올(methanol)로 분해된다(in ratio of 4:5:1 by mass). 아스파탐의 대사에 의해 생성된 메탄올은 흡수되어 즉시 포름알데하이드(formaldehyde)로 전환된 다음에 포름산(formic acid)으로 완전히 산화된다. 사람의 경우 포름산은 체외로 빠르게 배출된다. 그리고 음료에서 아스파탐의 대사로부터 생성되는 메탄올의 양은 몇몇 과일 쥬스에서 발견되는 메탄올의 양보다 훨씬 적다. 또한 아스파탐의 대사로부터 생성되는 포름알데하이드의 양은 인체에 의해 일상적으로 생성되는 양이나 식품 및 의약품으로부터 생성되는 양과 비교하면 아주 미미하다.

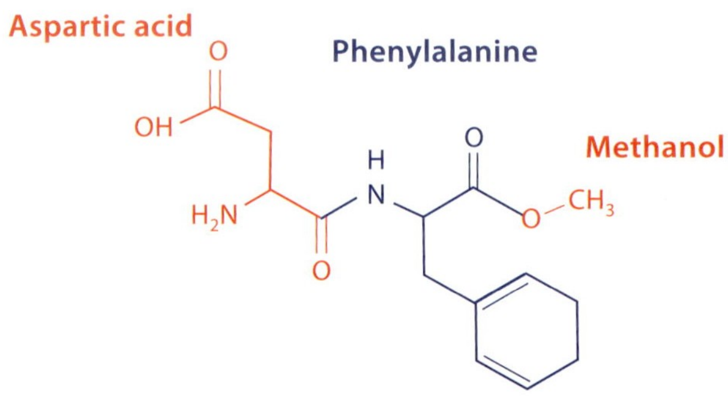

그림 1.7 아스파탐(Aspartame)의 구조.

아스파탐은 작은창자에서 가수분해되어 흡수되고, 포도, 오렌지, 레몬 등의 과일향을 높여주며, 의약품이나 커피 등의 쓴맛을 줄여주는 효과가 있다. 1g당 열량은 설탕과 같은 4kcal이지만, 설탕의 1/200만 사용하면 되기 때문에 저칼로리 감미료로 많이 사용되고 있다.

1.4.3 인공 감미료 수크랄로오스

수크랄로오스(Sucralose)는 설탕보다 약 320~1,000배(평균 600배) 더 단맛을 가진 인공 감미료로서 체내에서 분해되지 않기 때문에 사카린처럼 칼로리가 없다(noncaloric). 수크랄

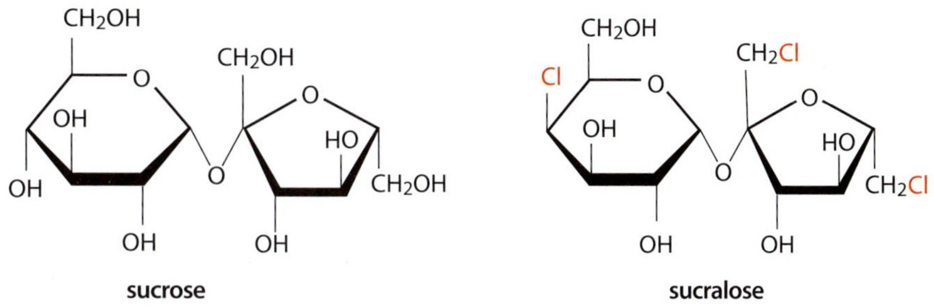

그림 1.8 수크로오스(sucrose)와 수크랄로오스(Sucralose)의 구조. 화학식 $C_{12}H_{19}Cl_3O_8$. 수크랄로오스는 설탕의 수산기 3개를 염소 원자로 대체하는 다단계 합성에서 설탕의 선택적 염소화에 의해 제조된다. 수크랄로오스는 단맛의 발현이 빠르며 알코올 및 저온의 물에서 용해도가 높다.

로오스는 설탕으로부터 만들어지기 때문에 설탕과 유사한 단맛을 띠며 단맛의 지속시간 역시 설탕과 유사하다. 수크랄로오스는 열과 산에 높은 안정성을 나타내기 때문에 고온처리식품, 산성식품에서 본래의 단맛을 그대로 유지하는 장점이 있다. 다른 감미료와 혼합하여 사용하면 다른 감미료의 단점을 보완하며 단맛을 증가시킨다. 국내에서는 2000년 식약청의 고시로 식품첨가물로 지정된 후 제빵, 제과, 음료, 껌 등에 널리 이용되고 있다. 1일 허용섭취량은 15.0mg/kg이다.

수크랄로오스(Sucralose)는 1976년 영국 식재료업체 테이트앤라일(Tate & Lyle)의 과학자들에 의해 발견되었다. 수크랄로오스는 1991년 캐나다에서 처음으로 사용 승인된 후 1993년에 호주(Australia), 1996년에 뉴질랜드(New Zealand), 1998년에 미국, 2004년에 유럽연합(European Union)에서 사용 승인되었다. 2008년 경에 수크랄로오스는 전 세계 80여 국가에서 사용 승인되었다.

1.4.4 인공 감미료 아세설팜칼륨

아세설팜칼륨(Acesulfame Potassium)은 설탕보다 200배 정도 더 단맛을 지닌 인공 감미료이다. 사카린과 같이 고농도에서 약간 쓴 뒷맛을 느낄 수 있다. 아세설팜칼륨은 설탕을 대신할 수 있는 무열량 대체 감미료(calorie-free sugar substitute)로서 음료류, 껌, 빙과 및 아이스크림, 가공유류, 잼류 등에 사용된다.

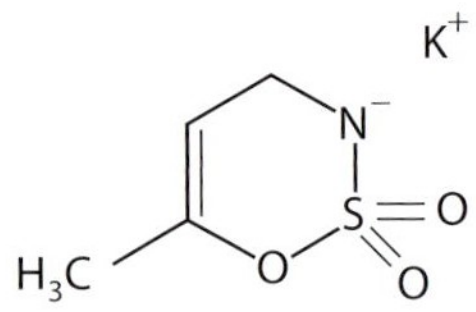

그림 1.9 아세설팜칼륨(Acesulfame Potassium)의 구조. 아세설팜칼륨은 화학식 $C_4H_4KNO_4S$을 가진 백색 결정성 분말이다. 물에 잘 녹고, 알코올에 약간 녹는다. 용해도는 온도가 상승하면 증가하는데 100°C에서 50% 이상의 용해도를 나타낸다. 고체 상태에서 매우 안정하며, pH 3 이상의 산성 조건에서도 분해되지 않는다. 아세설팜칼륨은 1967년 독일의 화학 및 제약회사 훼히스트 [Hoechst AG(현재 누트리노바(Nutrinova)]에 근무하던 화학자 칼 클라우스(Karl Clauss)에 의해 발견되었다.

2장 식품 속의 단백질 및 아미노산

단백질은 그 종류가 다양하며 살아 있는 세포 중에 가장 풍부한 생체분자이다. 실제로 한 개의 세포 중에 몇 천 가지의 서로 다른 단백질이 존재하며, 건조한 세포 무게(dry weight of cells)의 약 50% 이상이 단백질이다. 이와 같은 단백질들은 구성 단위물질(building block)인 아미노산들이 펩타이드결합에 의해 연결된 아미노산의 중합체들(polymers)이다. 모든 단백질들은 알라닌(alanine), 배린(valine), 루신(leucine), 아이소루신(isoleucine), 프롤린(proline), 페닐알라닌(phenylalanine), 트립토판(tryptophan), 메싸이오닌(methionine), 글라이신(glycine), 세린(serine), 쓰레오닌(threonine), 시스테인(cysteine), 글루타민(glutamine), 타이로신(tyrosine), 아스파라진(asparagine), 라이신(lysine), 아저닌(arginine), 히스티딘(histidine), 아스파트산(aspartic acid), 글루탐산(glutamic acid)의 20가지 표준 아미노산으로 구성되어 있다.

2.1 아미노산의 분류

단백질 내에서 발견되는 20종류의 표준 아미노산은 R group(곁사슬, side chain)의 화학적 성질, 특히 극성[polarity: 생물학적 pH(pH 7.0)에서 물과 상호작용하는 경향]에 따라 다음과 같이 4그룹으로 분류할 수 있다.

Group 1 − Nonpolar(hydrophobic) R groups
Group 2 − Polar but uncharged R groups

Group 3 − Positively charged R groups
Group 4 − Negatively charged R groups

Group 1: 비극성 또는 소수성 R기를 가진 아미노산들

이 그룹에 소수성 지방족(aliphatic)과 방향족(aromatic) 잔기(residue)를 가진 아미노산인 L-알라닌(L-alanine), L-배린(L-valine), L-루신(L-leucine), L-아이소루신(L-isoleucine), L-프롤린(L-proline), L-페닐알라닌(L-phenylalanine), L-트립토판(L-tryptophan), L-메싸이오닌(L-methionine)이 포함되어 있다. L-알라닌, L-배린, L-루신 그리고 L-아이소루신의 곁사슬(side chain)은 단백질 내부에서 서로 다발(cluster)을 형성하는 경향이 있으며, 이 소수성 상호작용(hydrophobic interaction)에 의해 단백질 구조를 안정화시킨다. 한편, 고리 구조(cyclic structure)를 가지는 프롤린(proline)은 그 질소 원자가 일차아민(primary amine)인 다른 아미노산들과 달리 이차아민(secondary amine)이다. 따라서 프롤린은 아미노산(amino acid)이라기 보다 이미노산(imino acid)으로 간주된다. 프롤린(Proline)의 이미노기는 경직된 구조로 되어 있기 때문에 프롤린이 존재하는 폴리펩타이드 부분은 구조적으로 유연성이 감소된다. Group 1에 속하는 아미노산들 중 곁사슬의 길이가 비교적 짧은 아미노산들은 물에 대한 용해도가 높다. 즉, 프롤린은 물에 매우 잘 녹으며, 알라닌과 배린

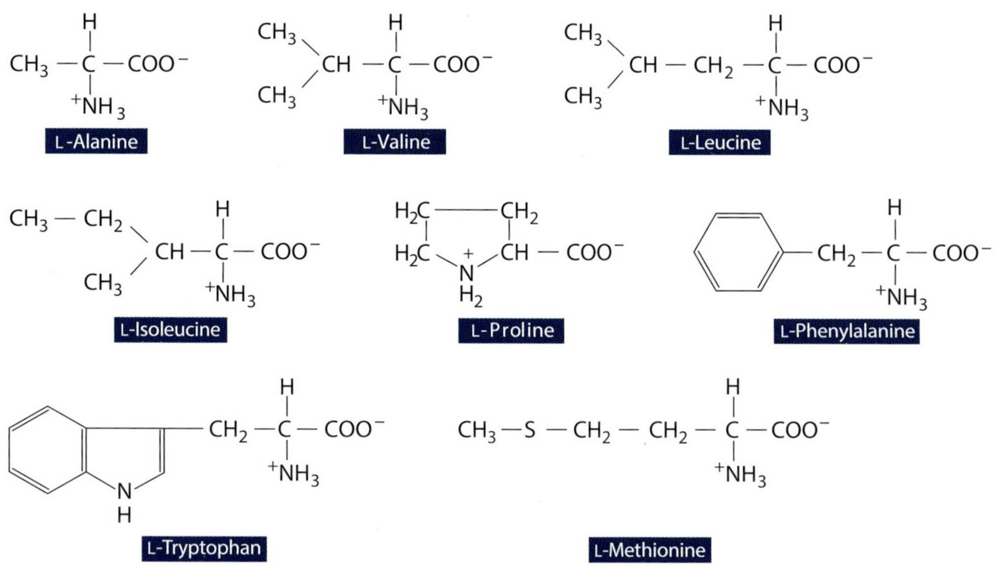

그림 2.1 비극성 또는 소수성 R기를 가진 아미노산들의 분자 구조.

도 Group 3의 아저닌(arginine)과 Group 2의 세린(serine)의 용해도와 비슷하다. 메싸이오닌(Methionine)은 시스테인(cysteine)과 함께 황을 함유하고 있는 아미노산(sulfur-containing amino acid)인데 곁사슬에 비극성 싸이오이써기(thioether group)를 가지고 있다. 트립토판(Tryptophan)은 인돌 고리(indole ring) 구조에 있는 N−H 부분이 물 분자와 상호작용할 수 있기 때문에 때때로 비극성 아미노산과 극성 아미노산의 경계선에 속하는 아미노산으로 여겨진다.

Group 2: 극성이지만 전하를 갖지 않는 R기를 가진 아미노산들

이 그룹에 속하는 아미노산으로 L-글라이신(L-glycine), L-세린(L-serine), L-쓰레오닌(L-threonine), L-시스테인(L-cysteine), L-글루타민(L-glutamine), L-타이로신(L-tyrosine), L-아스파라진(L-asparagine)이 있다. 글라이신을 제외한 이 그룹의 아미노산들은 물 분자와 수소결합을 형성할 수 있는 극성 R기를 가지고 있다. 이 극성 R기는 하이드록실기[hydroxyl group(−OH)], 설프하이드릴기[sulfhydryl group(−SH: thiol group)]이라고도 함) 또는 아마이드기[amide group(−$CONH_2$)]를 포함하고 있으며, 중성 pH에서 전기적으로 중성이다. 이러한 특성을 가지고 있는 아미노산들은 보편적으로 비극성 아미노산들보다 물에 잘 녹는다. 그러나 몇 가지 예외적인 사항에 주의해야 한다. 타이로신은 방향족 고리 때문에 비극성 성질을 상당히 지니고 있으며, 20가지 아미노산 중에서 물에 대한 용해도가

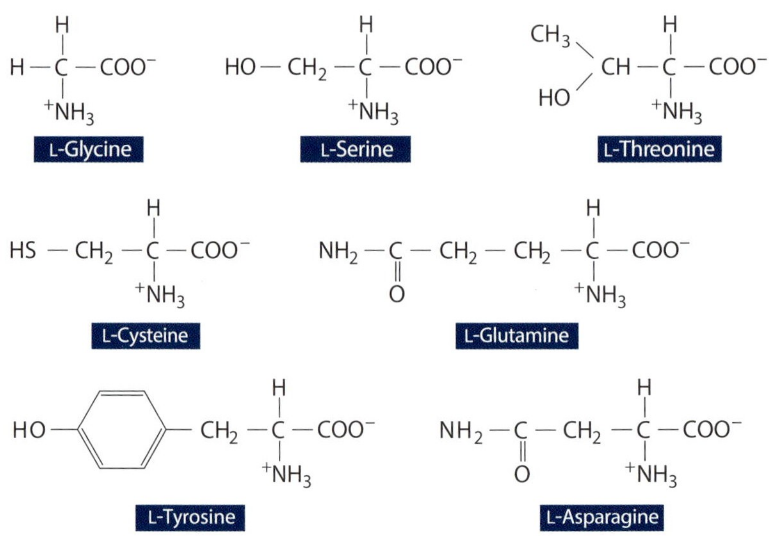

그림 2.2 극성이지만 전하를 갖지 않는 R기를 가진 아미노산들의 분자 구조.

가장 낮다(25°C에서 0.453g/L). 따라서 타이로신은 비극성 아미노산으로 분류될 수도 있지만, 자신의 페놀 고리에 있는 하이드록실기(−OH)의 pKa 값이 10.07이기 때문에 높은 pH에서 전하를 띄는 극성이다. 또한, 상기에서 설명된 프롤린, 알라닌 그리고 배린은 비극성 아미노산이지만 물에 대한 용해도가 비교적 높다. 구조적으로 가장 간단한 아미노산인 글라이신의 R기(곁사슬)는 수소 원자이지만, 이 수소 원자는 수소결합을 잘 형성하지 못한다. 그러나 글라이신의 용해성(solubility property)은 주로 극성의 아미노기와 카복실기에 영향을 받는다. 따라서 글라이신은 극성이면서 전하를 띠지 않는 가장 좋은 예의 아미노산으로 생각된다. 그러나 몇몇 생화학자들은 글라이신이 비극성 R기를 포함하고 있지 않지만 C−H 결합이 비극성이기 때문에 group 1에 포함시키기도 한다. 시스테인(Cysteine)은 산화되면 두 분자가 이황화결합(disulfide linkage)에 의해 연결되어 시스틴(cystine)을 형성하게 된다. 방향족 곁사슬(Aromatic R group)을 가지고 있는 Group 1의 페닐알라닌과 트립토판 그리고 Group 2의 타이로신은 다른 아미노산들과 비교하여 상대적으로 비극성이다. 따라서 이들은 소수성 상호작용(hydrophobic interaction)에 관여할 가능성이 높다. 또한 타이로신의 경우 페놀 고리의 수산기(하이드록실기)가 수소결합을 형성할 수도 있기 때문에 어떤 효소의 활성에 중요한 기능기(functional group)로서 작용하기도 한다. 타이로신과 트립토판이 페닐알라닌보다 극성이 높은 이유는 타이로신의 페놀 고리에 있는 수산기(−OH)와 트립토판의 인돌 고리에 있는 질소 원자로부터 기인된다.

트립토판과 타이로신 그리고 이보다 훨씬 약하지만 페닐알라닌은 자외선을 흡수한다(그

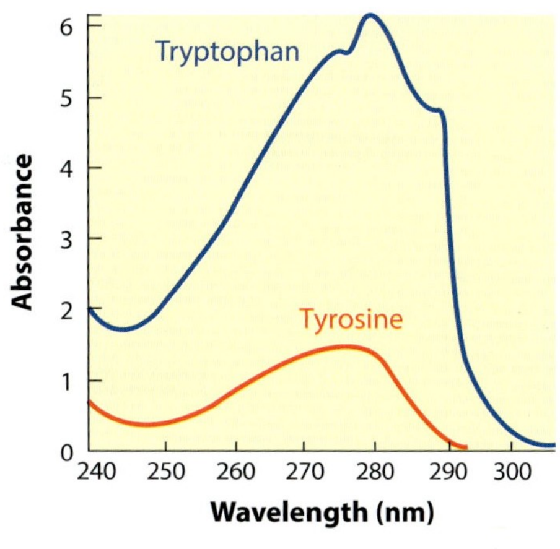

그림 2.3 트립토판과 타이로신에 의한 자외선 흡광도. 트립토판과 타이로신을 1mM의 농도(pH 6.0)로 녹여 분광광도계(spectrophotometer)를 이용하여 240nm부터 300nm까지 흡광도를 조사하였다. 동일한 농도임에도 불구하고 280nm 부근에서 트립토판의 흡광도는 타이로신의 흡광도보다 훨씬 더 높다.

림 2.3). 이것은 단백질이 280nm에서 특유의 강한 흡광성을 나타내는 원인이 된다. 280nm 부근에서 페닐알라닌에 의한 흡광도는 매우 약하기 때문에 단백질의 흡광도에 거의 영향을 미치지 않는다. 아스파라진(Asparagine)과 글루타민(glutamine)은 아스파트산(aspartic acid)과 글루탐산(glutamic acid)의 아마이드(amide)이고, 산 또는 염기에 의해 쉽게 가수분해되어 원래의 산으로 되돌아간다.

Group 3: 양전하로 하전된 R기를 가진 아미노산들–염기성 아미노산

이 그룹은 중성 pH 부근에서 양으로 하전된 염기성 곁사슬(basic side chain)을 소유하고 있는 세 가지 염기성 아미노산(basic amino acids)을 포함하고 있다. 상기에서 언급한 바와 같이 라이신(lysine)의 엡시론-아미노기[ε(epsilon)-amino group]는 pKa 값이 10.5이고 아저닌(arginine)의 구아니디늄기(guanidinium group)의 pKa 값은 12.5이다. 한편, 히스티딘(histidine)의 이미다졸기(imidazole group)의 pKa 값은 6.0이기 때문에, 히스티딘은 중성 pH 영역에서 해리되는 양성자를 가진 유일한 아미노산이다. 따라서 히스티딘은 많은 효소반응에서 양성자의 공여체(proton donor)와 수용체(proton acceptor)로서 중요한 역할을 한다. pH 7.0에서 라이신과 아저닌(arginine)의 곁사슬에 존재하는 양성자는 100% 결합되어 있지만, 히스티딘의 경우 10% 정도의 양성자만이 결합되어 있다. 생리적 조건 하에서 (pH 7.0), 라이신과 아저닌(arginine)의 곁사슬에 존재하는 양성자는 100% 결합되어 있기 때문에, 단백질 내에서 이들은 서로 정전기적 상호작용에 관여한다.

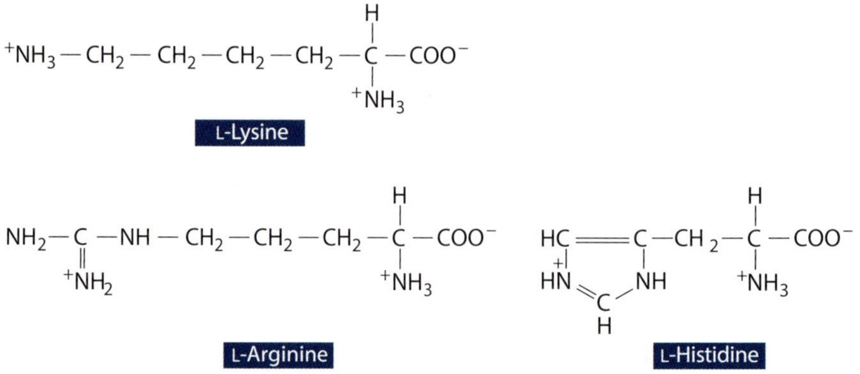

그림 2.4 양전하로 하전된 R기를 가진 아미노산들의 분자 구조.

Group 4: 음전하로 하전된 R기를 가진 아미노산들–산성 아미노산

이 그룹에 아스파트산(aspartic acid)과 글루탐산(glutamic acid) 2개의 산성 아미노산이 포함되어 있다. 이들 아미노산은 R 그룹(곁사슬)의 카복실기와 알파-카복실기(α−COOH)를 함유하고 있기 때문에 2개의 카복실기를 가진 아미노산(dicarboxylic amino acid)이 된다. 곁사슬에 존재하는 카복실기는 알파-카복실기(α−COOH)보다 산의 성질이 약하지만, 중성 pH에서 이온의 형태($-COO^-$)로 존재할 수 있을 만큼 충분히 산의 성질을 가지고 있다. 중성 pH에서 아스파트산(aspartic acid)과 글루탐산(glutamic acid)의 알짜 전하(net charge)는 −1이 된다. 이렇게 음전하를 띈 아미노산들은 단백질 내에서 몇 가지 중요한 역할을 한다. 구조적 또는 기능적 목적을 위하여 금속 이온을 결합하는 많은 단백질들은 금속 결합 부위(metal-binding site)로서 1개 이상의 아스파트산(aspartic acid) 또는 글루탐산(glutamic acid)을 함유하고 있다. 카복실기는 또한 특정 효소 반응에서 친핵체(nucleophiles)로서 작용하기도 하고, 다양한 정전기적 상호작용에 관여하기도 한다.

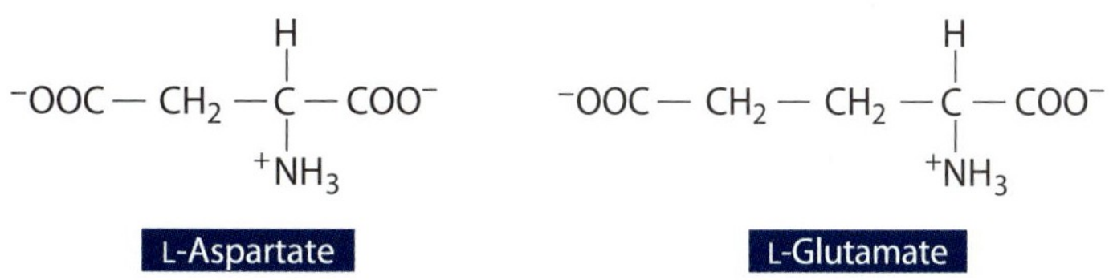

그림 2.5 음전하로 하전된 R기를 가진 아미노산들의 분자 구조.

2.2 맛에 의한 아미노산의 분류

아미노산, 펩타이드, 단백질은 식품의 중요한 성분 중의 하나로서 식품의 물리·화학적 성질 및 영양가에 기여할 뿐만 아니라 식품의 맛에도 직접적인 영향을 미친다. 각 아미노산은 감미(단맛, sweet), 고미(쓴맛, bitter), 산미(신맛, sour), 지미(감칠맛, 구수한 맛, palatable) 등의 특징이 있는 맛을 가지며 농도에 따라서도 맛이 다르다. 예로서 글루탐산(L-glutamic acid)은 저농도에서 산미를 고농도에서 지미와 산미를 나타낸다. 알라닌(L-Alanine), 세린(L-serine), 쓰레오닌(L-threonine), 아저닌(L-arginine) 등도 농도에 따라 맛이 다르다. 펩타이드(Peptide)의 맛에 있어서 아미노산이 2~10개로 된 저급 펩타이드(peptide)는 특히 발효식품(된장, 간장 등)의 맛의 성분으로 중요하다. 단백질을 프로테이에이스(protease)로 분해하면 고미를 생성하는 것이 많고 펩타이드의 고미는 그 중에 함유된 루신(leucine), 아이소루신(isoleucine), 배린(valine), 페닐알라닌(phenylalanine) 등의 소수성 아미노산에 기인되고 소수성이 높을수록 고미가 강화된다. 한편, 산성 아미노산을 함유하는 Glu-Asp, Glu-Thr, Glu-Ser, Glu-Glu 또는 Glu-Glu 잔기를 가진 헥사펩타이드(hexapeptide)는 중성영역에서 지미를 나타낸다. 더욱이 이들 펩타이드는 고미 펩타이드나 카페인(caffeine)과 같은 고미 물질의 고미를 없애거나 감소시키는 역할을 하는 것으로 알려져 있다. 펩타이드가 식품의 맛에 영향을 주는 또 다른 예는 1981년 FDA에서 인정한 인공감미료인 아스파탐(aspartame, L-aspartyl-L-phenylalanine-methylester)이다. 아스파탐(Aspartame)은 현재 실용화되고 있는 인공감미료로 설탕의 180배의 감미를 가진다.

식품의 성분으로 존재하는 아미노산들은 그 맛에 따라 다음과 같이 5개의 그룹으로 분류된다(0.3%의 수용액에서 각종 아미노산의 맛).

제1그룹: 전혀 맛이 없거나 거의 맛이 없는 아미노산들

여기에 속하는 아미노산들은 D-Alanine, L-Asparagine, L- and D-Aspartic acid, D-Glutamic acid, L-Histidine, L- and D-isoleucine, L- and D-Proline, L- and D-Serine, L- and D-Threonine, L- and D-Valine

제2그룹: 단맛을 가진 아미노산들

여기에 속하는 아미노산들을 단맛이 강한 순서대로 적으면 다음과 같다. D-Tryptophan(설탕의 35배의 단맛), D-Histidine, D-Phenylalanine(설탕의 7배의 단맛), D-Tyrosine(설탕의 5.5배), D-Leucine, L-Alanine, Glycine

제3그룹: 쓴맛을 가진 아미노산들

여기에 속하는 아미노산들을 쓴맛이 강한 순서대로 적으면 다음과 같다. L-Tryptophane (caffeine 쓴맛의 1/2), L-Phenylalanine(caffeine 쓴맛의 1/4), L-Tyrosine(caffeine 쓴맛의 1/12), D-Leucine

제4그룹: 감칠맛을 가진 아미노산

여기에 속하는 아미노산에는 L-Glutamic acid가 있다. Monosodium glutamate(MSG)는 향미증진제 또는 향미강화제(flavor intensifier, flavor enhancer)라 불리는데, 향미증진제란 그 자신은 특별한 향미를 가지고 있지 않지만, 함께 존재함으로써 식품의 맛을 변화시키거나 증진 및 향상시키는 물질을 말한다.

제5그룹: 유화물과 유사한 맛(sulfurous taste)을 가진 아미노산들
여기에 속하는 아미노산에는 D- and L-cysteine, D- and L-Methionine이 있다.

2.3 필수 아미노산

단백질은 체내에서 아미노산으로 분해 · 흡수된 후에 이용된다. 따라서 영양분으로서 단백질의 가치는 그 속에 함유되어 있는 아미노산의 종류와 양에 좌우된다. 20종의 표준 아미노산 중에 동물의 체내에서 합성되어지는 것과 합성되지 않기 때문에 반드시 음식으로부터 섭취되어야 하는 것이 있다. 필수 아미노산(Essential amino acids or indispensable amino acids)은 체내에서 합성되어지지 않거나 합성되더라도 그 양이 매우 적어서 생리적 기능을 달성하기에 불충분하여 반드시 음식(diet)으로부터 공급되어야만 하는 아미노산을 일컷는다. 이러한 필수 아미노산들이 음식으로부터 충분한 양으로 공급되지 않으면, 체내에서 단백질 합성이 잘 이루어지지 않는다. 비필수 아미노산은 체내에서 탄수화물의 중간대사물 또는 다른 아미노산 등으로부터 합성될 수 있는 아미노산들이다. 필수 아미노산의 종류는 동물의 종(species)이나 그들의 생장시기에 따라 다르지만, 성인의 경우 다음과 같은 8종류의 아미노산을 필수 아미노산이라고 한다. 즉, 배린(valine), 루신(leucine), 아이소루신(isoleucine), 페닐알라닌(phenylalanine), 트립토판(tryptophan) 메싸이오닌(methionine), 쓰레오닌(threonine) 그리고 라이신(lysine)이 필수 아미노산에 속한다.

어린이의 경우, 8가지의 필수 아미노산뿐만 아니라 히스티딘(histidine), 아저닌(arginine), 타이로신(tyrosine) 그리고 시스테인(cysteine)이 더 필요하다. 따라서 이들 아미노산을 어린이를 위한 필수 아미노산이라고 한다. 성장 호르몬이 방출되는 어린 시절에 히스티딘, 아저닌(arginine), 타이로신, 시스테인과 같은 아미노산들은 체내에서 필요한 양만큼 충분히 합성되지 않는다. 따라서 이들 아미노산은 음식으로부터 충분한 양을 섭취해야만 한다. 성인의 경우 히스티딘과 아저닌(arginine)은 요소 회로(urea cycle) 등을 통하여 충분한 양이 합성되고 있다.

3장 식품 속의 지질 및 지방산

지질(Lipid(*Greek; lipos, fat*)은 지방질로 번역되며 클로로포름(chloroform), 이써(ether), 아세톤(acetone)과 같은 비극성 용매에 의해 세포와 조직으로부터 추출될 수 있는 소수성(hydrophobic: 비극성 작용 기만을 가짐) 또는 양친매성(amphipatic: 극성 작용기와 비극성 작용기 모두를 가짐) 화학구조를 가지고 있는 물질이다. 생체분자인 생물학적 지질(biological lipids)은 화학적으로 다양한 화합물군으로서 물에 불용성이라는 공통점을 가지고 있다. 이러한 생물학적 지질은 전통적으로 다음과 같이 7군으로 구분되고 있다.

(1) 아실글리세롤(acylglycerols)
(2) 왁스(waxes)
(3) 인지질[phospholipids(glycerophospholipids, phosphoglycerides)]
(4) 스핑고지질(sphingolipids)
(5) 당지질(glycolipids)
(6) 글리세릴 이써 지질(glyceryl ether lipids)
(7) 터피노이드[terpenoids(including carotenoids and steroids)]

이들 중 인지질(phospholipid), 스핑고지질(sphingolipid), 당지질(glycolipid), 스테롤(sterol) 그리고 글리세릴 이써 지질(glyceryl ether lipid)은 생체막을 형성하는 막지질(membrane lipid)이다. 한편, 다른 종류의 지질들은 에너지를 효율적으로 저장하는 기능을 가지거나 보호 및 방수 기능을 가지기도 한다. 또한 바이타민(vitamin), 호르몬(hormone), 전자전달체(electron carrier), 색소(pigment), 세포내 전달체(intracellular messenger) 등의 기능을 가지는 것도 있다.

3.1 지방산의 특성

생명체(Living organisms)에서 에너지 저장형으로 가장 보편적으로 이용되는 유지류(fats and oils)는 지방산의 유도체들(derivatives of fatty acids)이다. 그리고 지방산(fatty acid)은 대부분의 지질(lipid)에서 주요 구성성분이기 때문에 지방산의 특성을 이해하는 것은 매우 중요하다. 지방산은 탄화수소(hydrocarbon)의 유도체로서 화석연료(fossil fuel)의 탄화수소와 동일한 정도로 낮은 산화 상태를 유지한다. 즉, 지방산은 매우 환원된 상태로 존재한다. 세포 내에서 지방산이 CO_2와 H_2O로 산화되는 반응은 엄청난 열을 발산한다(exergonic). 이러한 지방산의 특성을 정리해 보면 다음과 같다.

① 자연계에서 발견되는 대부분의 지방산은 짝수 탄소 원자(4~28개)를 가진 단일카복실산(monocarboxylic acid)이다. 그러나 양적으로 미미하지만, 홀수 탄소 원자를 가진 지방산들도 자연계에서 지질의 성분으로 발견되고 있다. 예를 들면, 돌고래의 지방에서 얻어지는 아이소발레르산(isovaleric acid: 3-Methylbutanoic acid)은 탄소 수가 5개인 홀수 탄소 원자를 가진 지방산이다. 동물의 지방산은 대게 16~20개의 탄소로 이루어진 곧은 사슬로서 이중결합을 전혀 가지지 않는 것부터 이중결합을 6개 함유한 것까지 있다. 세균의 지방산은 조금 더 다양하다. 즉, 포화지방산, 이중결합을 하나 가진 지방산(monoenoic fatty acid), 가지진 사슬을 가진 지방산(branched chain fatty acid), 또는 사이클로프로판 고리(cyclopropane ring)를 가진 것 등이 있다. 식물의 지방산은 아주 다양하다. 즉, 아세틸렌 결합(acetylenic bond), 에폭시기(epoxy group), 수산기(hydroxy group), 케토기(keto group), 사이클로프로펜 고리(cyclopropene ring), 사이클로펜텐 고리(cyclopentene ring)를 가진 것들이 있다.

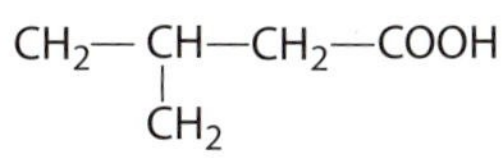

Isovaleric acid

② 지방산의 구조는 친수성인 카복실레이트기(carboxylate group: 지방산의 머리에 해당함)와 소수성인 탄화수소 사슬(hydrocarbon chain: 지방산의 꼬리에 해당함)로 이루어져 있다. 따라서 소수성 성분은 주로 소수성 성분끼리 상호작용을 하고 친수성 성분은 둘러싸인 수용성 환경과 작용한다. 이러한 친수성 성분과 소수성 성분을 동일한 분자 내에

| 표 3.1 | 자연계에 존재하는 지방산의 구조

ACID	STRUCTURE	MELTING POINT (°C)
Saturated fatty acids		
Acetic acid	CH_3COOH	16
Propionic acid	CH_3CH_2COOH	−22
Butyric acid	$CH_3(CH_2)_2COOH$	−7.9
Caproic acid	$CH_3(CH_2)_4COOH$	−3.4
Decanoic acid	$CH_3(CH_2)_8COOH$	32
Lauric acid	$CH_3(CH_2)_{10}COOH$	44
Myristic acid	$CH_3(CH_2)_{12}COOH$	54
Palmitic acid	$CH_3(CH_2)_{14}COOH$	63
Stearic acid	$CH_3(CH_2)_{16}COOH$	70
Arachidic acid	$CH_3(CH_2)_{18}COOH$	75
Behenic acid	$CH_3(CH_2)_{20}COOH$	80
Lignoceric acid	$CH_3(CH_2)_{22}COOH$	84
Monoenoic fatty acids		
Oleic acid	$CH_3(CH_2)_7CH\overset{cis}{=}CH(CH_2)_7COOH$	13
cis−Vaccenic acid	$CH_3(CH_2)_5CH\overset{cis}{=}CH(CH_2)_9COOH$	44
Dienoic fatty acids		
Linoleic acid	$CH_3(CH_2)_4(CH\overset{cis}{=}CHCH_2)_2(CH_2)_6COOH$	−5
Trienoic fatty acids		
α-Linolenic acid	$CH_3CH_2(CH\overset{cis}{=}CHCH_2)_3(CH_2)_6COOH$	−10
γ-Linolenic acid	$CH_3(CH_2)_4(CH\overset{cis}{=}CHCH_2)_3(CH_2)_3COOH$	−
Tetraenoic fatty acids		
Arachidonic acid	$CH_3(CH_2)_4(CH\overset{cis}{=}CHCH_2)_4(CH_2)_2COOH$	−50
Unusual fatty acids		
α-Elaeostearic acid	$CH_3(CH_2)_3CH\overset{trans}{=}CHCH\overset{trans}{=}CHCH\overset{cis}{=}CH(CH_2)_7COOH$ (conjugate)	48
Tariric acid	$CH_3(CH_2)_{10}C\equiv C(CH_2)_4COOH$	51
Isanic acid	$CH_2{=}CH(CH_2)_4C\equiv C{-}C\equiv C(CH_2)_7COOH$	39
Lactobacillic acid	$CH_3(CH_2)_5\underset{}{CH}\overset{CH_2}{—}CH(CH_2)_9COOH$	28
Vernolic acid	$CH_3(CH_2)_4CH\underset{O}{—}CHCH_2CH{=}CH(CH_2)_7COOH$	−
Prostaglandin (PGE_2)	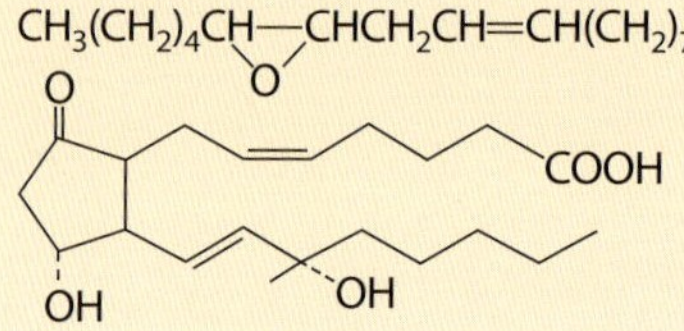	−

함유하고 있는 화합물을 양친매성(amphipathic)으로 지칭한다. 지방산은 이러한 양친매성 성질 때문에 물 속에서 일정한 방식으로 연합하여 마이셀(micelle)을 형성한다.

③ 유리 지방산(free fatty acid)은 독성이 있기 때문에 세포 내에서 한정된 양만이 유리형으로 존재하며, 대부분은 지질의 형태로 산소 에스터결합(oxygen ester linkage)을 하고 있다.

④ 지방산의 성질은 지방산의 탄화수소 사슬에 따라 결정된다. 탄소 원자가 1개에서 8개까지인 포화지방산(saturated fatty acid)은 자연계에서 액체로 존재하지만 그 이상의 탄소수를 가진 지방산은 고체이다. 포화지방산의 녹는점(melting point)은 분자량이 클수록 증가한다. 그러나 분자량이 큰 지방산일지라도 이중결합을 함유하고 있는 불포화지방산(unsaturated fatty acid)의 경우 녹는점이 낮으며, 이중결합의 수가 많아 질수록 녹는점은 더욱 떨어진다. 예를 들면, 식물성 기름(plant oil)은 대게 동물성 지방(animal fat)보다 불포화 지방산이 더 풍부하기 때문에 녹는점이 훨씬 더 낮다. 지질이 많이 함유된 식품을 산소가 함유된 공기 중에 오래 노출시키면, 지질이 변성되어 악취를 유발하게 된다. 이러한 산패화(rancidity)는 불포화지방산 중에 존재하는 이중결합의 산화적 분해로 인하여 사슬의 길이가 보다 짧아져서 휘발성이 높은 알데하이드나 카복실산을 생성하기 때문이다.

⑤ 지방산의 탄화수소 사슬에 이중결합이 존재하면 기하이성질현상(geometric isomerism)이 일어난다. 자연계에 존재하는 대부분의 불포화지방산의 이중결합은 보다 안정한 *trans* 배열보다 덜 안정한 *cis* 배열(*cis* configuration)을 취한다.

⑥ 기하이성질현상 이외에 지방산의 이중결합이 관여하는 또 하나의 이성질현상은 구조이성질현상인 다불포화지방산의 비콘쥬게이션 이중결합계(nonconjugated double-bond system 또는 isolated double-bond system)이다. 리놀레산(Linoleic acid)은 비콘쥬게이션 이중결합형의 대표적인 보기인데, 여기서는 이중결합이 메틸렌기(methylene group)에 의해 두절되어 있다. 이러한 배열을 펜타다이엔(pentadiene) 구조라고 한다. 그러나 공업적으로 중요한 다불포화지방산인 알파-엘라에오스테아르산[α-elaeostearic acid(tung oil의 주요 지방산)]은 알파-리놀레산(α-linoleic acid)의 이성질체이지만 콘쥬게이션 이중결합계를 가지고 있다.

3.2 포화지방산, 불포화지방산, 필수지방산, 트랜스지방

분자 내에 이중결합을 갖지 않고 단일결합으로만 이루어진 지방산을 포화지방산(saturated fatty acid)이라고 한다. 반면에, 지방산의 사슬 내에 2개 이상의 이중결합을 갖는 지방산을 불포화지방산(unsaturated fatty acid)이라고 한다. 포화지방산은 불포화지방산에 비하여 녹는점이 높고, 산화에 대한 안정성이 좋다. 불포화지방산은 단일불포화지방산(monounsaturated fatty acids), 다불포화지방산(polyunsaturated fatty acids), 트랜스 지방산(*trans*-fatty acids), 시스 지방산(*cis*-fatty acids) 그리고 오메가-지방산(omega fatty acids: ω-3, ω-6, ω-9)으로 구분된다.

우리들이 매일 섭취하는 식품에 포함되어 있는 지질의 지방산 조성은 매우 다양하다. 표 3.2는 몇 가지 식품에 포함된 지질의 지방산 조성을 나타내고 있다. 식품에 포함된 지방산은 인간의 건강과 성장에 매우 중요하다. 즉, 포화지방산이 많이 함유된 식품을 섭취하면 심혈관계 질환(cardiovascular disease)의 발병률이 증가한다. 반면에, 불포화지방산이 상대적으로 높은 식품을 섭취하면 심장마비와 뇌졸중의 위험성을 줄일 수 있다. 그러나 불포화지방산 중 트랜스 형 이중결합을 가지고 있는 것은(수소화 과정에서 생김) 심혈관계 질환을 일으킬 수 있다. 한편, 포유동물은 정상적인 성장과 생명 현상에 필수적인 몇 가지 지방산을 합성하지 못하기 때문에, 이들을 음식물(특히 식물)로부터 섭취해야만 한다. 이러한 지방산을 필수 지방산(essential fatty acids)이라고 부른다. 사람의 필수 지방산으로서 알파-리놀렌산(α-linolenic acid: omega-3 fatty acid)과 리놀레산(linoleic acid: omega-6 fatty

| 표 3.2 | 몇 가지 식품에 포함된 지질의 지방산 조성

Source	Lauric and Myristic	Palmitic	Stearic	Oleic	Linoleic
Beef	5	24–32	20–25	37–43	2–3
Milk		25	12	33	3
Palm		39	4	40	8
Olive		9	2	84	4
Corn		8–12	3–4	19–49	34–62
Safflower		6	3	13	78
Sunflower		6	1	21	66
Soybean		9	6	20	52

acid) 2종류가 알려져 있다. 조건부 필수 지방산(conditionally essential fatty acids)으로 감마-리놀렌산(γ-linolenic acid, omega-6 fatty acid), 포화지방산인 라우르산(lauric acid), 단일불포화지방산인 팔미톨레산(palmitoleic acid)이 있다. 아라키돈산(Arachidonic acid)은 식물에서 발견되지 않는 지방산이지만, 포유동물은 리놀레산(linoleic acid)으로부터 아라키돈산을 합성할 수 있다. 아라키돈산은 세포 내의 여러 가지 생리적 과정에서 호르몬과 같은 작용을 하는 프로스타글란딘(prostaglandin)의 전구물질(precursor)이다. 즉, 프로스타글란딘은 모든 세포막에 존재하는 인지질에서 나온 아라키돈산으로부터 유래된 불포화지방산에 속한다. 세포막 인지질의 구성성분인 아라키돈산은 인지질가수분해효소(phospholipase)에 의하여 세포질 안으로 유리된 후 라이포옥시게나제(lipooxygenase)에 의하여 류코트리엔(leukotriene)이 생성된다.

상기에서 설명한 바와 같이, 리놀레산(linoleic acid)과 리놀렌산(linolenic acid)은 동물의 정상적인 성장과 건강을 유지하기 위하여 음식물을 통하여 섭취하지 않으면 안 되는 필수지방산이다. 포유동물은 리놀레산과 리놀렌산을 합성할 수 없지만, 이들은 생체막의 중요 구성성분일 뿐만 아니라 혈중 콜레스테롤의 함량을 낮추는 역할도 한다. 따라서 식품으로서 이들의 섭취는 매우 중요하다. 리놀레산(linoleic acid)은 18개의 탄소 원자와 2개의 시스 이중결합(*cis* double bond)을 가지고 있으며, 오메가-6 지방산(ω-6 fatty acid)이라고도 한다(그림 3.1). 리놀레산은 주로 식물성 기름에 함유되어 있으며 콩기름, 옥수수기름, 면실유(cottonseed oil) 등에 50% 이상 함유되어 있다. 따라서 정상적인 식생활을 한다면 필수지방산을 충분히 섭취할 수 있기 때문에 부족될 염려는 없다. 특히 모유를 섭취하는 유아의

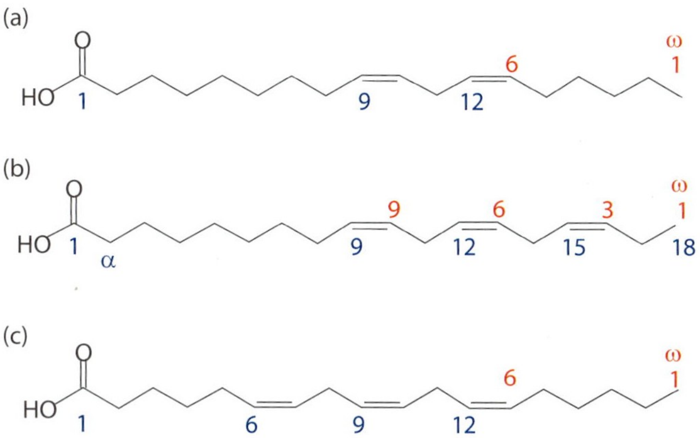

그림 3.1 (a) 리놀레산(Linoleic acid), (b) 알파-리놀렌산(α-linolenic acid) 그리고 (c) 감마-리놀렌산(γ-linolenic acid)의 구조. 알파-리놀렌산(α-linolenic acid)은 오메가-3 지방산(ω-3 fatty acid)이고, 리놀레산(linoleic acid)과 감마-리놀렌산(γ-linolenic acid)은 오메가-6 지방산(ω-6 fatty acid)이다.

경우 리놀레산이 모유 전체 열량의 6~9%에 해당하기 때문에 쉽게 필수지방산의 필요량을 충족시킬 수 있다. 리놀레산은 동맥경화 및 고혈압 방지의 효과가 있는 것으로 알려져 있다. 18개의 탄소 원자로 이루어져 있는 리놀렌산(linolenic acid)은 이중결합을 3개 가지고 있는 다불포화지방산으로서 식물성 기름(vegetable oils)에 많이 함유되어 있다. 리놀렌산(Linolenic acid)에 2개의 이성질체, 즉 알파-리놀렌산(α-linolenic acid)과 감마-리놀렌산(γ-linolenic acid)이 있는데, 알파-리놀렌산을 흔히 리놀렌산으로 부른다. 알파-리놀렌산(α-linolenic acid)은 오메가 3-지방산(ω-3 fatty acid)으로도 불리며, 화학명은 all-*cis*-9,12,15-octadecatrienoic acid이다. 알파-리놀렌산은 치아의 씨(chia seed), 평지(유채)의 씨(rape-seed, canola), 대마(hemp), 호두(walnuts), 콩(soybeans)에 많이 함유되어 있으며 심근경색, 동맥경화, 혈전방지의 효과가 있는 것으로 알려져 있다. 감마-리놀렌산(γ-linolenic acid)은 오메가-6 지방산(ω-6 fatty acid)으로도 불리며, 달맞이꽃 종자유(evening primrose seed oil)로부터 처음 분리되어졌다. 그리고 까막까치밥나무 종자유(blackcurrant seed oil), 대마 종자유(hemp seed oil), 보리지 종자유(borage seed oil)와 같은 식물유(vegetable oils)에서 주로 발견된다. 감마-리놀렌산은 염증(inflammation) 및 자가-면역 질환(auto-immune diseases)의 치료를 위한 식이 보충제(dietary supplement)로서 판매되고 있지만, 그 효능은 아직 완전히 입증되지는 않았다.

트랜스지방(Trans fat)은 트랜스 이성질체 지방산(*trans*-isomer fatty acid)을 가진 불포화지방의 일반명이다. 불포화 상태의 지방은 대기 중의 산소와 반응하면 쉽게 산패가 일어나고, 액체 상태로 존재하기 때문에 운반과 저장이 어렵다. 따라서 부분적으로 경화된 식물성 지방(hydrogenated oils for things like shortening and margarine)이 오랫동안 식품산업에 사용되어 왔다. 즉, 트랜스지방은 촉매 존재하 그리고 고온에서 액체 상태의 식물성 기름(불포화지방)에 인위적으로 수소를 첨가하여 고체 상태로 만드는 과정에서 생성된 것이다. 시스-불포화지방(*cis*-unsaturated fats)에 수소 원자를 첨가하면(the process of hydrogenation), 시스-불포화지방으로부터 이중결합이 제거되어 부분적인 또는 완전한 포화지방(saturated fats)으로 전환된다. 그러나 부분적인 수소화는 단지 시스-이성질체(*cis*-isomers)의 일부만을 트랜스-불포화지방(*trans*-unsaturated fats)으로 전환한다. 트랜스지방은 자연 상태에도 소량 존재하지만, 오늘날 인류가 섭취하는 트랜스지방의 대부분은 식물성 지방의 수소화 공정에 의해 생겨난 것이다. 트랜스지방이 혈관에 축적되면 각종 심혈관계 질환 발병율이 높아지는 것으로 알려져 있다. 마아가린(Margarine), 쇼트닝(shortening) 등은 대표적인 고트랜스지방 식품들이다. 조사에 의하면, 마아가린과 쇼트닝을 많이 사용하는 빵, 파이, 쿠키, 케이크, 팝콘, 냉동피자 등이고 트랜스지방 식품에 속한다.

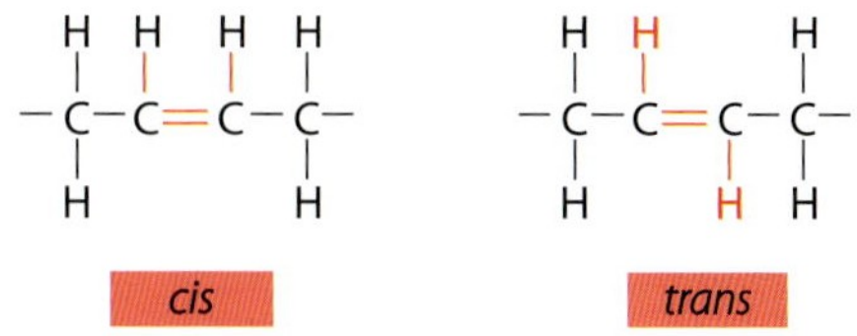

3.3 지방산의 명명법

상기에서 언급한 바와 같이, 지방산들은 사슬의 길이와 불포화도가 각각 다른 탄화수소들이며, 그 끝에 카복실기(carboxyl group)를 가지고 있다. 이러한 구조를 가지는 지방산을 기술하기 위하여 지질을 연구하는 과학자들은 유용한 약기호(shorthand notation)를 사용하고 있다. 일반적인 규칙으로서 지방산은 사슬의 길이(탄소 수)와 이중결합의 수를 콜론(colon)으로 분리하여 나타낸다. 예를 들면, 14개의 탄소로 이루어진 미리스트산(myristic

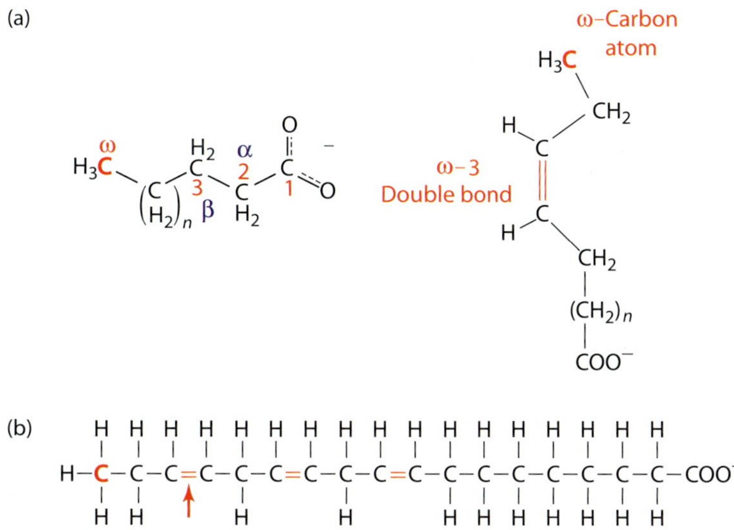

그림 3.2 오메가-3 지방산(ω-3 fatty acid)의 구조. 오메가-3 지방산(ω-3 fatty acid)은 첫 번째 이중결합이 세 번째와 네 번째 탄소 원자 사이에 있는 지방산이다. (a) 오메가-3 지방산의 일반적인 구조. (b) 영양학적으로 중요한 오메가-3 지방산인 알파-리놀렌산(α-linolenic acid)의 구조. 알파-리놀렌산(α-Linolenic acid)은 이중결합을 3개 가지고 있는 다불포화지방산(polyunsaturated fatty acid)이다.

acid)은 14:0으로, 18개의 탄소와 1개의 이중결합을 갖는 올레산(oleic acid)은 18:1로 간략하게 나타낸다. 지방산의 탄소 원자들은 카복실 말단으로부터 시작하여 번호를 매긴다. 이중결합의 위치는 델타(Δ)라는 기호를 적고 그 오른쪽에 어깨글자 숫자를 붙여서 표시한다. 18개의 탄소로 이루어져 있는 리놀레산(linoleic acid)은 9번과 10번 탄소 사이에 그리고 12번과 13번 탄소 사이에 이중결합을 갖고 있다. 따라서 리놀레산(linoleic acid)은 18:2($\Delta^{9,12}$)로 나타낼 수 있다. 불포화지방산을 명명하는 또 다른 방법으로서, 카복실기의 반대쪽 끝에 있는 말단 탄소 원자를 1번으로 하고 세어서 이중결합의 위치를 나타내기도 한다. 이때 지방산의 말단 메틸기의 탄소 원자(the methyl end of the fatty acid)를 오메가 탄소 원자(ω-carbon atom)라고 부른다. 오메가 지방(ω-fat)이란 오메가 탄소 원자(ω-carbon atom)로부터 시작하여 탄소 원자의 번호를 매길 때 최초의 이중결합을 나타낸 불포화지방을 일컫는다. 그림 3.2에 오메가-3 지방산의 구조를 나타내었다.

3.4 아실글리세롤

동식물이 가지고 있는 상당량의 지방산은 트리아실글리세롤(triacylglycerol)의 형태로 존재한다. 트리아실글리세롤은 지방(fats), 중성지방(neutral fats) 또는 트리글리세라이드(triglycerides)로 불려지기도 한다. 그림 3.3은 글리세롤(glycerol) 및 트리아실글리세롤(triacylglycerol)의 구조를 나타낸 것이다.

트리아실글리세롤(Triacylglycerol)은 한 분자의 글리세롤에 3개의 지방산이 에스터결합(ester linkage)을 하고 있는 물질이다. 에스터결합한 3개의 지방산이 모두 같은 종류인 경

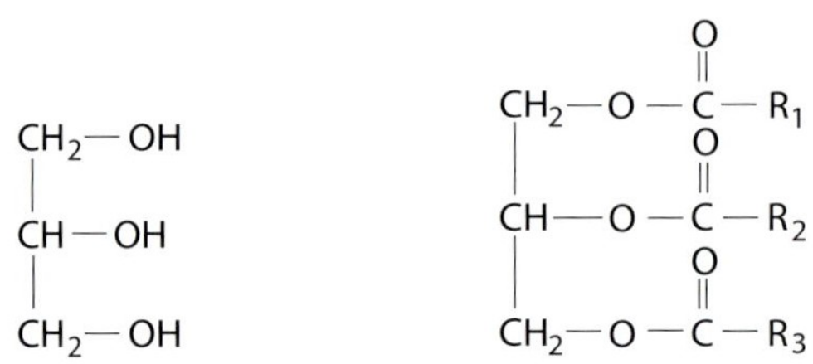

Glycerol Triacylglycerol

그림 3.3 글리세롤(Glycerol)과 트리아실글리세롤(triacylglycerol)의 구조. 글리세롤의 극성 수산기(polar hydroxyl group)와 지방산의 극성 카복실기(polar carboxyl group)가 에스터결합(ester linkage)되어 있기 때문에, 트리아실글리세롤은 궁극적으로 비극성 소수성 분자(nonpolar hydrophobic molecule)이며 물에 불용성이다.

우 단순형 트리아실글리세롤(simple triacylglycerol)이라고 부른다. 단순형 트리아실글리세롤은 그들이 함유하고 있는 지방산의 유형에 따라 명명되고 있다. 예를 들면, 16:0, 18:0, 18:1의 단순형 트리아실글리세롤들을 각각 트리스테아로일글리세롤[tristearoylglycerol(일반명: tristearine)], 트리팔미토일글리세롤[tripalmitoylglycerol(일반명: tripalmitin)], 트리올레오일글리세롤[trioleoylglycerol(일반명: triolein)]이라고 부른다. 그러나 자연계에 존재하는 대부분의 트리아실글리세롤들은 서로 다른 두 종류 또는 세 종류의 지방산을 함유하고 있는 혼합형이다. 한편, 다이아실글리세롤(diacylglycerol)과 모노아실글리세롤(monoacylglycerol)은 자연계에서 얼마 존재하지 않지만 여러 가지 생합성 반응의 중간물질로서 중요한 형태이다.

비극성 소수성 분자인 트리아실글리세롤은 동식물 세포 내에서 저장지방(storage fat)의 주성분이며, 막 내에서는 발견되지 않는다. 이러한 트리아실글리세롤은 대사 에너지의 저장을 위한 매우 효율적인 형태인데, 이것은 지방이 탄수화물이나 단백질보다 덜 산화되어져 있기 때문이다. 즉, 지방(fat)은 대표적인 고환원형 탄소이다. 따라서 지방은 산화 상태에서 보다 많은 에너지를 생산할 수 있다. 더욱이 비극성 물질인 지방은 무수 형태로(anhydrous form) 저장되기 때문에 동일한 무게의 수화된 글라이코젠(hydrated glycogen)과 비교하여 약 6배의 대사 에너지를 제공한다.

트리아실글리세롤(Triacylglycerol)은 성분 지방산의 성질에 따라 고체 또는 액체 상태로 존재한다. 대부분의 식물에서 트리아실글리세롤은 올레산(oleic acid), 리놀레산(linoleic acid), 리놀렌산(linolenic acid)과 같은 불포화지방산을 높은 비율로 함유하고 있기 때문에 녹는점이 낮고 실온에서 액체로 존재한다. 이와는 대조적으로 동물의 트리아실글리세롤은 팔미트산(palmitic acid), 스테아르산(stearic acid)과 같은 포화지방산을 높은 비율로 함유하고 있기 때문에 녹는점이 높고 실온에서 반고체(semisolid) 또는 고체(solid)로 존재한다. 척추동물에서 트리아실글리세롤의 합성과 저장은 지방세포(fat cells, adipocytes)에서 이루어지며, 지방세포(adipocytes)는 거의 지방과립(fat globule)으로 채워져 있다. 반면에 다른 유형의 세포들은 세포질 내에 수개의 지방과립만을 함유하고 있다. 동식물에 존재하는 유지(fats and oils, which differ only in that fats are solid and oils are liquid at room temperature)는 지방산과 글리세롤의 에스터들, 즉 트리아실글리세롤의 혼합물을 의미한다.

트리아실글리세롤(Triacylglycerol)의 에스터결합은 산이나 알카리로 쉽게 가수분해된다. 산가수분해는 가역적인 반면에 알카리가수분해는 비가역적이다. 그림 3.4에 나타낸 트리아실글리세롤의 에스터결합의 알카리가수분해(비누화반응, saponification)는 비가역적이다. 그 이유는 과량의 염기가 존재할 때 지방산이 모두 해리된 음이온으로 존재하므로 알코

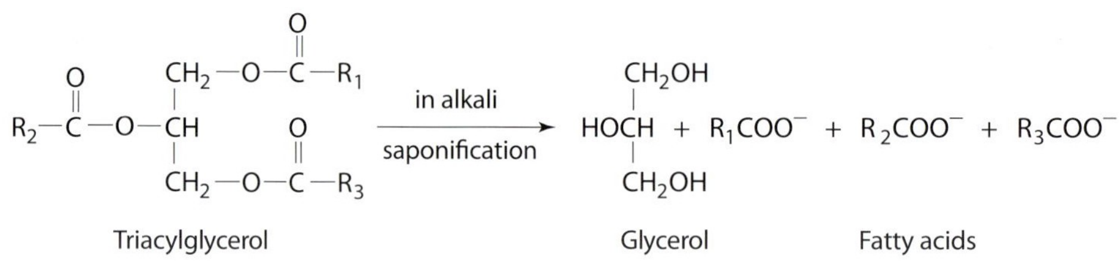

그림 3.4 트리아실글리세롤(Triacylglycerol)의 알카리가수분해(비누화반응, saponification).

올과 반응하는 경향이 없기 때문이다.

3.5 납(Wax)

『Wax』라는 용어는 구영어(the old English word)에서 『the material of the honeycomb (벌집의 재료)』라는 뜻을 가진 『*weax*』에서 유래되었다. 에너지 저장과 방수(water repellent)로 작용하는 생물학적 납(biological wax)은 일반적으로 C_{16}~C_{30} 범위의 긴 사슬의 알코올을 가진 C_{14}~C_{36} 범위의 포화 또는 불포화지방산의 에스터(ester)이다. 그림 3.5는 밀랍(beeswax)의 주성분인 트리아콘타노일팔미테이트(triacontanoylpalmitate)의 구조를 나타낸 것이다.

일반적으로 납의 녹는점(60~100°C)은 트리아실글리세롤(triacylglycerol)의 녹는점보다 높다. 납은 해양생물인 플랑크톤(plankton)에 있어서 대사 에너지의 주요 저장 형태이기도 하고, 과일과 나뭇잎 표면에서 물손실과 접촉손상(마모)으로부터 보호하는 보호층(protective coating) 구실을 하기도 한다. 또한, 물새가 자신의 깃털을 물에 젖지 않도록 하기 위하여 미지선(preen gland)으로부터 분비하기도 하고 밀랍(beeswax)과 같은 곤충에

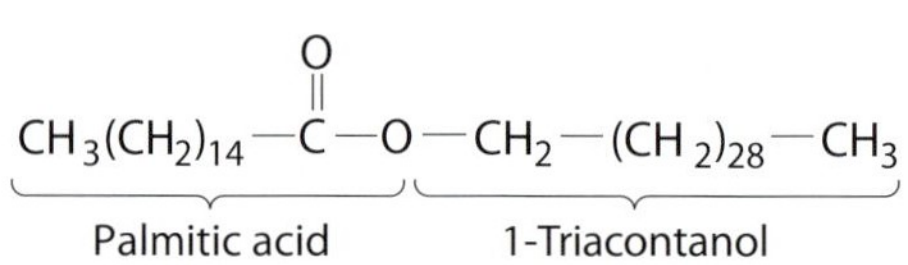

그림 3.5 밀랍(beeswax)의 주성분인 트리아콘타노일팔미테이트(triacontanoylpalmitate)의 구조. 트리아콘타노일팔미테이트(triacontanoylpalmitate)는 알코올인 트리아콘탄올(triacontanol)을 가진 팔미트산(palmitic acid)의 에스터(ester)이다.

의해 분비되기도 한다. 이러한 왁스는 제약, 화장품을 비롯한 산업적으로 다양한 용도로 이용되고 있다. 라놀린[Lanolin(양털로부터)], 밀랍[beeswax(꿀벌로부터)], 카나우바 왁스[carnauba wax(브라질의 야자나무)], 경뇌유[spermacetic oil(고래로부터)]는 로션, 연고, 광택제의 제조에 널리 이용되고 있다.

3.6 인지질

글리세로포스포리피드(Glycerophospholipid) 또는 포스포글리세라이드(phosphoglyceride)라고도 불리는 인지질(phospholipid)은 분자구조에 인산기를 함유하고 있기 때문에 붙여진 이름이며, 생체막을 구성하는 막 지질이다. 인지질은 포스패티드산(phosphatidic acid)의 유도체인데, 그 구조는 그림 3.6에 나타나 있다. 포스패티드산(Phosphatidic acid)은 글리세롤이 기본구조인 인지질의 모체가 되는 화합물로서 글리세롤 골격의 3번 탄소에 인산기가 에스터결합되어 있는 1,2-다이아실글리세롤(1, 2-diacylglycerol)이다. 이러한 구조를 가지는 인지질은 비극성(소수성)인 지방족화합물의(aliphatic) 『꼬리 그룹(tail group)』과 극성(친수성)인 포스포릴-X(phosphoryl-X)의 『머리 그룹(head group)』을 가지는 양친매성(amphipathic) 분자이다. 일반적으로 인지질의 지방족화합물의(aliphatic) 『꼬리 그룹(tail group)』은 C-1에 C_{16} 또는 C_{18} 포화지방산을 C-2에 C_{18}~C_{20} 불포화지방산을 함유하고 있으며, 『머리 그룹(head group)』의 X는 극성 알코올류를 함유하고 있다. X에 결합되는 알코올류로서 콜린[choline: $OH-CH_2-CH_2-{}^{+}N(CH_3)_3$], 에탄올아민(ethanolamine: OH−

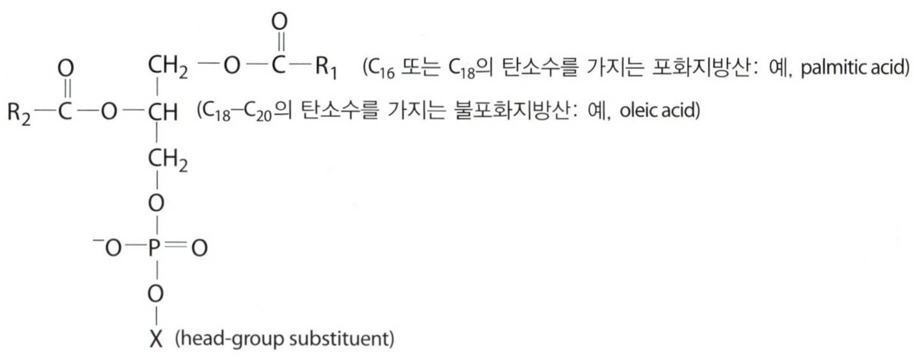

그림 3.6 *sn*(stereospecific number)-Phosphatidic acid의 유도체인 인지질의 구조.

| 표 3.3 | 인지질의 일반적 분류표

PHOSPHOLIPID	USUAL FATTY ACID (NONPOLAR COMPONENT)	BASE (POLAR COMPONENT)
3–*sn*–Phosphatidyl choline (lecithin) 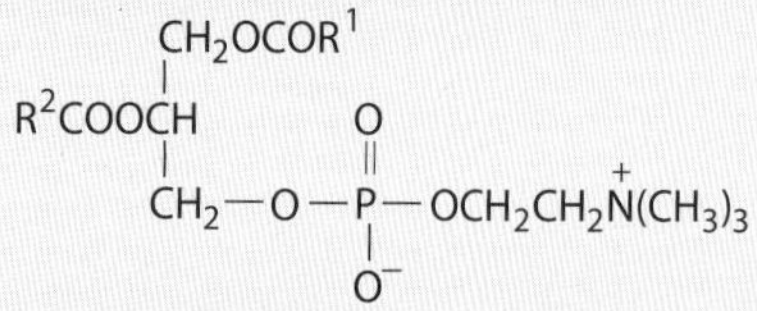	Stearic or palmitic (R^1) polyunsaturated(R^2)	Choline
3–*sn*–Phosphatidyl aminoethanol (cephalin) 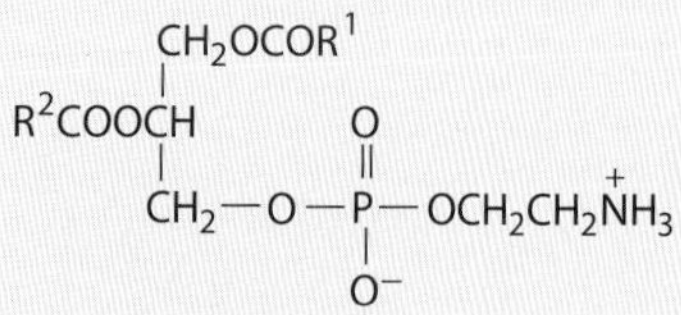	Stearic or palmitic (R^1) polyunsaturated (R^2)	Aminoethanol
3–*sn*–Phosphatidyl serine 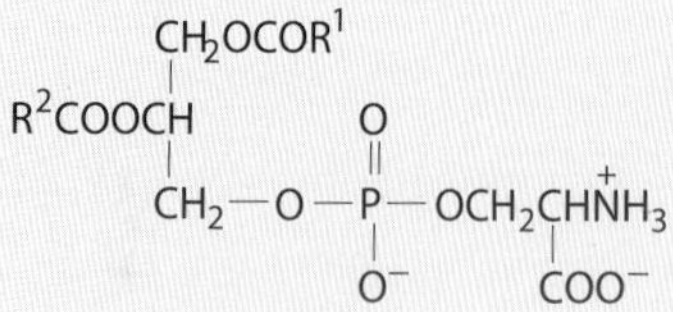	Stearic or palmitic (R^1) polyunsaturated (R^2)	Serine
3–*sn*–Phosphatidyl aminoethanol (plasmalgen) 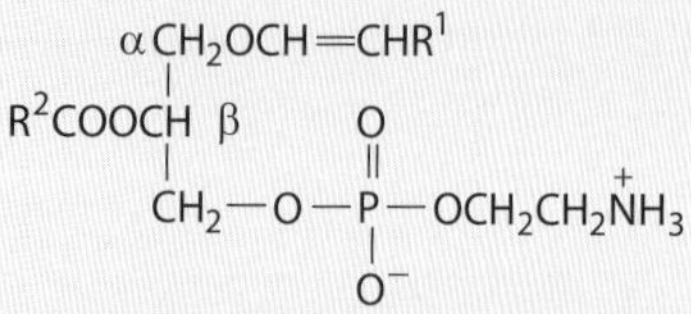	Unsaturated ether (α) Linoliec (β)	Aminoethanol
3–*sn*–Phosphatidyl glycerol 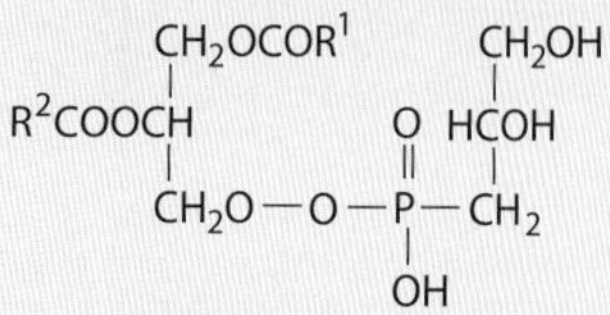	Polyunsaturated fatty acid (R^1, R^2)	Glycerol replaces base
3–*sn*–Phosphatidyl inositol 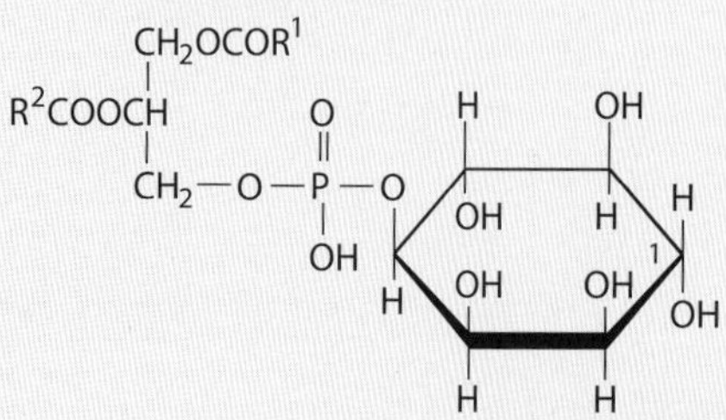	Palmitic (R^1) Arachidonic (R^2)	Myoinositol replaces base

$CH_2-CH_2-^+NH_3$), 세린[serine: $OH-CH_2-CH(COO^-)-^+NH_3$], 글리세롤(glycerol: $OH-CH_2-CH(OH)-CH_2-OH$), 이노시톨(inositol) 등이 있다. 인지질은 『머리 그룹(head group)』의 극성 알코올류에 따라 표 3.3과 같이 분류된다. 이들 중 포스패티딜코린[phosphatidylcholine(흔히 lecithine)]과 포스패티딜에탄올아민[phosphatidylethanolamine]은 세포막을 구성하는 가장 흔한 성분이다. 세균, 동물, 식물조직에 널리 분포되어 있는 인지질의 일반적 구조는 그들의 출처와 관계없이 거의 동일하다.

3.7 스핑고지질

막 지질인 스핑고지질(sphingolipid)은 1개의 극성인 『머리 그룹(head group)』과 2개의 비극성인 『꼬리 그룹(tail group)』을 가지고 있으며, 인지질과는 달리 글리세롤(glycerol)을 함유하고 있지 않다. 즉, 스핑고지질은 C_{18} 아미노 알코올(amino alcohol)인 스핑고신[sphingosine(4-sphingenine)]의 유도체이다. 그림 3.7에 나타낸 바와 같이 스핑고신(sphingosine)의 $-OH$와 $-NH_2$에 여러 가지 성분이 결합되어 중요한 유도체들을 생성한다. 완전히 환원된 스핑고신(sphinosine)은 다이하이드로스핑고신[dihydrosphingosine(sphinganine)]이라고 부른다. 몇 가지 중요한 스핑고지질을 표 3.4에 나타내었다. 세라마이드(Ceramide)는 스핑고신(sphingosine)의 $-NH_2$에 아마이드결합으로 지방산이 연결된 화합물을 말하는데 모든 스핑고리피드(sphingolipid)의 공통된 기본적 구조단위가 된다. 즉, 세라마이드의 구조는 스핑고신(sphingosine)과 지방산(fatty acid)만으로 이루어져 있다. 세라마이드는 세포막에 있어서 지질 이중층의 구성성분일 뿐만 아니라 신호분자(signaling

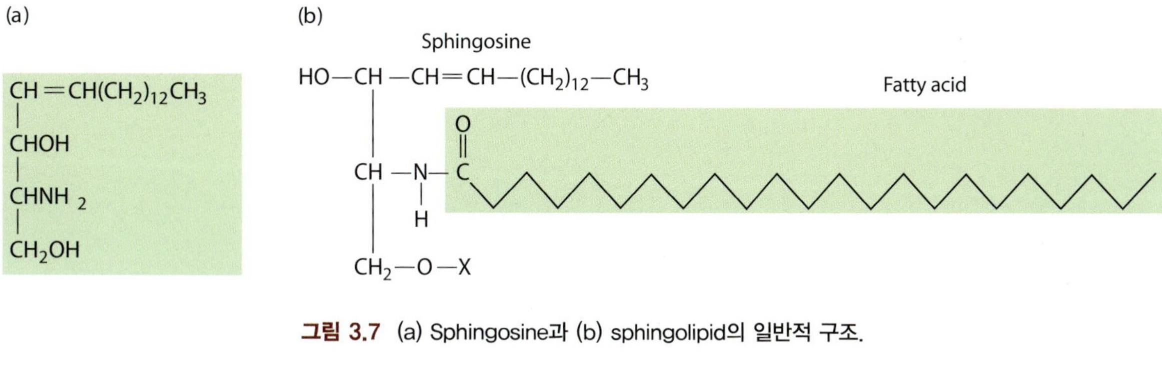

그림 3.7 (a) Sphingosine과 (b) sphingolipid의 일반적 구조.

| 표 3.4 | Sphingolipid의 일반적 분류

Sphingolipid (general structure)

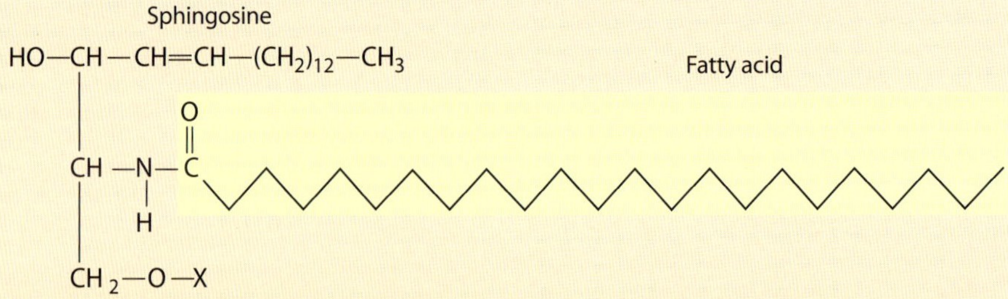

Name of sphingolipid	Name of X	Formula of X
Ceramide		—H
Sphigomyelin	Phosphocholine	$-P(=O)(O^-)-O-CH_2-CH_2-\overset{+}{N}(CH_3)_3$
Glucocerebroside	Glucose or Galactose	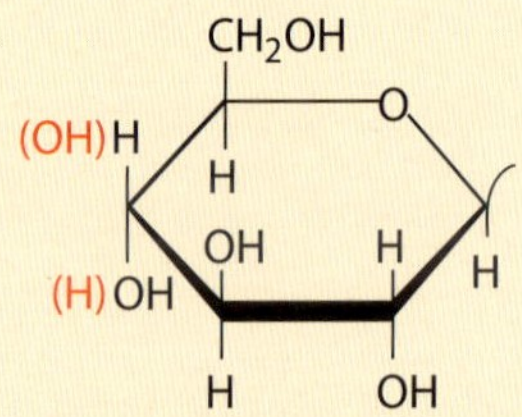
Lactosylceramide (a globoside)	Di–, tri–, or tetrasaccharide	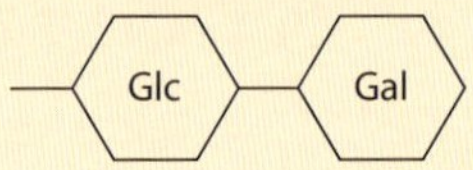
Ganglioside GM2	Complex oligosaccharide	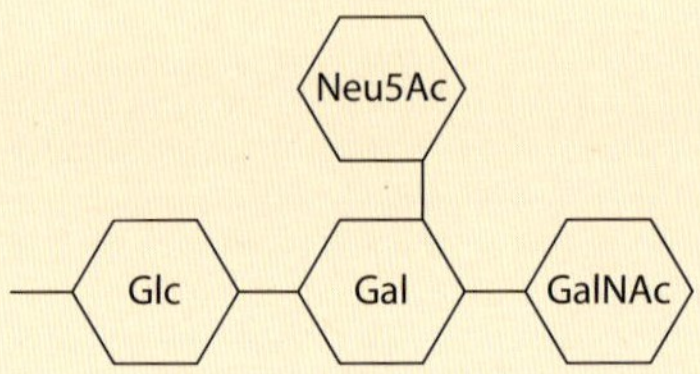

molecule)로서도 작용하고 있다. 세포성 신호(cellular signal)로서 가장 잘 알려진 세라마이드의 기능은 분화(differentiation), 증식(proliferation), 예정세포사(programmed cell death) 등을 조절하는 것이다. 스핑고마이엘린(Sphingomyelin)은 극성의 머리 그룹(head group)으로 포스포콜린(phosphocholine) 또는 포스포에탄올아민(phosphoethanolamine)을 함유하고 있기 때문에 인지질(phospholipid)로 분류되기도 한다. 한편, 세리브러사이드

(cerebroside), 그로우보사이드(globoside), 갱글리어사이드(ganglioside)는 극성의 머리 그룹(head group)에 당(sugar)이 결합되어 있기 때문에 당지질(glycolipids)로 분류되기도 하며, 당스핑고지질(glycosphingolipid)이라 부르기도 한다. 이들 중 세리브러사이드(cerebroside)와 그로우보사이드(globoside)는 pH 7.0에서 전하를 띠지 않기 때문에 때때로 중성 당지질(neutral glycolipid)이라 부르기도 한다. 세리브러사이드(Cerebroside)는 동물의 근육과 신경세포막의 중요 성분인 모노글라이코실세라마이드(monoglyco-sylceramide)이다. 이들은 1번 위치의 수산기가 반응하는 단 1개의 당 잔기를 가진 세라마이드이다. 당 잔기(sugar residue)는 글루코오스(glucose) 또는 갈락토오스(galactose)이다. 갈락토세리브러사이드(Galactocerebroside)는 전형적으로 신경세포막에 존재하는 반면에, 글루코세리브로사이드(glucocerebroside)는 비신경 조직에서 발견된다. 그로우보사이드(Globoside)는 2개 이상의 당을 포함하고 있는데, 주로 D-글루코오스(D-glucose), D-갈락토오스(D-galactose), *N*-아세틸-D-갈락토사민(*N*-acetyl-D-galactosamine)을 포함하고 있다. 갱글리오사이드(Ganglioside)라는 이름은 1942년 독일의 과학자 에른스트 크렌크(Ernst Klenk)가 뇌의 신경절 세포(ganglion cell)로부터 새로이 분리한 지질에 처음 적용되었다. 구조적으로 가장 복잡한 당스핑고지질(glycosphingolipid)인 갱글리오사이드(ganglioside)는 극성의 머리 그룹으로서 올리고당과 말단의 당쇄(sugar chain)에 연결된 1개 이상의 *N*-아세틸뉴라민산[*N*-acetylneuraminic acid(Neu5Ac): 시알산(sialic acid)이라고도 부름]을 가지고 있다. 이 시알산(sialic acid) 때문에 pH 7.0에서 음전하를 갖게 되는데, 이런 특징으로 그로우보사이드(globoside)와 구분된다. 갱글리오사이드는 생체 내 신호전달(cell signal transduction)을 조절하는 세포질막(plasma membrane)의 성분이며, 최근에 면역학에 있어서 매우 중요한 연구 대상으로 간주되고 있다.

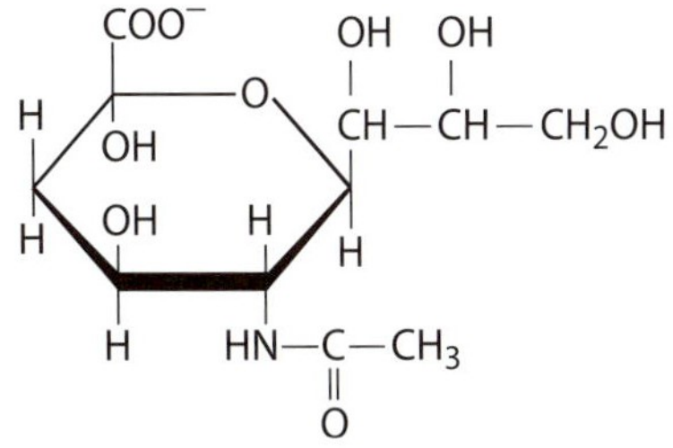

그림 3.8 *N*-아세틸뉴라민산[*N*-acetylneuraminic acid(Neu5Ac): 시알산(sialic acid)의 구조.

3.8 글리세릴 이써 지질

몇몇 동물 조직과 고세균(Archaea)을 비롯한 단세포생물들은 글리세롤(glycerol) 분자에 존재하는 1개 이상의 탄소 원자가 일반적인 에스터결합(ester linkage) 대신에 이써결합(ether linkage)을 통하여 알킬 사슬(alkyl chain)에 결합된 지질을 가지고 있다(그림 3.9). 이러한 유형의 지질을 글리세릴 이써 지질(glyceryl ether lipid)이라고 한다. 글리세릴 이써 지질(glyceryl ether lipid)인 플라즈말로젠(plasmalogen)은 척추동물의 많은 조직에서 소량(minor constituents)으로 존재하지만, 주로 심장 조직에서 아주 풍부하게 존재한다(심장에 존재하는 인지질의 50% 정도가 플라즈말로젠이다.). 플라즈말로젠은 또한 무척추동물(invertebrates), 원생동물(protozoans) 그리고 *Clostridia*, *Megasphaera*, *Veillonella*와 같은 혐기성 세균에서도 발견된다. 플라즈말로젠에서 글리세롤 분자의 첫 번째 탄소 원자는 이써결합 다음에 위치한 이중결합을 가진 비닐 잔기(vinyl residue)와 결합하고 있다. 두 번째 탄소 원자는 전형적인 에스터결합 지방산을 가지며, 세 번째 탄소 원자는 대게 콜린(choline) 또는 에탄올아민(ethanolamine)과 같은 인지질 머리 그룹을 가진다. 혈소판-활성 인자(platelet-activating factor)도 글리세릴 이써 지질(glyceryl ether lipid)이다. 혈소판-활성 인자의 알킬기(alkyl group)는 이써결합을 통하여 글리세롤 분자의 첫 번째 탄소에 결합되어 있다. 두 번째 탄소 원자의 아실 기(acyl group)는 아세테이트(acetate unit)이고, 세 번째 탄소 원자는 포스포콜린(phosphocholine) 머리 그룹을 가진다. 혈소판-활성 인자는 강력한 인지질 활성제(a potent phospholipid activator)일 뿐만 아니라 혈소판 응집(platelet aggregation), 염증반응(inflammation), 과민증(anaphylaxis)을 포함하는 많은 백혈구 기능의 조정자(mediator)이다. 혈소판-활성 인자는 호중성 백혈구(neutrophil), 호염기성 백혈구

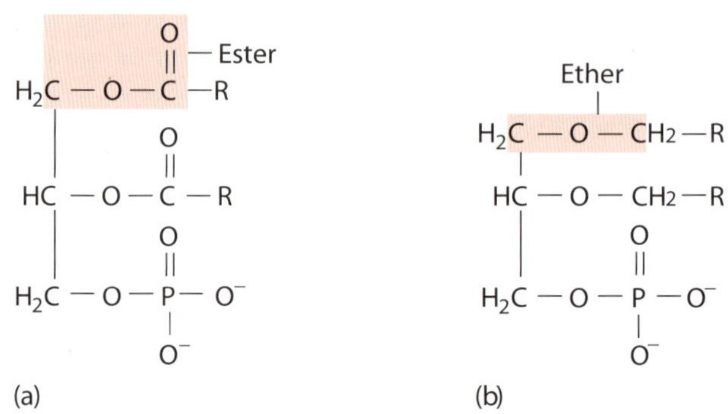

그림 3.9 글리세롤 분자에 존재하는 (a) 에스터결합(Ester linkage)과 (b) 이써결합(ether linkage).

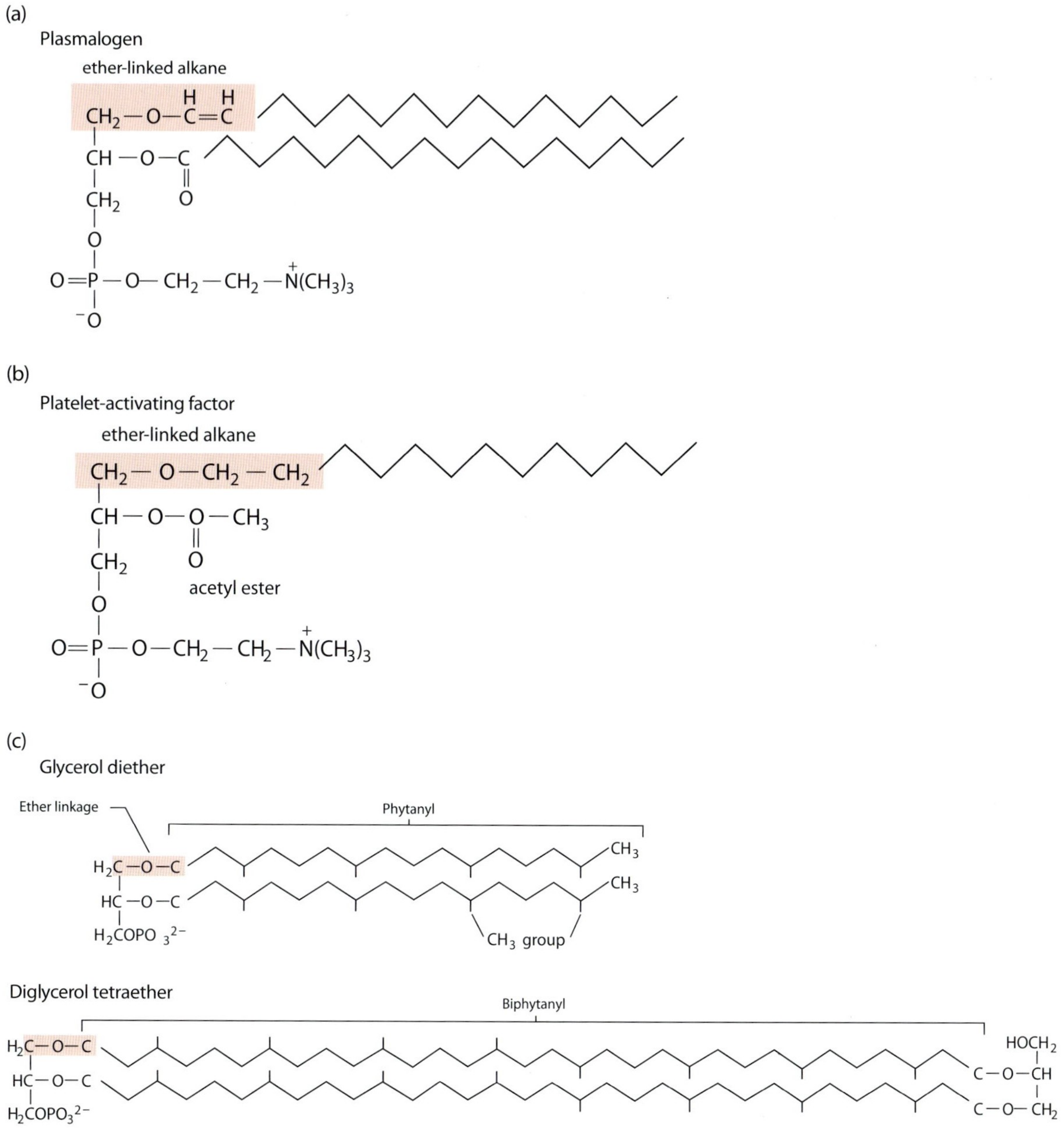

그림 3.10 글리세릴 이써 지질(glyceryl ether lipid)의 구조. (a) 플라즈말로젠(plasmalogen), (b) 혈소판-활성 인자(platelet-activating factor), (c) 고세균의 글리세롤 다이이써(glycerol diether)와 글리세롤 테트라이써(glycerol tetraether).

(basophil), 혈소판(platelet), 내피세포(endothelial cell)를 포함한 다양한 유형의 세포에 의한 특별한 자극에 반응하여 생산된다. 고세균의 막 지질(membrane lipid)도 글리세릴 이

써 지질(glyceryl ether lipid)을 함유하고 있다. 그림 3.10에서 보는 바와 같이, 플라즈말로젠(plasmalogen)과 혈소판-활성 인자(platelet-activating factor)는 지질 분자 내에 인을 함유하고 있기 때문에 인지질로 분류되기도 한다. 고세균의 막지질인 글리세릴 이써 지질(glyceryl ether lipid)은 지방산(fatty acid)이 결여되어 있는 대신에 아이소프린(isoprene)의 반복단위(repeating unit)로 이루어져 있는 곁사슬(side chain)을 가지고 있으며, 이들은 글리세롤과 이써결합(ether linkage)을 하고 있다. 글리세롤 다이이써(Glycerol diether) 및 글리세롤 테트라이써(glycerol tetraether)가 고세균에 존재하는 지질의 유형이다.

3.9 당지질

당지질(Glycolipid)은 당을 구성성분으로 하는 지질군으로서 동물, 식물, 균류 그리고 세균류에 널리 존재한다. 당지질은 스핑고신(sphingosine)을 공통 성분으로 하는 당스핑고지질(glycosphingolipid)과 글리세롤(glycerol)을 공통 성분으로 하는 글리세로당지질(glyceroglycolipids)로 크게 나뉜다. 전자는 주로 동물계를, 후자는 주로 식물계와 미생물계를 특징짓는다. 당스핑고지질은 앞에서 충분히 설명되어졌기 때문에 여기서는 글리세로당지질만 언급하기로 한다. 글리세로당지질(Glyceroglycolipids)은 갈락토지질(galactolipids)과 황당지질(sulfoglycolipid)로 구분된다. 갈락토지질(Galactolipids)은 주로 식물세포에 존재하며, 이들의 구조는 1,2-다이아실글리세롤(1,2-diacylglycerol)의 3번째 탄소에 1개 또는 2개의 갈락토오스 잔기가 글라이코사이드결합을 하고 있다. 그림 3.11에 나타낸 바와 같이, 갈락토지질(galactolipids)의 예로서 모노갈락토실다이아실글리세롤(monogalactosyldiacylglycerol)과 다이갈락토실다이아실글리세롤(digalactosyldiacylglycerol)이 있다. 갈락토지질(Galactolipids)은 엽록체의 틸라코이드 막(thylakoid membrane)에 다량 함유되어 있기 때문에 광합성에서 직접적인 역할을 하는 것으로 추정되고 있다. 갈락토지질(Galactolipids)은 관속식물(vascular plant)의 전체 막지질 중 70~80%를 차지하고 있다. 따라서 이들은 생물권(biosphere)에서 가장 풍부한 막지질일 것이다.

황지질(sulfolipid)은 분자 내에 황[(황산기(sulfate group, SO_4^{-2}) 또는 술폰산기(sulfonyl group, SO_3H)]를 포함하는 산성 지질의 총칭이다. 대부분의 황지질은 당을 함유하고 있기 때문에 황당지질(sulfoglycolipid)이라고도 하고, 글리세로황당지질과 스핑고황당지질로 구별한다. 식물에서 황지질은 황순환(sulfur cycle)에서 중요한 중간물질로 알려져 있다.

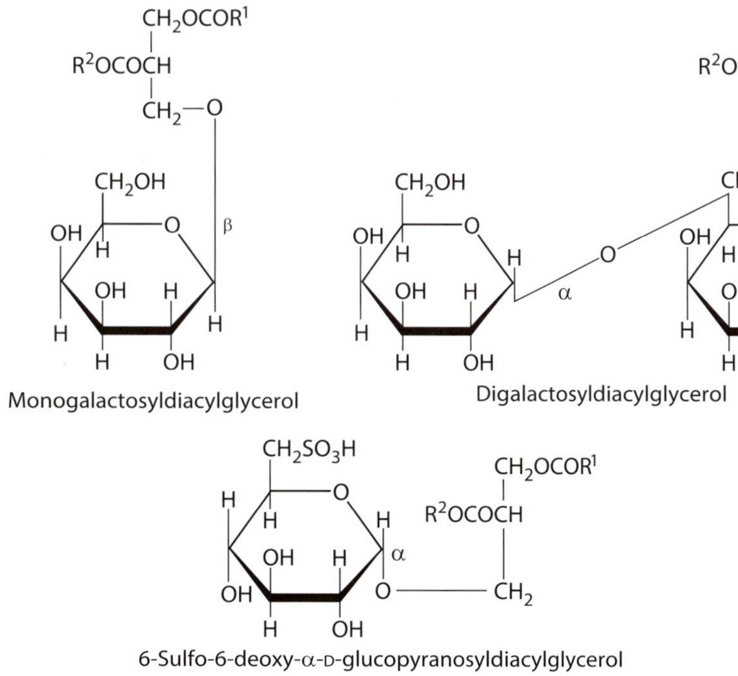

그림 3.11 모노갈락토실디아실글리세롤(Monogalactosyldiacylglycerol), 디갈락토실디아실글리세롤(digalactosyldiacylglycerol) 그리고 황당지질(sulfoglycolipid)의 구조.

대부분의 당지질은 생체막의 주요한 구성성분으로서 막의 표면에 존재한다. 이러한 당지질은 특정 화학물질에 대한 세포성 인식의(cellular recognition)의 표지(marker)로서 그리고 막의 안정성을 유지하는 데 도움을 줄 뿐만 아니라 조직을 형성하기 위하여 세포들을 서로 끌어당기는 역할을 담당한다.

3.10 터피노이드

터핀(Terpene) 또는 아이소프레노이드(isoprenoid)로 불리는 터피노이드(terpenoid)는 반복단위(repeating unit)가 아이소프린(isoprene)으로 구성된 천연 유기화합물의 총칭으로 매우 광범위한 지질 군이다. 각종 정유(essential oil), 스테로이드(steroid), 카로티노이드(carotenoid), 천연고무, 많은 변형 터핀(terpene) 등이 아이소프레노이드 단위(isoprenoid unit)로 이루어져 있다(그림 3.12). 터핀(Terpene)은 터핀 단위(terpene unit)의 수에 의해

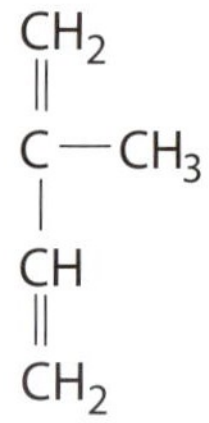

그림 3.12 아이소프레노이드 단위(Isoprenoid unit), 즉 아이소프린(isoprene)의 구조. 아이소프린(Isoprene)의 화학명(IUPAC name)은 2-메틸-1,3-부타다이엔(2-methyl-1,3-butadiene)이다. 터핀은 2분자 이상의 아이소프린의 조합으로부터 형성된 지질군이다.

분류될 수 있다. 헤미터핀(Hemiterpene)은 1개의 아이소프린 단위(isoprene unit)로 구성되어 있기 때문에 아이소프린(isoprene) 그 자체가 헤미터핀이다. 그러나 프레놀(prenol), 아이소발레르산(isovaleric acid)과 같이 산소를 함유하고 있는 유도체들도 헤미터핀에 속한다. 모노터핀(Monoterpene)은 2개의 아이소프린 단위로 이루어져 있다. 모노터핀(Monoterpene)의 예로서 제라니올(geraniol), 리모넨(limonene), 터피네올(terpineol) 등이 알려져 있다. 3개의 아이소프린 단위로 이루어져 있는 세스퀴터핀(Sesquiterpene: The sesqui- prefix means one and a half)의 예로서 파네센(farnesene), 파네솔(farnesol) 등이 있다. 다이터핀(Diterpene)은 4개의 아이소프린 단위로 이루어져 있다. 카페스톨(cafestol), 카월(kahweol), 켐브렌(cembrene), 택사다이엔(taxadiene: precursor of taxol) 등이 다이터핀(Diterpene)의 예에 속한다. 다이터핀(Diterpene)은 또한 레티놀(retinol), 레티날(retinal), 파이톨(phytol)과 같은 생물학적으로 중요한 화합물에 대한 기본을 형성한다. 세스터터핀(Sesterterpene: The sester- prefix means two and a half.)은 5개의 아이소프린 단위로 이루어져 있다. 제라닐파네솔(geranylfarnesol)이 세스터터핀(Sesterterpene)의 예이다. 트라이터핀(Triterpene)은 6개의 아이소프린 단위로 이루어져 있다. 상어 간유(shark liver oil)의 주성분인 스쿠알린(squalene)과 라노스테롤(lanosterol)이 트라이터핀(Triterpene)의 예에 속한다. 스쿠알린(Squalene)은 콜레스테롤, 스테로이드 호르몬, 바이타민 D를 포함한 모든 스테로이드(steroid)의 구조적 전구체(structural precursor)로 사용된다. 테트라터핀(Tetraterpene)은 8개의 아이소프린 단위로 이루어져 있다. 생물학적으로 중요한 테트라터핀으로서 비고리형 라이코펜(acyclic lycopene), 단일고리 감마-카로틴(monocyclic γ-carotene), 이고리 알파-카로틴(bicyclic α-carotene), 베타-카로틴(β-carotene) 등이 포함되어 있다. 폴리터핀(Polyterpene)은 긴 사슬의 많은 아이소프린 단위들로 구성되어 있다. 천연 고무는 이중결합이 시스형(*cis*)인 폴리아이소프린으로 구성되어 있다.

터핀(Terpene)을 기본 구조로 하는 지질들 중 가장 규모가 크고 중요한 부류가 스테로이드(steroid)이다. 스테로이드(Steroid)는 트라이터핀(triterpene)인 스쿠알린(squalene)의 유도체이다. 스테로이드류에 속하는 분자들은 수많은 세포 기능에 영향을 미치는데, 스테로이드 핵(steroid nucleus)은 6개의 탄소 원자를 가지는 3개의 고리와 5개의 탄소 원자를 가지는 1개의 고리로 구성되어 있다(그림 3.13). 스테롤(Sterol)은 스테로이드(steroid)의 아군(subgroup)으로서 동물, 식물, 균류의 세포막에서 발견되는 지질이다. 이들의 구조적 특징은 4개의 접합 고리(fused ring)로 구성되어 있는 스테로이드 핵(steroid nucleus)이다. 그리고 스테로이드 핵의 3번 위치에 수산기(−OH)가 부착되어 있다. 스테로이드 핵은 거의 평면 구조를 취하고 있으며, 비교적 견고하므로 단단하게 접합된 고리들은 탄소-탄소 결합 간에 회전을 할 수가 없다. 동물 조직의 주요 스테로이드인 콜레스테롤(cholesterol)은 극성인 머리 그룹[head group(hydroxyl group)]과 비극성인 탄화수소 부위[hydrocarbon body(steroid nucleus와 hydrocarbon side chain)]를 가진 양친매성 물질이다(그림 3.13). 이와 유사한 스레롤(sterol)로서 식물은 스티그마스테롤(stigmasterol)을, 균류(fungi)는 에르고스테롤(ergosterol)을 함유하고 있다. 세균은 스테롤(sterol)을 합성하지 못한다. 또 하나의 전형적인 터피노이드(terpenoid) 생성물에 베타-카로틴[β-carotene(provitamin)]이 있는데, 이것은 장의 점막세포에 있는 옥시게네이스(oxygenase)에 의하여 2분자의 레티날[retinal(vitamin A_1 aldehyde)]로 분해되고 레티날(retinal)은 알코올 디하이드로게네이스(alcohol dehydrogenase)에 의하여 레티놀[retinol(vitamin A)]로 환원된다. 터핀(Terpene)에 속하는 지용성 바이타민에 관한 내용은 제7장에 상세히 기술되어 있다.

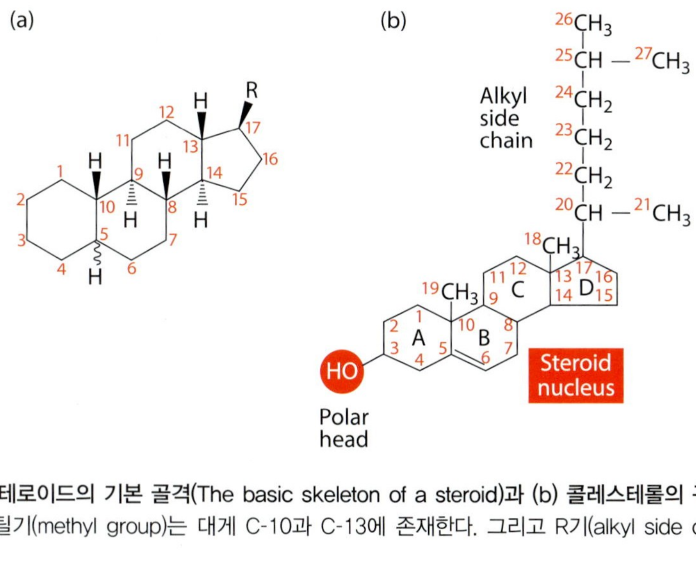

그림 3.13 (a) **스테로이드의 기본 골격(The basic skeleton of a steroid)과 (b) 콜레스테롤의 구조.** 스테로이드의 기본 골격에서 메틸기(methyl group)는 대게 C-10과 C-13에 존재한다. 그리고 R기(alkyl side chain)는 C-17에 존재한다.

4장 식품 속의 핵산 및 뉴클레오타이드

식품 내에 함유되어 있는 핵산은 핵산분해효소(nucleases)에 의해 뉴클레오타이드(nucleotides)로 분해되어 식품의 맛에 영향을 준다. 핵산은 당부분의 구조가 라이보오스(ribose)인가 또는 디옥시라이보오스(deoxyribose)인가에 따라 RNA와 DNA로 구분된다.

4.1 핵산의 성분

핵산 분자의 단량체 단위(monomeric unit)는 뉴클레오타이드 잔기(nucleotide residue)이다. 뉴클레오타이드(Nucleotide)는 세 가지 성분, 즉 ① 오탄당(pentose), ② 퓨린 또는 피리미딘 염기(purine or pyrimidine base) 그리고 ③ 에스터화된 인산기(esterified phosphoric acid moiety)로 되어 있다. Ribonucleic acid(RNA)는 당으로 D-라이보오스(D-ribose)를 함유하고 있으며, deoxyribonucleic acid(DNA)는 D-2-디옥시라이보오스(D-2-deoxyribose)를 함유하고 있다.

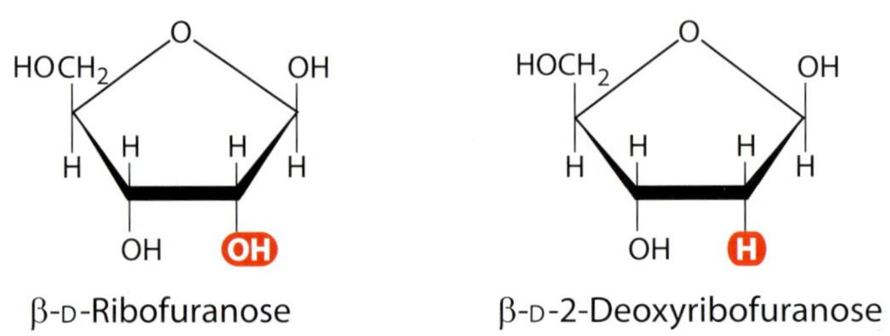

그림 4.1 β-D-Ribofuranose와 β-D-2-Deoxyribofuranose의 구조.

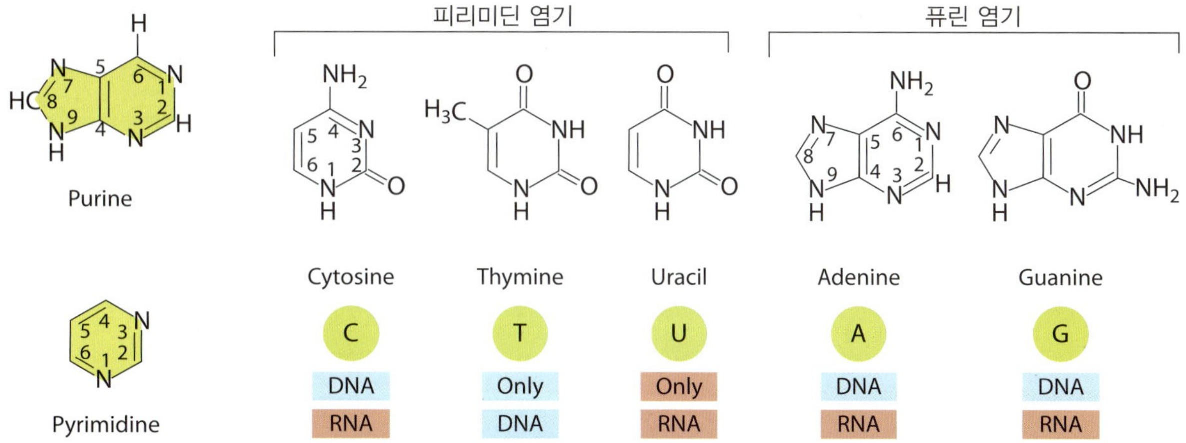

그림 4.2 핵산을 구성하는 주요 퓨린(purine)과 피리미딘(pyrimidine) 염기들의 구조.

핵산의 DNA와 RNA의 구조적 차이점은 당(sugar)뿐만 아니라 염기(base)에도 있다. 염기(base)는 모체 화합물(parent compound)인 퓨린(purine) 또는 피리미딘(pyrimidine)의 유도체이다. 유리 퓨린과 피리미딘은 약한 염기성 화합물이기 때문에 염기(base)라고 부른다. DNA는 염기로서 아데닌(adenine), 구아닌(guanine), 사이토신(cytosine), 싸이민(thymine)을 함유하고 있는 반면에 RNA는 아데닌(adenine), 구아닌(guanine), 사이토신(cytosine), 유라실(uracil)을 함유하고 있다. 매우 드물게 DNA에 유라실(uracil)이, 또는 RNA에 싸이민(thymine)이 존재하기도 한다.

4.2 뉴클레오사이드와 뉴클레오타이드

뉴클레오사이드(Nucleoside)란 퓨린[purine(*N*-9)] 또는 피리미딘[pyrimidine(*N*-1)] 염기가 *N*-베타-글라이코사이드결합(*N*-β-glycosidic bond)에 의하여 라이보오스(ribose) 또는 디옥시라이보오스(deoxyribose)의 첫 번째 탄소에 결합된 화합물을 지칭한다. 표 4.1에 뉴클레오사이드들(nucleosides)의 이름과 부호가 표기되어 있으며, 그림 4.3은 뉴클레오사이드(nucleoside)인 라이보싸이미딘(ribothymidine)과 디옥시싸이미딘(deoxythymidine)의 구조를 나타낸 그림이다.

뉴클레오타이드(Nucleotide)는 뉴클레오사이드(nucleoside)가 인산으로 에스터화된 화

| 표 4.1 | 뉴클레오사이들(Nucleosides)의 명명법과 부호

Base	Ribonucleoside	Symbol	Deoxyribonucleoside	Symbol
Adenine	Adenosine	A	Deoxyadenosine	dA
Guanine	Guanosine	G	Deoxyguanosine	dG
Cytosine	Cytidine	C	Deoxycytidine	dC
Uracil	Uridine	U	Deoxyuridine	dU
Thymine	Ribothymidine	rT	Deoxythymidine	dT

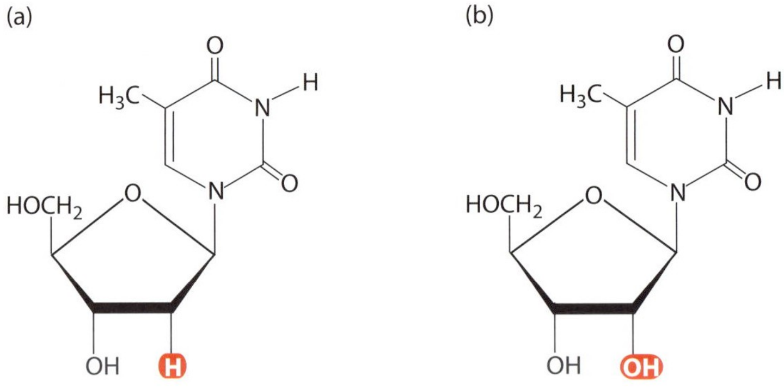

그림 4.3 Nucleoside인 (a) deoxythymidine과 (b) ribothymidine의 구조.

합물(esterified compound)이다. 그림 4.4에 나타낸 바와 같이, 3개의 2′, 3′, 5′ 하이드록실기 중 하나 이상이 에스터화될 수 있지만, 대부분의 뉴클레오타이드(nucleotide)는 뉴클레오사이드-5′-인산(nucleoside-5′-phosphate)이다.

그림 4.5는 DNA 내에서 발견되는 디옥시라이보뉴클레오타이드(deoxyribonucleotide)인 디옥시아데노신 5′-일인산(deoxyadenosine 5′-monophosphate, dAMP, deoxyadenylate), 디옥시구아노신 5′-일인산(deoxyguanosine 5′-monophosphate, dGMP, deoxyguanylate), 디옥시싸이미딘 5′-일인산(deoxythymidine 5′-monophosphate, dTMP, deoxythymidylate), 디옥시사이티딘 5′-일인산(deoxycytidine 5′-monophosphate, dCMP, deoxycytidylate)와 RNA 내에서 발견되는 라이보뉴클레오타이드(ribonucleotide)인 아데노신 5′-일인산(adenosine 5′-monophosphate, AMP, adenylate), 구아노신 5′-일인산(guanosine 5′-monophosphate, GMP, guanylate), 유리딘 5′-일인산(uridine 5′-monophosphate, UMP, uridylate), 사이티딘 5′-일인산(cytidine 5′-monophosphate, CMP, cytidylate)의 구조를 나타낸 그림이다.

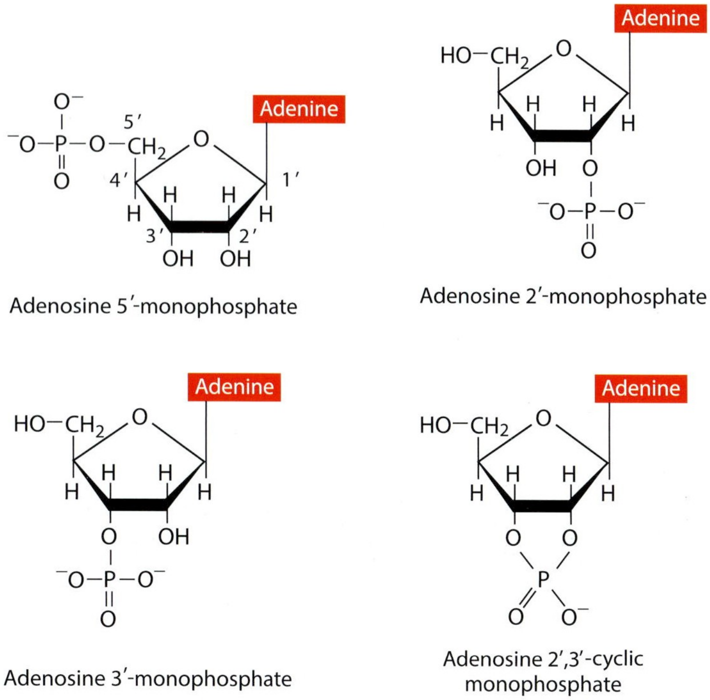

그림 4.4 몇 가지 유형의 아데노신 일인산(adenosine monophosphate)의 구조.

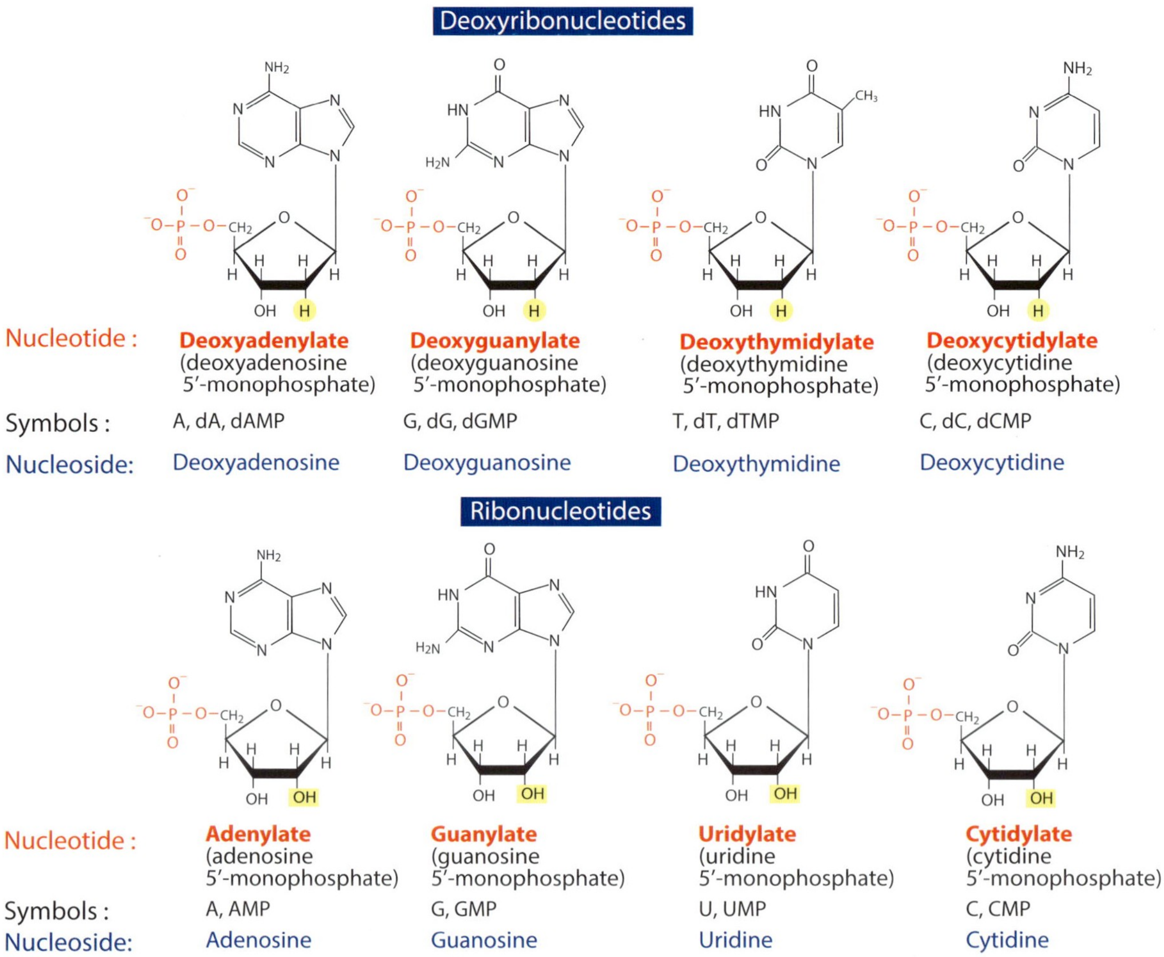

그림 4.5 핵산에 존재하는 유리형(free form)의 디옥시라이보뉴클레오타이드들(deoxyribonucleotides)과 라이보뉴클레오타이드들(ribonucleotides)의 구조(pH 7.0).

5장 식품 속의 바이타민

바이타민(Vitamin)은 소량으로 요구되지만 생명체가 살아가는 데 있어서 매우 중요한 역할을 하는 유기분자이다. 이러한 바이타민은 생체 내에서 전혀 합성되지 않거나 합성되더라도 충분하지 않기 때문에 외부로부터 섭취되어야 하는 필수 영양소 중의 하나이다. 예를 들면, 사람을 포함한 많은 동물들은 트립토판(tryptophan)으로부터 니코틴산(nicotinic acid 또는 niacin)을 미량으로 생합성할 수 있지만 필요량에 이르지 못하기 때문에 외부로부터 적당량을 섭취해야 한다. 또한 바이타민 D(vitamin D)는 인체가 햇빛에 노출되어질 때 체내에서 자연적으로 생성된다. 그러나 인체 내에서 합성되는 바이타민 D의 양이 충분하지 못할 때에는 음식으로 보충해야 한다. 식물이나 대부분의 동물은 바이타민 C(vitamin C 또는 ascorbic acid)를 글루코오스(glucose: 포도당)으로부터 체내에서 합성할 수 있다. 따라서 이들 생물에 있어서 바이타민 C는 더 이상 바이타민이 아니라 아스코브산(ascorbic acid)인 것이다. 그러나 사람을 비롯한 영장류(primates), 기니피그(guinea pig), 과일을 먹는 박쥐(fruit-eating bats), 특정 조류(certain birds) 그리고 무지개송어(rainbow trout), 잉어(carp), 은연어(Coho salmon) 등을 포함하는 몇몇 어류 등은 바이타민 C의 생합성 경로가 없기 때문에 바이타민 C를 합성하지 못한다.

바이타민(Vitamin)이라는 용어는 라틴어로 생명을 의미하는 『*vita*』와 『아민(amine)』이 결합되어 만들어졌다. 즉, 1911년 캐시미어 풍크(Casimir Funk)는 쌀겨(rice bran)로부터 항신경염 물질(antineuritic substance)을 분리하여, 이를 생명을 주는 아민(vital amine)이라는 뜻의 『vitamin』으로 명명하였다. 바이타민은 탄수화물, 지방, 단백질과 달리 에너지를 생성하지는 못하지만 생체 내에서 여러 기능을 조절하는 역할을 한다.

5.1 바이타민의 명칭과 분류

바이타민(Vitamin)은 바이타민 A(vitamin A), 바이타민 B_1(vitamin B_1), 바이타민 C (vitamin C) 등 일반명으로 명명되다가 각각의 화학 구조가 밝혀짐에 따라 레티놀(retinol), 싸이아민(thiamin), 아스코브산(ascorbic acid) 등 그 구조를 나타내는 화합물명이 제안되었다. 현재는 일반명(common name)과 화합물명(chemical name)이 병용되고 있다.

바이타민은 물에 대한 용해도에 따라 수용성 바이타민(water soluble vitamins)과 지용성 바이타민(fat soluble vitamins) 두 군으로 분류된다. 수용성 바이타민은 효소의 보조인자(cofactor)로 알려진 생물학적으로 중요한 물질의 구성성분 또는 전구체(precursor)가 된다. 바이타민 B_1(thiamine), 바이타민 B_2(riboflavin), 바이타민 B_3(niacin), 바이타민 B_5 (pantothenic acid), 바이타민 B_6(pyridoxamine), 바이타민 B_9(folic acid, 폴산, 엽산), 바이타민 B_{12}(cobalamin), 바이오틴(biotin), 바이타민 C(ascorbic acid)이 수용성 바이타민으로 알려져 있다. 이 중에서 바이타민 B 복합체(B_1, B_2, B_3, B_5, B_6, B_9, B_{12}, biotin)는 분자 내에 모두 질소 원자를 함유하고 있으며, 쌀겨(배아), 효모, 간 등에 많이 존재한다. 지용성 바이타민은 유기용매에 녹는 바이타민으로서 바이타민 A, D, E, K 등이 이에 속한다. 이들 바이타민은 반복단위(repeating unit)가 아이소프린(isoprene)으로 구성된 터핀(terpene) 또는 아이소프레노이드(isoprenoid)로 불리는 지질군인 터피노이드(terpenoid)에 속한다. 지용성 바이타민은 수용성 바이타민보다 열에 강하여 식품의 조리가공 중 비교적 영양분의 손실이 덜하며 소장 내에서 지방과 함께 흡수된다. 지용성 바이타민은 효소의 보조인자로서의 역할은 없지만, 시각을 포함하여 뼈 구조의 유지, 혈액 응고와 같은 생물학적으로 중요한 반응에 필수적인 역할을 담당한다. 지용성 바이타민의 작용기전(mechanism)은 수용성 바이타민만큼 잘 알려져 있지 않지만 최근의 연구 성과로 인하여 많은 부분이 명확해져 가고 있다. 일반적으로 현재 13가지의 바이타민만 인정되고 있다. 표 5.1은 수용성 바이타민과 결핍증 그리고 보조인자(cofactors)에 관한 내용을 요약하여 설명하고 있다.

5.2 바이타민의 흡수 및 배설

구강으로 섭취된 바이타민은 주로 소장에서 흡수된 후 혈액과 함께 체내의 세포에 도달하게 된다. 세포 내에서 바이타민은 여러 가지 기능을 조절하는 역할을 하지만, 수용성 바이

| 표 5.1 | 수용성 바이타민과 결핍증 그리고 보조인자

Vitamin	Deficiency symptoms	Cofactors
Vitamin B_1 (thiamine)	각기병(Beriberi)	Thiamin pyrophosphate
Vitamin B_2 (riboflavin)	피부염(Dermatitis), 발육불량(impaired growth)	Flavin mononucleotide(FMN) and flavin adenine dinucleotide(FAD)
Vitamin B_3 (Nicotinic acid)	Pellagra(in human), black tongue (in dogs)	Nicotinamide adenine dinucleotide(NAD^+) and nicotinamide adenine dinucleotide phosphate($NADP^+$)
Vitamin B_5 (Pantothenic acid)	극히 드물다. 그러나 에너지 생성 저하 (impaired energy production), 신경학적 이상(neurological disoder), 저혈당증(hypoglycemia)	Coenzyme A
Vitamin B_6 (Pyridoxine)	지루성 피부염(seborrheic dermatitis), 위축성 설염(atrophic glossitis), 신경장애(neuropathy)	Pyridoxal Phosphate
Vitamin B_9 (Folic acid)	신경관결손(neural tube defects), 거대적아구성 빈혈 (megaloblastic anemia)	Tetrahydrofolic acid
Vitamin B_{12}	악성빈혈(Pernicious anemia), 뇌와 신경계에 심각한 손상 유발	Coenzyme B_{12}
Lipoic acid	증명되지 않음.	Lipoamide
Biotin	Avidin의 존재하에서만 발생. 탈모, 결막염, 피부염, 신경학적 증상.	Biotin carboxyl-carrier protein
Ascorbic acid	괴혈병(Survy)	–

타민과 지용성 바이타민 사이에 상당한 차이가 있다. 지용성 바이타민은 소장에서 지방과 함께 흡수되기 때문에 일정량의 지방이 존재하지 않으면 지용성 바이타민의 흡수율은 현저히 떨어지게 된다. 동물성 식품에 함유되어 있는 바이타민 A는 비교적 흡수가 잘 이루어지지만, 식물성 식품에 함유되어 있는 프로바이타민 A(provitamin A)는 흡수율이 매우 낮다. 따라서 프로바이타민 A(provitamin A)의 경우 유지(fats and oils)를 사용한 조리가 필요하다. 또한 지방의 흡수를 위하여 이자액(췌장액)이나 쓸개즙을 필요로 하기 때문에, 이자 질환이나 간 질환의 경우 지방흡수장애를 일으켜서 지용성 바이타민의 흡수가 떨어진다. 흡

수된 지용성 바이타민은 간(비타민 A, D, K) 또는 지방조직(비타민 E)에 축적되어, 리포단백질(lipoprotein) 또는 특이한 결합단백질에 의해 이송되지만, 소변으로 배출되지 않고 쓸개즙 속으로 배설된다. 또한 체내에 축적되어 과다증을 일으키는 수가 있다. 지용성 바이타민과 달리 수용성 바이타민은 소장에서 흡수율이 높은 편이며 흡수된 수용성 바이타민은 효소의 보조인자로 작용한다. 필요 이상으로 흡수된 수용성 바이타민은 소변으로 배설된다.

5.3 바이타민 B_1

바이타민 B_1(Thiamine 또는 Thiamin)은 수용성 바이타민 중 최초로 기술된 바이타민이다. 일찍이 BC 2700년경 중국의 의학서적은 바이타민 B_1(vitamin B_1)의 결핍증(deficiency disease)인 각기병(beriberi)을 언급하고 있다. 19세기말 네덜란드령 동인도가 질병으로 심각하게 황폐화되자 네덜란드 정부는 질병을 연구하는 특별위원을 현장으로 보냈다. 그 당시만 해도 세균학이 전성기에 있었기 때문에 질병의 원인을 세균으로 생각하였던 과학자들이 많았다. 이에 관한 연구로서 1897년 네덜란드령 동인도제도 자바(Java)의 특별위원 보좌인으로 근무하던 의사 크리스티안 에이크만(Christiaan Eijkman)은 실험용 닭에서 특이한 질병을 관찰하였다. 그는 정백미(polished rice)로 된 사료를 닭에게 먹이면 마비(paralysis)와 머리퇴축반사(head retraction), 즉 각기증상을 보이지만, 도정 후 찌거기(쌀의 외피, 쌀눈)를 닭에게 다시 먹이면 이런 증상들이 사라진다는 사실을 발견하였다. 그는 각기의 원인이 쌀겨에 존재하는 어떤 종류의 물질의 결핍으로부터 기인됨을 확인하였다. 이러한 사실은 바이타민 B_1을 발견하는 단서가 되었다. 이 업적으로 그는 1929년 성장촉진 바이타민을 발견한 영국의 프레더릭 홉킨스(Frederick Hopkins)와 함께 노벨 생리의학상을 받았다. 이 연구는 쌀을 주식으로 하는 동양의 의학계에 크게 이바지하였다. 1911년 폴란드 태생 미국의 생화학자 캐시미어 풍크[Casimir Funk(1884. 2. 23~1967. 11. 20)]는 쌀겨(rice bran)로부터 항신경염 물질(antineuritic substance)을 분리하여, 이를 생명을 주는 아민(vital amine)이라는 뜻의 『vitamin』으로 명명하였다. 1926년 네덜란드의 화학자 B. C. P. 잔센[Barend Coenraad Petrus Jansen(1884~1962)]과 그의 공동연구자 W. F. 도너쓰[Willem Frederik Donath(1889~1957)]는 이 물질을 분리하여 불순물을 제거한 후 결정화(crystallization)에 성공하였다. 1934년 미국의 화학자 로버트 R. 윌리엄즈[Robert Runnels Williams(1886~1965)]는 처음으로 이 물질의 화학구조를 결정하고, 1936년에

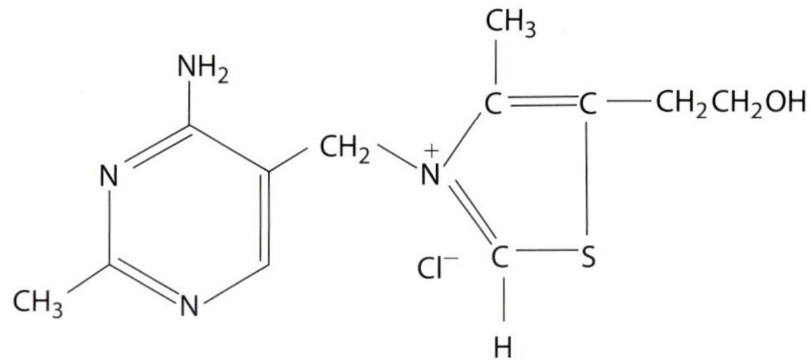

그림 5.1 Vitamin B_1(Thiamine chloride 또는 Thiamin chloride)의 구조. Thiamine(chemical formula; $C_{12}H_{17}N_4OS$)은 메틸렌 가교(methylene bridge)에 의해 연결된 피리미딘 고리(pyridine ring)와 싸이아졸 고리(thiazol ring)를 함유하고 있다.

화학합성을 성공하였다. 이들은 이 물질을 황을 함유하는 아민 화합물이라는 뜻에서 싸이아민(thiamine)이라고 명명하였다. 바이타민 B_1(Thiamine 또는 Thiamin)의 구조는 그림 5.1에 나타낸 바와 같다.

바이타민 B_1의 발견 후 유사한 화학적 성질(수용성 질소함유)을 가진 다른 바이타민들이 발견되어 B_2, B_3, B_6 등으로 명명되고 있다.

참고▶ 각기병(beriberi)

바이타민 B_1 결핍증(a thiamine deficiency disease)이라고도 하며, 바이타민 B_1의 결핍 때문에 생기는 신경계와 심혈관계 질환(neurological and cardiovascular disease)으로 환자는 항상 다리가 부어 있고, 부은 다리를 손가락으로 누르면 들어간 살이 나오지 않는다. 『Beriberi』의 어원은 명확하지 않지만 "나는 할 수 없어, 나는 할 수 없어(I can't, I can't)"를 의미하는 스리랑카 원주민의 언어로부터 유래된 것으로 알려져 있다. 이 질병은 19세기 이전 쌀을 주식으로 하는 아시아에서 주로 발생하였다. 전형적인 바이타민 B_1의 결핍증은 도정한 쌀(polished rice)을 주식으로 하는 경우에 나타나며, 수 주일간 도정된 쌀만 먹으면 발생할 수 있다. 각기병의 증상(Symptoms of beriberi)은 말초신경계, 심혈관계(cardiovascular system), 근육계, 소화기계(gastrointestinal systems)의 장애로 나타난다. 일반적인 증상으로 초기에는 입맛이 없고 소화가 잘 안되고, 팔다리에 힘이 없으며 늘 피곤하며 감각이 무디어 지다가 심해지면 다발성 신경염(polyneuritis)을 비롯하여 순환기계나 소화기계의 장애와 더불어 몸이 부어 오르는 부종 등이 나타난다. **다발성 신경염(polyneuritis)**은 다리 근육이 쓰리고 아프기 시작하여 무릎의 반사작용이 감소하고 근육이 마비되어 제대로 걸음을 걷지 못하게 되는 증세이다. 각기병이 심해지면 사망에까지 이르기도 하는데, 현재는 싸이아민(thiamine) 함량이 높은 음식이 많고 바이타민을 약으로 만들어 판매하기 때문에 각기병은 거의 찾아 볼 수 없게 되었다. 각기병은 건성 각기(dry beriberi), 습성 각기(wet beriberi) 그리고 유아 각기(Infantile beriberi 또는 acute beriberi) 3가지로 구분된다. 건성 각기는 노인에게서 주로 발병하며 근육 약화의 특징이 있는데, 길이가 긴 신경이 점점 변성되어 먼저 다리에 있는 신경부터 시작하여 팔 신경으로 점점 변성이 나타나고, 근위축과 근반사의 소실도 함께 일어난다. 건성 각기보다 조금 더 빨리 진행되는 습성 각기는 심혈관계(cardiovascular system)에 장애를 일으켜, 심부전증(심장이 우리 몸에서 필요한 양만큼의 피를 공급하지 못하는 것)과 혈액순환장애에 의한 조직에 부종이 발생된다. 유아 각기(Infantile beriberi 또는 acute beriberi)는 바이타민 B_1이 모자라는 어머니의 모유를 먹는 유아에게서 발생되며 각기가 급속도로 진행되어 심부전을 일으킬 수 있다.

참고 ▶ Christiaan Eijkman(1858. 8. 11~1930)

네덜란드의 내과의사(Dutch physician)이자 생리학자인 크리스티안 에이크만(Christiaan Eijkman)은 1858년 8월 11일 네덜란드의 Nijkerk에서 그 곳 학교 교장의 7번째 아들로 태어났다. 의사가 되기로 결심한 그는 1875년 암스테르담대학의 군의관학교에 입학하였다. 신경생리학을 전공한 그는 1883년 군의관으로 네덜란드령 동인도로 파견되었지만, 인도네시아의 자바(Java) 섬의 Tjilatjap에서 말라리아에 걸려 1885년에 귀국하였다. 귀국 후 그는 암스테르담의 한 실험실(E. Forster's laboratory)에서 일하기도 하였고, 베를린으로 가서 로베르트 코흐(Robert Koch)의 실험실에서 세균학을 연구하기도 하였다. 1886년 그는 당시 각기병(Beriberi)이 만연하던 네덜란드령 동인도로 각기대책사절단의 한 사람으로 다시 파견되어 바타비아(Batavia)의 병리학연구소 소장 및 『Dokter Djawa School (Javanese Medical School)』의 장(director)이 되었다. **1929년에 그는 항신경염 바이타민(vitamin B_1)에 관한 연구로 성장촉진 바이타민을 발견한 영국의 프레더릭 홉킨스(Frederick Hopkins)와 함께 노벨 생리의학상을 받았다.**

바이타민 B_1의 분포 및 결핍증

세균(bacteria), 균류(fungi) 그리고 식물(plants)은 바이타민 B_1(thiamine 또는 thiamin)을 생체 내에서 합성할 수 있지만 동물은 그렇지 못하다. 따라서 동물은 이 바이타민을 음식을 통하여 필요량만큼 섭취해야 한다. 그렇지 않으면 바이타민 B_1의 결핍증인 각기병에 걸려 말초신경계, 심혈관계(cardiovascular system), 근육계, 소화기계(gastrointestinal systems)의 장애가 나타난다. 싸이아민 유도체(Thiamine derivatives)와 싸이아민-의존 효소들(thiamine-dependent enzymes)은 인체의 모든 세포 내에 존재한다. 따라서 싸이아민의 결핍은 모든 기관계(organ systems)에 나쁜 영향을 미칠 수 있다. 싸아미의 결핍은 신경계(nervous system)와 심장(heart)에 특히 민감하다. 바이타민 B_1의 1일 권장 섭취량은 성인의 경우 1.2mg 정도이다. 바이타민 B_1은 곡물을 포함한 여러 식물의 종자의 외피에 존재한다. 따라서 도정하지 않은 쌀(unpolished rice)이나 통밀(whole wheat)로 만든 음식은 이 바이타민의 좋은 영양원이다. 또한 동물조직이나 효모(yeast)에서 싸이아민[thiamine (vitamin B_1)]은 주로 효소 반응계의 보조인자(cofactor)인 싸이아민 파이로포스페이트[thiamine pyrophosphate(TPP)]의 형태로 존재한다.

5.4 바이타민 B_2

바이타민 B_2(Riboflavin)는 생물계에 널리 분포하는 황녹색 형광(yellow-green fluorescence)의 성질을 가진 수용성 황색(yellow-orange) 물질로서 동물의 성장을 촉진하는 인자로 밝혀져 있다. 바이타민 B_2(Riboflavin)는 1879년 영국의 화학자 앨릭젠더 W. 블라이스[Alexander Wynter Blyth(1844~1921)]에 의해 유장[whey 또는 milk plasma: 유청이라고도 하며 우유에 레닛(rennet) 또는 산을 가했을 때 생성되는 케이신(casein)의 응고물을 제거한 나머지의 투명하고 형광을 띤 황록색의 용액]으로부터 처음 분리되어졌다. 그는 유장으로부터 분리된 이 수용성 황색 형광물질을 락토크롬(lactochrome: lacto- = 『milk』 그리고 chrome = color)이라고 하였다. 그러나 그는 락토크롬(lactochrome)의 구성성분이나 성질을 규명하지는 못하였다. 1933년 독일의 생화학자 리하르트 요한 쿤(Richard Johann Kuhn)과 그의 연구진들은 난백(egg white)과 유장(whey)으로부터 쥐(rat)의 생장을 촉진하는 결정성 황색 색소를 분리하여 이들을 각각 오보플라빈(ovoflavin)과 락토플라빈(lactoflavin)이라고 불렀다. 1년 후 1934년 쿤(Kuhn)과 그의 동료들은 플라빈(flavin)의 구조를 결정하고 순수 플라빈의 합성에 성공하였다. 1937년 『The Council on Pharmacy and Chemistry of the American Medical Association』에서 기존의 플라빈(flavin)을 『라이보플라빈(riboflavin)』이라 명명하기로 결정하였는데, 라이보플라빈(riboflavin)이라는 명

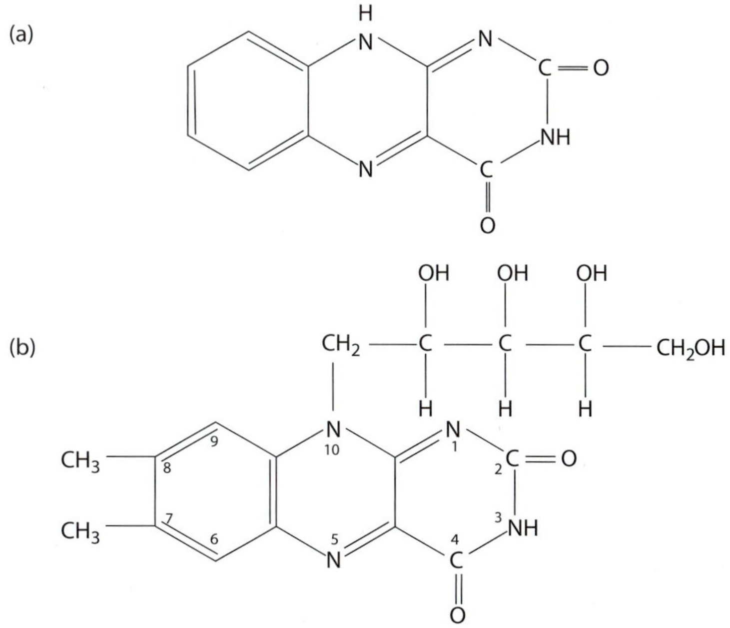

그림 5.2 Tricyclic ring isoalloxazine과 vitamin B2(Riboflavin)의 구조. (a) 3개의 고리로 이루어진 아이소 얼락서진 고리(isoalloxazine ring) (b) 바이타민 B_2(Riboflavin; $C_{17}H_{20}N_4O_6$)의 구조. 바이타민 B_2(Riboflavin)는 바이타민 B_1(thiamine) 보다 열에 더 안정하지만, 빛에 상당히 민감하여 햇빛을 받고 있는 음식 안에서도 분해가 일어난다.

칭은 이 분자의 구성성분인 라이비톨(ribitol)과 플라빈(flavin)의 이름을 합성하여 만든 것이다. 그림 5.2에 나타낸 바와 같이, 라이보플라빈(riboflavin)의 구조는 7, 8-다이메틸-아이소얼락서진(7, 8-dimethyl-isoalloxazine)에 부착된 당알코올(sugar alcohol)로 이루어져 있다. 플라빈(Flavin)은 밝은 황색을 띠는 특징이 있고, 황색이라는 뜻의 라틴어인 『*flavus*』로부터 유래되었다. 생물계에서 라이보플라빈(riboflavin)의 역할은 독일의 과학자 오토 바르부르크(Otto Warburg)와 스웨덴의 과학자 후고 테오렐(Hugo Theorell)에 의해 발견되었다. 이들은 피리딘 뉴클레오타이드(pyridine nucleotide)의 산화와 관련되는 효모 효소(yeast enzyme)에 결합되어 있는 황색 물질을 동정하였다. 1937년 후고 테오렐(Hugo Theorell)은 이 황색 효소가 황색을 띄는 이유는 라이보플라빈 5′-인산(riboflavin 5′-phosphate), 즉 플라빈 모노뉴클레오타이드(flavin mononucleotide, FMN) 때문이라는 것을 밝혔다. 즉, 후고 테오렐(Hugo Theorell)은 플라빈 모노뉴클레오타이드(flavin mononucleotide, FMN)의 구조를 처음으로 규명한 셈이 되었다. 1938년에 오토 바르부르크(Ott Warburg)는 효모의 또 다른 황색 단백질인 D-아미노산 산화효소(D-amino acid oxidase)로부터 플라빈 아데닌 다이뉴클레오타이드(flavin adenine dinucleotide, FAD)를 분리·특성화하여 보조효소(coenzyme)로서 플라빈 아데닌 다이뉴클레오타이드(flavin adenine dinucleotide, FAD)의 관련성을 입증하였다.

참고 Richard Johann Kuhn(1900. 12. 3~1967. 8. 1)

리하르트 요한 쿤(Richard Johann Kuhn)은 1900년 12월 3일 오스트리아(Austria) 빈(Vienna, 현재 Wien)에서 출생하여 1967년 8월 1일 독일의 하이델베르크(Heidelberg)에서 66세의 일기로 생을 마친 오스트리아계 독일의 생화학자(Austrian-German biochemist)이다. 쿤(Kuhn)은 1918년 오스트리아의 빈대학(University of Vienna)에 입학하여 화학을 공부한 뒤 1922년에 뮌헨대학(University of Munich, 독일명 M nchen)에서 『클로로필을 비롯한 식물색소에 관한 구조 연구』로 1915년 노벨 화학상을 수상한 리하르트 빌슈테터(Richard Willst tter)의 지도하에 포르피린계 효소의 연구로 박사학위를 받았다. 그는 1925년 뮌헨대학 강사, 1926년 취리히공업대학 교수, 1930년 카이저 빌헬름 의학연구소(Kaiser Wilhelm Institute for Medical Research) 화학부장을 거쳐 1937년에는 연구소 소장이 되었다. 제2차 세계대전 후인 1950년에 막스 플랑크 의학연구소(Max Planck Institut for Medical Research in Heidelberg)로 개칭된 뒤에도 소장으로서 활약하였다. **리하르트 요한 쿤(Richard Johann Kuhn)은 1938년 『카로티노이드와 바이타민에 관한 업적(work on carotenoids and vitamins)』으로 노벨 화학상을 수상**하였지만, 나치 정권의 방해로 상장과 금메달을 제2차 세계대전이 끝난 뒤에 받았다. 일생을 통한 그의 연구 영역은 카로티노이드(carotenoids), 입체화학(stereochemistry), 바이타민(vitamins), 효소(enzymes)에 관한 것이었다.

참고 20세기 전반 생화학계의 개척자 Otto Heinrich Warburg(1883. 10. 8~1970. 8. 1)

오토 바르부르크(Otto Warburg)는 1883년 10월 8일 독일의 프라이부르크(Freiburg im Breisgau)에서 출생하였다. 그의 아버지 에밀 가브리엘 바르부르크(Emil Gabriel Warburg)는 유명한 물리학자였다. 그는 1906년 베를린대학교의 저명한 유기화학자 에밀 피셔(Emil Fischer) 밑에서 수학하여 화학으로 박사학위를 받았고, 1911년에는 루돌프 폰 크렐(Ludolf von Krehl)의 지도하에 하이델베르크대학(University of Heidelberg)에서 의학박사 학위도 받았다(double doctorates in chemistry and medicine). 오토 바르부르크(Otto Warburg)는 1918년에 베를린-달렘(Berlin-Dahlem)의 카이저 빌헬름 생물학연구소(the Kaiser Wilhelm Institute for Biology, 훗날의 막스 플랑크 생물학연구소)의 교수가 되었고, 1931년에는 카이저 빌헬름 세포생리학연구소(Kaiser Wilhelm Institute for Cell Physiology)의 소장이 되었다. 인체(human body)는 젖산(lactic acid)을 CO_2(carbon dioxide)와 물(H_2O)로 전환시킬 때 산소를 소비한다. 1920년 초에 바르부르크(Warburg)는 호기적 대사가 어떻게 작동하는지를 연구하기 시작했다. 이 연구를 위하여 그는 바르부르크 압력계(Warburg manometer)를 고안하였는데(1923년), 이것은 조직(tissue)의 산소 흡수의 속도를 측정(세포의 호흡)하는 계기로서 이후 생화학 연구에 널리 이용되었다. 1924년 그는 세포호흡에서 철의 촉매작용을 발견하여 오늘날 전자전달계의 기초를 닦았다. 즉, 그는 세포내 호흡(intercellular respiration)은 저농도의 HCN과 일산화탄소에 의해 강한 저해작용을 받는 다는 것에 주목하여 철과 포르피린을 함유한 산화효소를 발견하여 세포호흡 연구의 길을 열었다. 그는 1936에 수소화합물 전이(hydride transfer)에서 뉴클레오타이드 보조효소(nucleotide coenzyme)의 기능을 입증함과 동시에 산화환원 반응에서 니코틴아마이드(nicotinamide) 부위를 발견하였으며, 1938년에는 세포호흡계의 중요한 보조효소(coenzyme)인 FAD를 발견하였다. 그는 또한 암세포의 대사도 연구하여 1923년 암세포는 정상세포보다 산소를 훨씬 덜 이용하며 혐기적으로 살 수 있다는 것을 발견하였다. 이 발견으로부터 그는 암이란 세포호흡계의 비정상적인 기능(malfunction)에 의해 유발된다고 생각하였다. 오토 바르부르크(Otto Warburg)는 『산소 부족이 암 발생의 주 원인이며, 암 세포에는 산소가 없고 수소 이온(H^+)만 가득하다』고 발표하였고 이 이론은 국제적으로 인정 받았으며, 『혈액의 산소 운반에 관한 세포호흡 연구(discovery of the nature and mode of action of the respiratory enzyme.)』로 1931년 노벨 생리의학상을 수상하였다. 평생을 독신으로 지내며 연구에 몸을 바친 바르부르크는 1931년의 노벨상 수상에 이어 1944년에 니코틴아미이드(nicotinamide)에 관한 연구, 발효와 관련된 작용기작 및 효소에 관한 연구, 황색 효소 플라빈(flavin)의 발견으로 2번째 노벨상 수상 후보자로 지명되기도 하였다.

참고 ▶ **Axel Hugo Theodor Theorell(1903. 7. 6~1982. 8. 15)**

1903년 7월 6일 스웨덴의 린최핑(Link ping)에서 출생한 후고 테오렐(Hugo Theorell)은 1930년 스톡홀름의 왕립 카롤린스카 의과대학(Karolinska Institute)에서 『theory on the lipids of the blood plasma』이라는 내용으로 의학박사 학위를 취득하였다. 1932년에 웁살라대학(Uppsala University)의 부교수가 된 그는 1931년부터 해 오던 마이오글로빈에 관한 연구를 계속하였다. 1933년부터 1935년까지 그는 베를린-달렘(Berlin-Dahlem)에서 오토 바르부르크(Otto Warburg)와 함께 연구를 하였다. 이곳에서 그는 산화 효소에 관심을 갖게 되었다. 베를린-달렘(Berlin-Dahlem)에서 그는 처음으로 효모에서 『the yellow ferment』로 불리는 산화효소를 분리하여, 이 효소가 무색의 단백질 부분(apoenzyme)과 노란색의 보조효소(coenzyme)인 라이보플라빈 5′-인산(riboflavin 5′-phosphate), 즉 플라빈 모노뉴클레오타이드(flavin mononucleotide, FMN)로 이루어져 있다는 것을 확인하였다(1934년). 1935년부터 그는 스웨덴 연구자들과 함께 여러 가지 산화효소를 연구를 하였으며, 특히 사이토크롬 c(cytochrome c), 퍼옥시데이스(peroxidases), 캐터레이스(catalases), 플라보단백질(flavoproteins), 피리딘-단백질(pyridine-proteins), 알코올 탈수소효소(alcohol dehydrogenases) 분야에 크게 공헌하였다. **1955년에 그는 『산화효소의 성질과 효과』에 관한 업적으로 노벨 생리 · 의학상을 받았다.**

바이타민 B_2의 분포 및 결핍증

바이타민 B_2(Riboflavin)는 우유, 치즈, 녹색채소, 간, 신장, 콩류(legumes), 효모, 버섯 그리고 아몬드(almonds) 등에 많이 포함되어 있지만 빛에 노출되면 쉽게 파괴된다. 바이타민 B_2(Riboflavin)는 녹색식물, 세균, 균류 등에 의해 합성되지만 동물은 전혀 합성하지 못한다. 따라서 동물은 이 바이타민을 음식을 통해 필요량만큼 섭취해야 한다. 그렇지 않으면 결핍증에 걸려 피부염(dermatitis) 그리고 발육불량 등이 나타난다. 사람의 경우 전형적인 라이보플라빈 결핍증[riboflavin deficiency(ariboflavinosis)]으로 구강-눈-생식기 증후군(oral-ocular-genital syndrome)으로 나타난다. 즉, 구순염(cracked and red lips), 구각염[cracks at the corners of the mouth(angular cheilitis)], 구내 및 설염(inflammation of the lining of mouth and tongue), 인후염(a sore throat), 피부염(dry and scaling skin), 위염, 광선공포증(photophobia), 눈충혈(bloodshot eyes), 각막염, 결막염, 음낭 피부염(scrotal dermatitis) 등으로 나타난다. 동물 실험에서 바이타민 B_2(Riboflavin)의 결핍증은 주로 발육불량(growth failure)으로 나타난다. 바이타민 B_2의 1일 권장 섭취량은 성인의 경우 1.3mg 정도 요구된다. 동물조직에서 라이보플라빈(riboflavin)은 효소의 보조인자(cofactor) 형태(FMN 또는 FAD)로 존재하기 때문에 동물은 간과 같은 고농도의 FMN 또는 FAD를 함유한 조직을 먹음으로써 이 비타민을 섭취할 수 있다. 바이타민 B_2는 빠른 속도로 소변을 통해 배설되므로 과량섭취에 의한 부작용은 나타나지 않고 있다.

5.5 바이타민 B_3(Nicotinic acid 또는 Niacin)

바이타민 B_3는 나이아신(niacin) 또는 니코틴산(nicotinic acid)으로 알려져 있는 무색의 수용성 유기화합물로서 3번 위치에 카복실기(−COOH)를 가진 피리딘(pyridine)의 유도체이다(그림 5.3). 바이타민 B_3의 또 다른 형태는 니코틴아마이드[nicotinamide(niacinamide)]이다. 바이타민 B_3(niacin 또는 nicotinic acid)의 결핍증으로서 사람의 펠라그라(pellagra)와 개(dog)의 흑설병(blacktongue)이 알려져 있다. 피부염(dermatitis)과 설사(diarrhea) 그리고 치매(dementia)의 특성을 나타내는 펠라그라는 지난 수 세기 동안 잘 알려진 질병이었다. 이러한 바이타민 B_3의 결핍증은 한때 전염병으로 생각되어졌지만, 20세기 초 헝가리

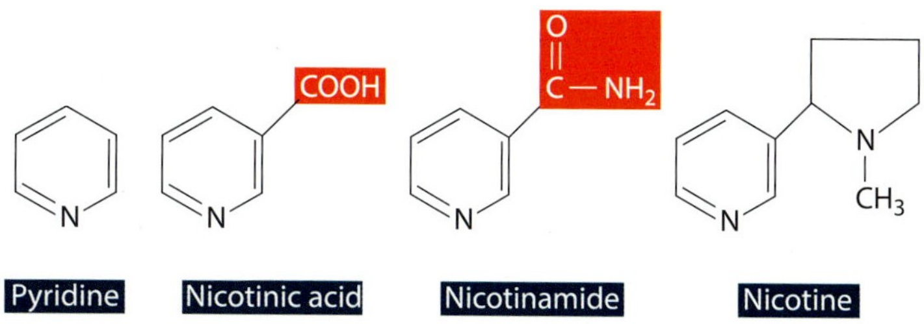

그림 5.3 Pyridine, nicotinic acid(niacin), nicotinamide(niacinamide), nicotine의 구조. 니코틴산(Nicotinic acid)은 높은 독성을 가지는 알카로이드(alkaloid)인 담배의 니코틴(nicotine)과 구조가 비슷한 면이 있다. 그래서 니코틴산(nicotinic acid)과 담배의 니코틴(nicotine)과의 혼동을 피하기 위하여 니코틴산(nicotinic acid) 대신에 나이아신(niacin)이라는 용어를 사용하게 되었다. 나이아신(Niacin)이라는 용어는 예일대학의 카우질(Cowgill)이 『nicotinic acid + vitamin』으로부터 만들었다. 니코틴산은 니코틴(nicotine), 3-피콜린, 3-에틸피리딘 등을 진한 질산(nitric acid)으로 산화시켜 합성한다. 생체 내에서 니코틴산은 트립토판으로부터 합성된다.

태생 미국의 내과의사이자 병리학자인 조우저프 골드버그(Joseph Goldberger: 1874. 7. 16~1929. 1. 17)에 의해 펠라그라(pellagra)는 음식물로 치료될 수 있다는 사실이 밝혀졌다. J. 골드버그(Joseph Goldberger)는 연구에 박차를 가하여 1926년에 펠라그라의 원인은 바이타민 B의 결핍 때문이라는 것을 증명하였다. 그는 펠라그라의 병인학에 관한 업적으로 노벨상 후보로 5번이나 지명되어졌지만 노벨상을 수상하지 못하였다. 그 후에 맥주 효모(brewer's yeast)가 사람의 펠라그라를 예방할 수 있다는 사실도 알려졌다. 니코틴산(Nicotinic acid)의 구조는 1873년 담배잎 등에 존재하는 니코틴(nicotine)을 연구하던 오스트리아의 화학자 휴고 바이델(Hugo Weidel: 1849. 11. 13~1899. 7. 7)에 의해 처음으로 기술되었다. 1937년 미국 위스콘신대학의 콘래드 엘버헴(Conrad Elvehjem; 1901. 5. 27~1962. 7. 27)과 그의 동료들은 간으로부터 니코틴아마이드(nicotinamide)를 최초로 분리하여, 니코틴산(nicotinic acid)이 개의 흑설병과 사람의 펠라그라를 예방 및 치료할 수 있다는 것을 밝혔다.

참고 ▶ 펠라그라(pellagra)

바이타민 B_3(nicotinic acid 또는 niacin)의 결핍으로 일어나는 피부염(dermatitis)과 설사(diarrhea) 그리고 치매(dementia)가 주된 특징으로 나타나는 전신성 질환이다. 바이타민 B_3는 체 내의 트립토판으로부터 합성되기 때문에 펠라그라는 트립토판의 결핍으로도 일어난다. 펠라그라는 스페인의 내과의사인 가스파르 카잘(Gaspar Casal: 1681~1759)에 의해 처음으로 기술되어졌으며, 특히 지중해지방에서 유행하여 어원도 이탈리아어인 피부를 뜻하는 『pelle(skin)』과 거칠다는 의미의 『agra(rough)』로부터 유래되었다. 알코올중독, 결핵, 위장병 등이 있으면 걸리기 쉽고 옥수수를 주식으로 하는 지방에 유행한다. 최초의 증상으로 식욕부진, 쇠약, 설사, 구강의 작열감 등이 있고, 이어서 피부가 붉어지며 가려움, 수포 등이 생기고 설염도 나타나며, 혀가 진홍색으로 평활해진다. 현기증, 두통, 환각, 기억력 저하, 이상지각 등의 신경증상도 나타난다.

바이타민 B_3의 분포

바이타민 B_3(niacin 또는 nicotinic acid)는 식물과 동물조직에 널리 분포되어 있으며, 특히 육류에 많이 포함되어 있다. 다음 식품 100g당, 송아지 간(veal liver) 15mg, 닭고기(chicken) 11mg, 소고기(beef) 7.5mg, 연어(salmon) 7.5mg, 아몬드(almonds) 4.2mg, 완두콩(peas) 2.4mg, 감자(potatoes) 1.2mg, 복숭아(peach) 0.9mg, 토마토(tomatoes) 0.5mg, 우유(milk) 0.1mg 정도의 바이타민 B_3가 함유되어 있다. 동물조직에서 바이타민 B_3는 두 종류의 효소의 보조효소(coenzyme) 형태로 존재한다. 즉, nicotinamide adenine dinucleotide(NAD^+)와 nicotinamide adenine dinucleotide phosphate($NADP^+$)가 그것들이다. 흥미로운 것은 니코틴산(nicotinic acid)의 경우 다른 바이타민과는 달리 사람을 비롯한 많은 동물들의 체내에서 미량이지만 아미노산인 트립토판(tryptophan)으로부터 생합성될 수 있다는 것이다. 그러나 사람의 경우 50~60mg의 트립토판(tryptophan)으로부터 불과 1mg 정도의 니코틴산이 합성되므로 외부로부터 바이타민 B_3의 공급은 필수적이다. 따라서 음식으로부터 바이타민 B_3의 적당량을 충족시켜야 한다. 어린이는 1일 2~12mg, 여자는 14mg, 남자는 16mg, 임산부는 18mg의 니코틴산(nicotinic acid), 즉 바이타민 B_3를 섭취해야 한다. 한편 쥐(rat)의 경우 35~50mg의 트립토판(tryptophan)으로부터 1mg 정도의 니코틴산이 합성되지만, 고양이나 오리의 경우 이러한 전환은 이루어지지 않는다.

5.6 바이타민 B_5(Pantothenic acid)

바이타민 B_5로도 알려져 있는 팬토쎈산(pantothenic acid)은 1919년 무렵 미국의 생화학자로저 J. 윌리엄스(Roger John Williams: 1893. 8. 14~1988. 2. 20)에 의해 처음 발견되었다. 그 후 윌리엄스는 1933년에 효모로부터 효모의 생장에 필수적인 물질을 분리하여 이를 팬토쎈산(pantothenic acid)으로 명명하고, 1938년에 그 구조를 밝혔다(그림 5.4). 팬토쎈산(pantothenic acid)의 전합성(total synthesis)은 1940년에 미국의 스틸러(E. T. Stiller) 연구팀에 의해 이루어졌다. 팬토쎈산(Pantothenic acid)이라는 이름은 『어느 곳에서든지(from everywhere)』라는 의미를 지니고 있는 그리스어 『*pantothen*』으로부터 유래되었다. 이름이 의미하는 바와 같이, 팬토쎈산(pantothenic acid)은 동식물의 모든 부위에 고르게 분포되어 있다. 그리고 모든 음식물에 어느 정도 존재하기 때문에 결핍증은 극히 드물지만 다른 바이타민 B군의 결핍증과 복합적으로 나타나며, 바이타민 B군 결핍증의 증상과 유사한 것으로 알려져 있다. 즉, 낮은 수준(level)의 코엔자임 A(coenzyme A)에 의한 에너지

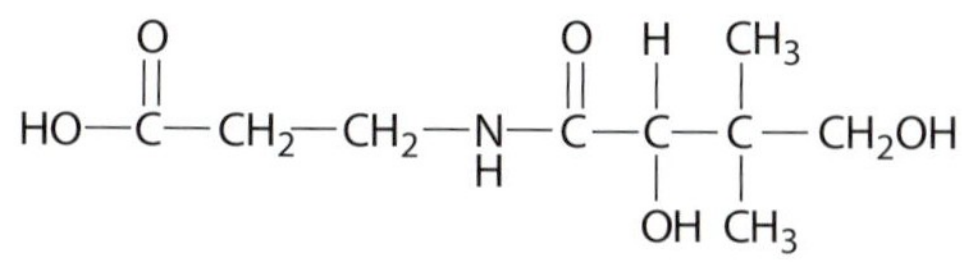

그림 5.4 Pantothenic acid의 구조.

생성의 저하는 초조, 피로, 무력감의 증상을 유발한다. 또한 신경전달물질(neurotransmitter)인 아세틸콜린 합성의 저하로 인하여 신경학적 이상(neurological disoder)을 유발한다. 이외에 팬토쎈산(pantothenic acid)의 결핍은 인슐린(insulin) 분비의 증가로 인한 저혈당증(hypoglycemia)을 유발하는 것으로 알려져 있다.

한편 소, 양과 같은 반추동물의 유위(rumen; 첫 번째 위)에 팬토쎈산(pantothenic acid)을 생산하는 몇몇 미생물의 존재가 알려져 있으며, 사람의 장(gut)에도 이 바이타민을 생산하는 미생물이 있을 것으로 추정하지만 아직 입증되지 않고 있다.

참고 Fritz Albert Lipmann(1899. 6. 12~1986. 7. 24)

독일계 미국 과학자인 프리츠 리프먼(Fritz Lipmann)은 1899년 6월 12일 독일 쾨니히스베르크(Knigsberg)의 유태계 집안에서 태어났다. 리프먼(Lipmann)은 1917~1922년 사이에 쾨니히스베르크대학(University of Königsberg), 베를린대학, 뮌헨대학에서 의학을 공부하였고, 1924년에 베를린대학에서 의학박사 학위를 받았다. 그 후 그는 화학을 공부하기 위하여 쾨니히스베르크로 돌아왔다. 1926년에 이학박사학위 논문을 준비하기 위하여 『해당과정(glycolysis)을 포함한 근육 대사에 관한 업적』으로 1922년 노벨 생리의학상을 수상한 카이저 빌헬름 의학연구소(the Kaiser Wilhelm Institute for Medical Research)의 오토 마이어호프(Otto Meyerhof) 실험실에서 조수로 일하면서 1927년에 박사학위를 취득하였다. 그 후 나치 정권의 탄생으로 조국을 떠나 코펜하겐에 잠시 머물기도 하였다. 1939년에 미국으로 이주하여 코넬의과대학[Cornell Medical School(1939~41)], 하버드대학[Harvard (1941~49)], 메사추세츠 종합병원[the Massachusetts General Hospital(1949~57)]에서 연구를 계속했으며, 1957년 이후부터 1970년 정년퇴임 때까지 록펠러대학(Rockefeller Institute)에서 생화학 교수로 교육과 연구를 계속하였다. **Fritz Lipmann은 1945년에 효모와 간으로부터 아세틸화 반응에 필요한 보조인자 coenzyme A를 분리 · 정제하여 그 구조를 결정하였다. 그는 이 공로로 1953년에 노벨 생리의학상을 받았다.**

5.7 바이타민 B_6(Pyridoxine)

1934년 헝가리의 내과의사 파울 죄르지[Paul György(1893. 4. 7~1976. 3. 1)]가 쥐의 귀, 발, 코, 꼬리에 외상과 부종이 일어나는 선단통증성 피부염(dermatitis acrodynia)을 치료하는 물질을 발견하여 이를 바이타민 B_6(vitamin B_6)라고 불렀다. 1938년에 폴란드 태생 미국의 영양학자 사무엘 렙코프스키[Samuel Lepkovsky(1899~1984)]는 쌀겨(rice bran)로부터 바이타민 B_6를 분리하였다. 1939년에 미국의 과학자 스탠턴 A. 해리스(Stanton A. Harris)와 칼 폴커스(Karl Folkers)는 피리독신(pyridoxine)의 구조를 결정하여 합성에 성공하였다. 1945년에 미국의 생화학자 에즈먼드 에머선 스넬(Esmond Emerson Snell)은 바이타민 B_6의 또 다른 형태인 피리독살(pyridoxal)과 피리독사민(pyridoxamine)을 발견하였다. 바이타민 B_6는 피리딘(pyridine)과의 구조적 유사성으로 인하여 피리독신(pyridoxine)으로 명명되어진다. 그림 5.5에 바이타민 B_6의 구조들이 설명되어 있다.

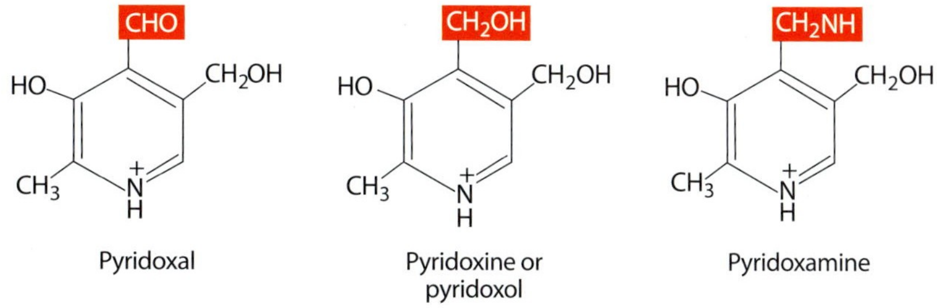

그림 5.5 Pyridoxal, pyridoxine 그리고 pyridoxamine의 구조. 자연계에 존재하는 바이타민 B_6는 pyridoxine, pyridoxal, pyridoxamine의 세 종류가 있다. 무취의 백색 결정으로 물과 알코올에 잘 녹는 vitamin B_6는 산성용액에서 내열성이 큰 반면에 알칼리용액에서 열에 파괴된다. 또한 자외선에 의해 분해된다.

바이타민 B_6의 분포 및 결핍증

바이타민 B_6의 3가지 형인 피리독신(pyridoxine), 피리독살(pyridoxal), 피리독사민(pyridoxamine)은 동물과 식물계에 널리 분포되어 있다. 식품 중에는 닭고기, 쇠고기, 돼지고기 등 육류, 도정하지 않는 곡류(whole grain products), 채소, 견과류(nuts) 등에 많이 함유되어 있다. 식물성 식품 중에는 피리독신-베타-글루코사이드(pyridoxine-β-glucoside)의 형태가 많아 체내 이용률이 떨어진다. 바이타민 B_6는 요리 및 가공 중에 손실이 잘 일어나며 우유의 경우 건조시키면 30~70%의 손실이 일어난다.

바이타민 B_6 결핍증의 증상은 지루성 피부염(seborrheic dermatitis), 위축성 설염(atrophic glossitis), 신경장애(neuropathy) 등으로 나타난다. 그러나 바이타민 B_6 결핍증은 단독으로 발생하기 보다는 다른 바이타민 B 복합체와 연관되어 발생된다. 그리고 고령자, 알코올 중독자, 신장투석 환자의 경우 바이타민 B_6 결핍증에 걸릴 확율이 높아진다. 바이타민 B6의 3가지 형인 피리독신(pyridoxine),피리독살(pyridoxal), 피리독사민(pyridoxamine)은 모두 바이타민 B_6 결핍증의 예방 및 치료에 효과가 있다. 바이타민 B_6의 1일 권장 섭취량은 성인 남자의 경우 1일 1.3~1.7mg, 성인 여자의 경우 1.3~1.5mg으로 설정되어 있다. 임신과 수유 시에는 각각 1.9mg과 2.0mg으로 권장되고 있다.

5.8 바이타민 B_9(Folic acid, folate)

폴산(Folic acid, folate), 엽산, 폴라신(folacin)이라고도 불리는 바이타민 B_9은 프테린(pterin; 2-Amino-4-hydroxypteridine), 파라-아미노벤조산(*p*-aminobenzoic acid) 그리고 글루탐산(glutamic acid)이 결합한 프테로일-L-글루탐산(pteroyl-L-glutamic acid)이다(5-6). 1920년대에 과학자들은 폴산의 결핍증과 빈혈은 밀접한 상관관계가 있을 것이라고 믿고 있었다. 1931년 영국의 과학자 루시 윌스[Lucy Wills(1888~1964)]는 임신기간 동안 빈혈의 예방을 위하여 영양소로서 어떤 인자가 필요하다는 것을 확인한 후 양조 효모(brewer's yeast)의 추출물로 빈혈을 치료할 수 있다는 것을 증명하였다. 그 당시에 빈혈 치료를 위한 이 추출물을 윌 인자(Will's factor)라고 불렀다. 1941년에 H. K. 미첼(Herschel

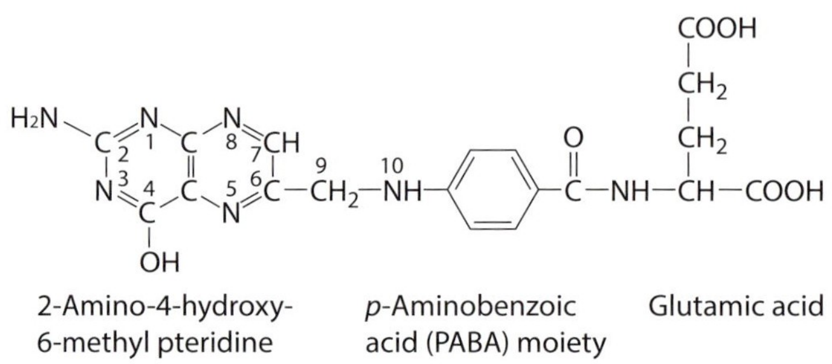

그림 5.6 Folic acid(pteroyl-L-glutamic acid)의 구조.

K. Mitchell), E. E. 스넬(Esmond Emerson Snell) 그리고 R. J. 윌리엄스(Roger John Williams: pantothenic acid를 발견한 과학자)는 시금치 잎으로부터 *Streptococcus lactis* R의 생장인자(growth factor)를 처음으로 분리하여 그것을 폴산(folic acid)이라고 불렀다. 『Folic acid』라는 용어는 잎(leaf)을 뜻하는 라틴어 『*folium*』으로부터 유래되었다. 따라서 폴산(folic acid)을 엽산이라고도 부른다. 1943년 미국의 유기화학자 밥 스톡스태드(Bob Stokstad)는 효모로부터 폴산의 순수 결정형을 분리하여 화학구조를 밝혔다. 이를 바탕으로 1950~1960년대에 과학자들은 폴산의 생화학적 작용기전(mechanism)을 발견하기 시작했다.

바이타민 B_9의 분포 및 결핍증

바이타민 B_9(Folic acid, folate)는 시금치(spinach), 아스파라그스(asparagus), 순무(turnip greens), 상추(romaine lettuces)와 같은 잎이 있는 채소류, 콩류(beans and peas), 해바라기 씨(sunflower seeds), 과일류(orange, pineapple, banana, honeydew melon, grapefruit, raspberry, strawberry), 사탕무우(beets), 브로콜리(broccoli), 옥수수(corn), 토마토 등에 풍부하게 포함되어 있다. 동물의 간(liver)과 제빵용 효모(baker's yeast; *Saccharomyces cerevisiae*)도 다량의 폴산(folic acid)을 함유하고 있다. 식품에서 발견되는 폴산(folic acid)은 고열(high heat)과 자외선(UV)에 민감하기 때문에 조리, 가공, 저장 중에 많이 소실된다.

폴산(folic acid)은 임신기간 동안 혈액 내에서 그 농도가 떨어지기 때문에 임신한 여성의 영양소로서 매우 중요하다. 폴산(folic acid)의 결핍증은 건강에 있어서 많은 문제를 일으키는데, 그 중 신경관결손(neural tube defects)이 잘 연구되어 있다. 연구에 따르면 폴산(folic acid)을 섭취한 여성의 경우 신경관결손(neural tube defects) 아기를 출산할 확률을 낮춰준다고 한다. 신경관(neural tube)은 태아의 척수와 뇌로 자라나는데, 폴산(folic acid)이 결핍될 경우 뇌가 더디게 발달하거나 신경계 이상 또는 유산을 할 수도 있다. 임신을 한 여성의 경우 특별히 필요한 영양소로서 철분과 폴산(folic acid)이 잘 알려져 있다. 폴산(Folic acid)의 경우 임신 계획전부터 1일 400μg의 폴산을 미리 섭취하면 태아의 신경관결손율을 절반 정도 감소시킬 수 있다고 한다. 철분의 경우에는 임신 20주 이후부터 복용하는 것이 바람직한데, 그 이유는 임신 첫 4개월까지는 인체가 특별히 철분을 요구하는 양이 적기 때문이다. 또한 철분제의 특성상 산모들의 위장장애를 일으키기 쉽기 때문에 오히려 입덧을 조장할 수가 있다. 따라서 일반적인 경우 임신 20주 이후부터 하루 30mg씩 복용하는 것이 바람직하다. 그리고 산모의 나이가 많은 경우와 쌍태아인 경우에는 1일 60~100mg 정도 복용해야 한다. 신경관결손(neural tube defects) 이외에 폴산이 결핍되면 거대적아구성 빈혈(Megaloblastic anemia: which is characterized by large immature red blood cells in the bone marrow)이 유발된다. 이 질병은 정상적인 DNA 복제, DNA 수선(DNA repair), 세포분열(cell division)이 방해를 받아 거대적아구(megaloblasts)라고 불리는 비정상적으로 큰 적혈구 세포를 생산한다.

폴산(folic acid)의 1일 필요량은 성인 400μg, 임산부 및 수유부 600μg 정도로 극히 미량이다. 그리고 실험동물에 필요한 폴산의 양은 아주 미량이기 때문에 폴산 결핍증이 일어나기 대단히 어렵다. 항빈혈인자로서의 폴산의 임상적 효과는 바이타민 B 복합체와 함께 투여할 때 뚜렷하다.

참고 ▶ 거대적아구성 빈혈(Megaloblastic anemia)

폴산(folic acid) 결핍 등의 원인으로 골수(bone marrow)에서 DNA 합성 장애가 발생하여 핵의 성숙(nuclear maturation)과 전구세포(precusor cell)의 분열이 지연되어 적혈구 세포의 거대화를 초래하는 질환이다. 이 질환에서 세포는 DNA 합성에서 장애를 초래하지만 RNA와 세포질 성분은 일정한 속도로 합성되기 때문에 세포의 크기가 커지고 핵-세포질 비동시성(nuclear-cytoplasmic asynchrony)을 보인다. 거대적아구(Megaloblast)는 악성 빈혈(pernicious anemia, 바이타민 B_{12} 결핍증) 및 폴산 결핍증(folic acid deficiency: collectively called megaloblastic anemia)과 연관될 수 있는 비정상적으로 큰 적아세포(erythroblast; 적혈구모세포로 골수에서 처음 만들어진 적혈구이다)로 핵이 존재한다. **적아세포(erythroblast)에는 핵이 존재하지만 성숙한 적혈구에는 핵이 존재하지 않는다.** 적아세포는 분화되면서 크기가 줄어들고 세포질이 핵에 비해 많아지다가 마침내 핵이 사라지면서 적혈구로 성숙한다. 거대적아구성 빈혈(Megaloblastic anemia)의 증세는 어지러움증, 두통, 무력감 등의 빈혈 증세와 혓바닥에 염증이 생기거나 체중 감소 등이 나타난다.

5.9 바이타민 B_{12}

바이타민 B_{12}(Cobalamin)는 치명적인 악성 빈혈(pernicious anemia)의 치료 인자로 발견되었다. 1920년 미국의 내과의사이자 병리학자인 조오지 호이트 휘플(George Hoyt Whipple)은 개(dog)에게 빈혈(anemia)을 유도하는 실험을 통하여 다량의 간(liver)을 섭취하는 것이 빈혈의 치료에 매우 효과적이다는 것을 발견하였다. 그 후 조오지 리처드 마이넛(George Richards Minot)과 윌리엄 패리 머피(William Parry Murphy)는 개의 빈혈을 치료하는 물질을 간에서 부분적으로 분리하기 시작하였는데, 그것이 철(iron)이라는 것을 발견하였다. 그들은 또한 간즙(liver juice)으로부터 추출한 물질이 개에게는 효과가 없지만 사람의 악성 빈혈(pernicious anemia)을 치료할 수 있다는 것을 발견하였다. 1926년에 마이넛(Minot)과 머피(Murphy)는 그들의 실험결과를 발표하였다. 이러한 발견에도 불구하고 환자들은 치료를 위하여 다량의 생간(raw liver)을 섭취하거나 상당량의 간즙(liver juice)을 마셔야 하는 불편이 있었다. 1928년 미국의 화학자 에드윈 콘(Edwin Cohn)은 악성 빈혈 치료에 천연 간보다 50~100배 더 강력한 간 추출물의 조제에 성공하여 환자들의 불편을 덜어 주었다. 휘플(Whipple), 마이넛(Minot), 머피(Murphy)는 1934년에 『빈혈 환자에 있어서 간을 이용한 치료법의 발견(for their discoveries concerning liver therapy in cases of anemia)』으로 노벨 생리의학상을 공동수상하였다. 1948년 미국의 화학자 칼 A. 폴커스(Karl A. Folkers)와 영국의 화학자 앨리그잰더 R. 토드(Alexander R. Todd)는 간 추출물로(liver extract)부터 바이타민 B_{12}(cobalamin)를 분리하였다. 코발아민(Cobalamin)으로 입증된 이 물질은 근육 주사가 가능하여 보다 쉽게 악성 빈혈의 치료가 가능하게 되었다. 바이타민 B_{12}(cobalamin)의 화학구조는 1956년에 도로씨 크로우풋 호쥐킨(Dorothy Crowfoot Hodgkin) 연구진에 의해 결정되었다. 1950년 경에 세균으로부터 이 바이타민을 다량으로 생산하는 방법이 개발되어 현재에 이르고 있다.

참고 ▶ George Hoyt Whipple, George Richards Minot, William Parry Murphy

George Hoyt Whipple(1878. 8. 28~1976. 2. 1): 미국의 내과의사이자 병리학자인 조오지 호이트 휘플(George Hoyt Whipple)은 뉴 햄프셔주(New Hampshire) 애쉬랜드(Ashland)에서 태어났다. 1900년 예일대학을 졸업한 후, 1905년 존스홉킨스대학(Johns Hopkins University)에서 의학박사 학위를 받았다. 박사학위를 취득한 후 휘플은 존스홉킨스대학의 병리학부에서 일을 하다가 1907년부터 1908년까지 파나마에 있는 앤콘병원(Ancon Hospital)에서 병리학자(pathologist)로서 근무하였다. 볼티모어(Baltimore)로 돌아온 휘플은 1910년부터 존스홉킨스대학에서 병리학 조교(Assistant), 강사(Instructor) 및 조교수(Assistant Professor)를 거쳐 1914년에 부교수(Associate Professor)가 되었다. 1921년에 마침내 그는 로체스터대학 의학부 병리학 교수가 되었다. 휘플은 음식이 혈액의 재생과정에서 나타나는 효과를 연구하여 공동 수상자들의 연구에 영향을 주었다.

George Richards Minot(1885. 12. 2~1950. 2. 25): 미국의 내과의사이자 병리학자인 조오지 리처즈 미노(George Richards Minot)는 메사츄세츠주 보스톤에서 태어났다. 1912년 하버드대학에서 의학박사 학위를 취득하였고, 1928년부터 1948년까지 하버드의과대학 교수였다. 공동 수상자인 윌리엄 머피와 함께 조혈과정을 규명하고 새로운 간의 기능을 발견하였으며, 간 식이요법을 개발하였다.

William Parry Murphy(1892. 2. 6~1987. 10. 9): 미국의 내과의사인 윌리엄 패리 머피(William Parry Murphy)는 위스콘신주(Wisconsin) 스토턴(Stoughton)에서 출생하였다. 1914년 오리건대학을 졸업한 후, 오리건대학 의과대학 및 하버드대학 의과대학에서 의학을 공부하여 1922년에 하버드의과대학에서 의학박사 학위를 취득하였다. 1923년부터 보스톤에 있는 피터 벤트 브리검 병원에서 일하였으며, 1924년부터 하버드대학에서 조교 및 강사 등으로 활동하였다. 1958년에 하버드대학 명예강사 Emeritus Lecturer가 되었다.

Whipple, Minot, Murphy는 1934년에 『빈혈 환자에 있어서 간을 이용한 치료법의 발견(for their discoveries concerning liver therapy in cases of anemia)』으로 노벨 생리의학상을 공동수상하였다.

5.9.1 바이타민 B_{12}의 구조적 특성

모든 바이타민 중 구조적으로 가장 복잡한 바이타민 B_{12}(cobalamin)는 그림 5.7에 나타낸 바와 같이, 코발트(cobalt)와 코린 고리(corrin ring)로 이루어진 화합물이다. 이 바이타민의 붉은 색은 코발트-코린 복합체(cobalt-corrin complex)의 색상에 기인한다. 정제과정에서 사용된 숯으로부터 유래된 시안기(cyanide group)를 가진 사이아노코발라민(cyanocobalamin: an artifact formed as a result of the use of cyanide in the purification procedures)은 자연계에는 존재하지 않지만 의약품으로 사용하기 위하여 인공적으로 합성한 바이타민 B_{12}이다. 사이아노코발라민(Cyanocobalamin)은 생체 내에서 두 가지 생리적 형태인 5′-디옥시아데노실코발라민(5′-deoxyadenosylcobalamin)과 메틸코발라민(methylcobalamin)으로 전환된다. 최근에는 하이드록소코발라민(hydroxocobalamin), 메틸코발라민(methylcobalamin), 5′-디옥시아데노실코발라민(5′-deoxyadenosylcobalamin)도 의약품으로 생산되고 있다. 인공적으로 합성되는 사이아노코발라민(cyanocobalamin)과는 달리 바이타민 B_{12a}라고도 불리는 하이드록소코발라민(hydroxocobalamin)은 다양한 세균들에 의해 생산된다. 따라서 상업적으로 바이타민 B_{12}를 생산하기 위하여 이들 미생물이 이용된다. 하이드록소코발라민은 정상적으로 인체 내에서 합성되지 않지만 쉽게 B_{12}의 보조효소(coenzyme)

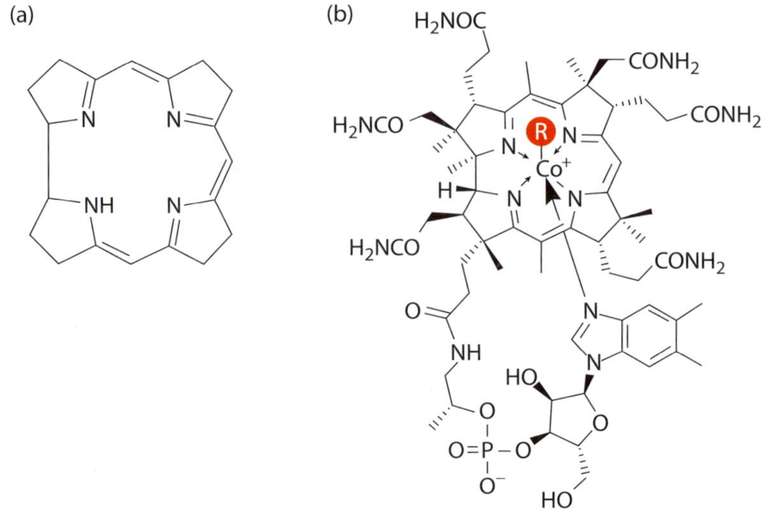

그림 5.7 (a) Corrin과 (b) vitamin B_{12}(cobalamin)의 구조. (a) 코린(Corrin)은 포피린 고리(porphyrin ring)를 닮았다. 그러나 포피린과 달리 코린은 피롤 단위체들(pyrrole-like units)을 연결하는 탄소기들(carbon groups) 중 하나가 결여되어 있다. (b) 『R–』은 5′–deoxyadenosyl group, cyanide group(–C≡N), methyl group(CH_3–), hydroxyl group(–OH)을 뜻한다. 『R–』에 따라 바이타민 B_{12}(cobalamin)는 5′–deoxyadenosylcobalamin, cyanocobalamin, methylcobalamin, hydroxocobalamin로 구분된다.

로 전환될 수 있다. 의학적으로 하이드록소코발라민은 대게 주사용액으로 생산된다.

모든 바이타민 중 구조적으로 가장 복잡한 바이타민 B_{12}(cobalamin)의 전합성(total synthesis)은 미국의 저명한 유기학자 로버트 번스 우드워드(Robert Burns Woodward)와 스위스의 화학자 알버트 에셴모저(Albert Eschenmoser)의 주도로 거의 백명에 가까운 학생과 연구진이 수년동안 연구하여 이루진 업적이다. 1973년에 발표된 이 업적은 유기화학 역사에 있어서 가장 뛰어난 공적 중의 하나가 되었으며, 유기화학자들에게 어떤 복잡한 화합물의 합성도 충분한 시간과 계획 하에 이루어진다면 가능하다는 것을 확신시켜주는 계기가 되었다.

참고 Robert Burns Woodward(1917. 4. 10~1979. 7. 8)

미국의 유기화학자인 로버트 번스 우드워드(Robert Burns Woodward)는 메사추세츠주(Massachusetts) 보스톤에서 태어났다. 우드워드(Woodward)가 한 살 때인 1918년 그의 아버지는 세계적으로 유행했던 독감에 걸려 사망했다. 이러한 환경하에서 우드워드(Woodward)는 메사추세츠주 퀸시(Quincy)에 있는 공립 초등 · 중등학교를 다녔는데 이때부터 화학에 관심을 가졌다. 그가 고등학교에 입학했을 무렵에는 벌써 당시에 널리 사용되었던 루트비히 가터만(Ludwig Gattermann)이 펴낸 유기화학실험서에 수록된 대부분의 실험을 수행하고 있었다. 1928년 그는 보스톤 주재 독일 총영사를 찾아가서 독일 학술지에 실린 몇 편의 유기화학 관련 논문을 손에 넣을 정도로 열성적이었다. 1933년에 그는 메사추세츠공과대학(Massachusetts Institute of Technology, MIT)에 입학했지만 학업을 게을리하여 그 다음해에 퇴학당했다. 그러나 MIT는 1935년에 그를 다시 받아들였고, 1936년에 그는 이학사(the Bachelor of Science degree)를 취득하였다. 그리고 불과 1년 후에 MIT는 그에게 이학박사 학위를 수여했다. 이때 그의 MIT 동료들은 아직 학사학위를 취득했을 뿐이었다. 우드워드(Woodward)의 박사학위 논문은 암컷의 성호르몬 에스트론(female sex hormone estrone)의 합성에 관한 것이었다. 졸업 후 그는 1937~1938년 사이 하버드대학에서 박사후과정을 거친 뒤 하버드대학의 전임강사(Instructor in Chemistry; 1941~1944), 조교수(Assistant Professor; 1944~1946), 부교수(Associate Professor; 1946~1950), 정교수(Professor; 1950~1953), Morris Loeb Professor of Chemistry(1953~1960), 그리고 1960년부터 Donner Professor of Science가 되었다. 1963년부터는 스위스 바젤에 있는 우드워드연구소장을 겸직하였다.

1941년 우드워드(Woodward)는 천연물의 구조를 규명하는 데 있어서 자외선 분광학(ultraviolet spectroscopy)의 적용을 서술하는 일련의 논문을 발표하였다. 우드워드(Woodward)는 많은 양의 실험자료를 수집하여 후일에 『우드워드의 규칙(Woodward's rules)』이라 불리는 일련의 규칙을 고안하였다. 이 우드워드의 규칙(Woodward's rules)은 새로운 천연물뿐만 아니라 합성분자의 구조를 규명하는데 적용되어졌으며, 후에(1965년) 전자궤도(orbital)의 대칭성 보존의 법칙[**우드워드-호프만 법칙(Woodward-Hoffmann rules)**]으로 발전되었다. 1940년대 후반 동안, 그는 키니네(quinine), 콜레스테롤(cholesterol), 코티존(cortisone), 스트라이크닌(strychnine), 라이세그산(lysergic acid), 레서핀(reserpine), 클로로필 a(chlorophyll a), 세팔로스포린(cephalosporin) 그리고 콜히친(colchicine)과 같은 많은 복잡한 천연물을 합성하였다. 이 업적과 더불어 우드워드(Woodward)는 때때로 『우드워드의 신

기원(Woodwardian era)』이라 불리는 화학합성의 새로운 시대를 열었다. **1965년 로버트 우드워드(Robert Burns Woodward)는 항생제 cephalosporin의 전합성을 비롯한 복잡한 유기분자의 합성에 관한 업적으로 노벨 화학상을 수상하였고,** 20여개의 대학으로부터 명예박사학위를 받았다. 본문에서도 설명된 바이타민 B_{12}(cobalamin)의 합성 후 만약 그가 계속 생존했더라면 2번째 노벨상을 수상할 수 있었다고 한다. 그는 유기화학의 근대화, 특히 이론과 실험을 관련짓는 데 크게 공헌하였다.

한편, 폴란드 태생 미국의 이론 화학자 **로얼드 호프만(Roald Hoffmann: 1937. 7. 18)**은 일본의 후쿠이 겐이치와 함께 화학반응의 메커니즘에 관해 서로 독자적으로 연구한 공로로 1981년 노벨화학상을 공동 수상했다.

5.9.2 바이티민 B_{12}의 분포 및 결핍증

식물과 동물은 바이타민 B_{12}(Cobalamin)를 합성할 수 없지만, 세균은 바이타민 B_{12}를 합성할 수 있는 효소를 가지고 있다. 따라서 육식동물은 음식인 고기로부터 바이타민 B_{12}를 충분히 섭취하여야 하며, 초식동물은 그들의 유위(rumen)에서 서식하고 있는 세균으로부터 이 바이타민을 얻고 있다. 토끼를 포함한 몇몇 초식동물들은 때때로 바이타민 B_{12}의 양이 충분하지 못할 때가 있어서 필요한 양을 얻기 위하여 자신의 배설물을 섭취하기도 한다. 바이타민 B_{12}(hydroxocobalamin)를 합성하는 세균으로 *Aerobacter, Agrobacterium, Alcaligenes, Azotobacter, Bacillus, Clostridium, Corynebacterium, Flavobacterium, Micromonospora, Mycobacterium, Nocardia, Propionibacterium, Protaminobacter, Proteus, Pseudomonas, Rhizobium, Salmonella, Serratia, Streptomyces, Streptococcus* 그리고 *Xanthomonas* 속(genus)이 알려져 있다. *Streptomyces griseus*는 오랫동안 바이타민 B_{12}(hydroxocobalamin)의 상업적 생산에 이용되어 왔지만, 최근에는 *Pseudomonas denitrificans*와 *Propionibacterium shermanii*가 보다 일반적으로 이용되고 있다.

한편, 바이타민 B_{12}(Cobalamin)는 바이타민들 중에 유일하게 지금까지 연구된 식물체 내에서 합성되지 않는 것으로 알려져 있다. 그러나 바이타민 B_{12}(Cobalamin)는 김, 미역, 파래, 다시마와 같은 해조류에 다량 함유되어 있으며, 최근 연구에 의하면 김치, 된장, 간장, 맥주, 쌀, 식초 등의 식물성 발효식품에도 많이 들어 있는 것으로 확인되었다. 콩, 배추 등엔 바이타민 B_{12}가 없지만 이들을 발효시킨 된장, 청국장, 고추장, 김치에는 풍부하다. 발효과정에서 미생물이 바이타민 B_{12}를 만드는 것으로 추정하고 있다. 따라서 『채식만 하면 바이타민 B_{12}가 결핍된다.』는 주장은 잘못된 것이다. 균형잡힌 식사를 하는 채식주의자는 바이타민 B_{12} 결핍을 걱정할 필요가 없다.

바이타민 B_{12}(cobalamin)가 풍부한 음식으로서 어류, shellfish[조개류, 갑각류(새우, 게 등)], 간을 포함한 육류, 조류의 알, 우유 등이 있다. 바이타민 B_{12}(Cobalamin)가 결핍되면 악성 빈혈(pernicious anemia)이 유발되며 뇌와 신경계에 심각한 손상을 유발할 수 있다. 그러나 바이타민 B_{12}(Cobalamin)의 1일 권장량은 2 to 3μg으로 극히 미량만이 요구된다.

5.10 바이오틴(Biotin)

바이타민 H라고도 불려지는 바이오틴(biotin)은 테트라하이드로싸이어펀(tetrahydrothiophene) 고리(ring)와 유레이도(ureido: tetrahydroimidizalone) 고리가 서로 융합된 구조에 발레르산(valeric acid) 치환기(substituent)가 테트라하이드로싸이오펀 고리(tetrahydrothiophene ring)의 탄소 원자 중 하나에 부착되어 있는 바이타민 B 복합체(B-complex vitamin)이다(그림 5.8).

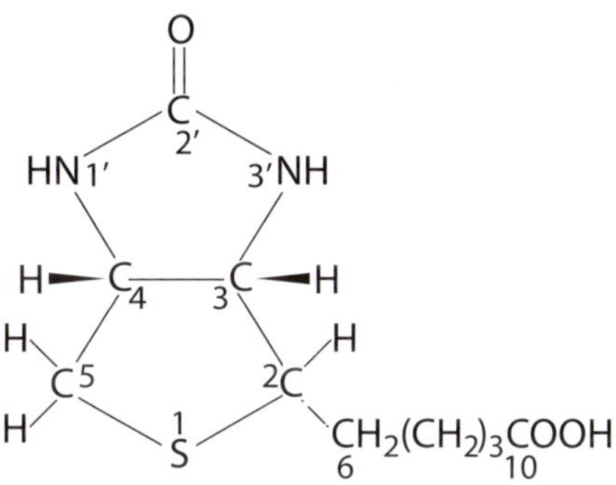

그림 5.8 Biotin의 구조.

1901년 벨기에의 과학자 외젠 윌디에(Eugène Wildiers)와 마닐레 이데(Manile Ide)는 몇몇 종류의 효모 균주가 특별한 생장인자(growth factor)를 필요로 한다는 것을 발견하고 그 물질을 『바이오스(bios)』라고 불렀다. 바이오스(Bios)라는 물질은 마이오이노시톨(myoinositol), 베타-알라닌(β-alanine), 팬토쎈산(pantothenic acid) 그리고 나중에 바이오틴(biotin)으로 판명된 4가지 다른 물질을 포함하고 있었다. 1927년 영국의 생화학자 M. A. 보애스(Margaret Averil Boas)는 생난백(raw egg white, 달걀의 흰자)을 쥐에게 먹이면 피부병(dermatosis)과 탈모증세(hair loss)가 일어난다는 것을 발견했다. 그녀는 간에서 발견되는『protective factor X』에 의해 이 난백장애증(egg white injury syndrome)을 치유할 수 있다는 것을 발견했다. 1931년 헝가리의 내과의사 파울 죄르지(Paul György)는 간에서 이 인자를 발견하여『vitamin H(from Haut, the German word for skin)』라고 불렀다. 1936년 네덜란드의 프리츠 쾨글(Fritz Kögl)과 베노 퇴니스(Benno Tönnis)는 달걀의 노른자(dried egg yolk)로부터 효모의 생장인자를 분리하여 이를 바이오틴(biotin)이라고 명명하였다. 바이오틴(Biotin)이라는 이름은 효모의 증식에 필요한 인자 바이오스(bios)의 한 성분으로 연구되어졌기 때문에 붙여진 이름이다. 1940년 파울 죄르지(Paul György)와 그의 동료들은 바이오틴과 바이타민 H는 동일한 물질이라는 것을 결론내리고, 그들도 간으로부터 바이오틴을 분리하는 데 성공하였다. 1942년 네덜란드의 프리츠 쾨글(Fritz Kögl) 연구팀과 미국의 빈센트 뒤 비뇨(Vincent du Vigneaud: 1955년 노벨 화학상 수상자) 연구팀은 바이오틴의 구조를 확립하였고, 1944년 미국의 스탠턴 A. 해리스(Stanton A. Harris) 연구팀은 바이오틴의 전합성에 성공하였다.

바이오틴의 분포 및 결핍증

바이오틴은 모든 생물체가 필요로 하지만 세균, 효모, 곰팡이, 조류(algae) 그리고 몇몇 식물체만이 합성할 수 있다. 그리고 바이오틴은 달걀 노른자, 간, 효모, 몇몇 채소와 같은 식품에 비교적 높은 함량으로 함유되어 있지만 특별히 높은 함량으로 포함되어 있는 식품은 드물다. 실험실에서 합성된 바이오틴은 푸마르산(fumaric acid)을 출발물질로 하며 천연 바이오틴과 동일하다. 재미있는 것은 바이오틴 분자는 3개의 비대칭 탄소 원자를 가지고 있고, 8개의 다른 이성질체가 존재하지만 이들 중 단 하나만이 생물학적 활성을 보인다.

쥐에게 생난백(raw egg white, 달걀의 흰자)을 다량으로 함유한 먹이를 주면 피부염이나 탈모증세 등을 일으키는데, 이것은 바이오틴이나 그 유도체에 대단히 강한 친화력을 가지는 난백(egg white)에 함유된 아비딘(avidin)이라는 염기성 단백질 때문이다. 아비딘(Avidin)은 장 내에서 바이오틴과 결합하여 바이오틴의 흡수를 방해하여 난백장애(egg white injury)를 유발한다. 이 경우 난황(egg yolk, 달걀의 노른자)을 주면 난백장애가 예방되므로 바이오틴(biotin)을 항난백장애인자(anti-egg white injury factor)라고도 부른다. 사람의 경우 바이오틴의 대부분은 장내세균에 의해 공급되고 작은창자의 회장(ileum) 부위에서 흡수되기 때문에 결핍증은 거의 찾아볼 수 없다.

5.11 Lipoic acid

옥탄산(Octanoic acid)으로부터 유래된 유기황 화합물인 리포산(lipoic acid)은 이황화결합(disulfide bond)에 의해 연결된 2개의 황을 함유하고 있다(그림 5.9). 따라서 리포산의 구조는 고리가 닫힌 산화형과 고리가 열린 환원형 2가지가 있다. 리포산(Lipoic acid)의 C_6의

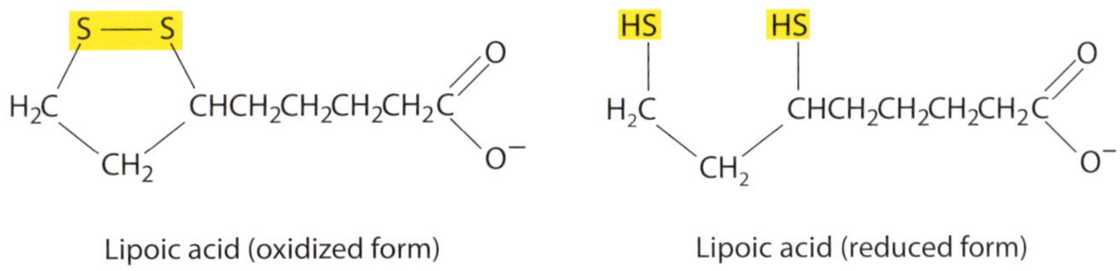

그림 5.9 Lipoic acid의 산화형과 환원형의 구조. Lipoic acid는 화학식 $C_8H_{14}O_2S_2$이며 6,8-dithiooctanoic acid라고도 한다.

탄소 원자는 키랄(chiral)이기 때문에 2개의 거울상이성질체(enantiomer) R-(+)-lipoic acid와 S-(−)-lipoic acid 그리고 라세미 혼합물(racemic mixture)인 R/S-lipoic acid가 존재한다. R-(+)-거울상이성질체만이 자연계에 존재하며, 4개의 마이토콘드리아 효소 복합체의 필수 보조인자로 역할한다. S-(−)-Lipoic acid와 R/S-lipoic acid는 1952년에 확립된 화학합성 이전에 존재하지 않았다. 분리 및 특성화되기 전에 R-(+)-리포산은 젖산균의 한 속(genus)인 장구균(enterococci)에 있어서 아세트산으로 피루브산의 산화적 탈카복실화에 필요한 필수 생장인자로 입증되어져 아세트산염 대용 인자(acetate-replacing factor) 또는 피루브산 산화 인자(pyruvate oxidation factor)로 알려졌었다. 장구균(Enterococci)은 리포산의 합성 능력이 결여되어 있기 때문에 외부로부터 그것을 획득해야만 한다. 1951년 텍사스대학의 레스터 리드(Lester Reed)는 약 10톤의 소 간으로부터 약 30mg의 결정체를 분리하여 이를 알파-리포산(α-lipoic acid)이라고 명명하였다. 생화학 학문 탄생 초기에 이 R-(+)-리포산의 분리는 물질분리 연구에 있어서 아주 인상 깊은 위대한 업적들 중의 하나였다. R-(+)-리포산의 특성화는 엘리릴리사(Eli Lilly and Co.), 텍사스대학의 레스터 리드(Lester Reed) 그리고 일리노이대학의 건셀러스(I. C. Gunsalus)의 공동연구에 의해 이루어졌다. 이들의 연구로부터 노란색 결정체의 알파-리포산(α-lipoic acid)은 8개의 탄소를 가진 지방족 사슬(aliphatic chain)과 2개의 황 원자를 함유한 천연 분리체로서 산성이며 편광계(polarimetry)에 의해 우선성[dextro-(+)-configuration]이라는 것이 밝혀졌다.

리포산의 분포 및 결핍증

리포산은 장구균(enterococci)을 비롯한 몇몇 세균의 생장인자(growth factor)라는 것을 알게 됨으로써 세상에 알려지게 된 것이다. 따라서 이러한 생물체에서 리포산은 필수 영양소인 바이타민이라고 말할 수 있다. 그러나 사람에 있어서 리포산은 꼭 필요하다는 증거가 없기 때문에, 엄밀하게 말하면, 바이타민으로 간주되지 않는다. 그럼에도 불구하고 리포산은

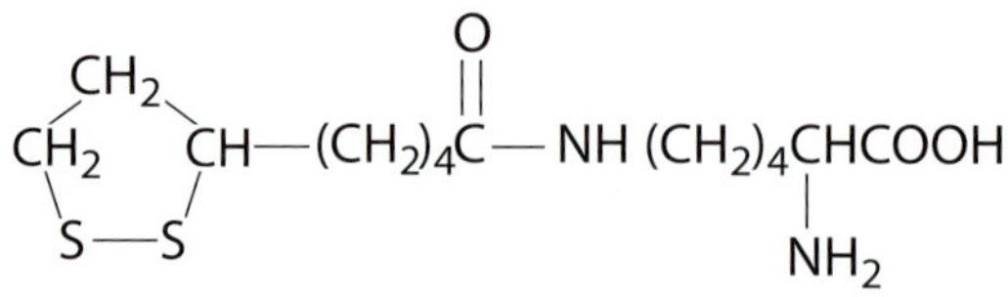

그림 5.10 ε-N-lipoyl-L-lysine의 구조.

중간대사에 관여하는 몇몇 효소들의 필수적인 구성성분이며 적은 양이지만 신체 조직에도 존재한다. 리포산은 거의 모든 식물에서 발견되지만 신장(kidney), 심장(heart), 간(liver), 시금치, 브로콜리, 효모 등에 조금 더 많이 들어있다. 자연계에 존재하는 리포산은 항상 공유결합되어 있으며 음식물로부터 즉시 이용가능하지 않다. 더욱이 생물체에 존재하는 리포산은 그 양이 매우 적다. 상기에서 언급한 바와 같이, 리포산의 구조를 결정하기 위하여 이용된 소의 간 10톤으로부터 약 30mg의 리포산이 얻어졌다. 결과적으로 보충제로서 이용가능한 모든 리포산은 화학적으로 합성되어져야 한다.

단백질과 결합하고 있는 리포산은 산, 염기, 또는 단백질가수분해효소에 의해 방출된다. 리포일-단백질 복합체(lipoyl-protein complex)를 조심스럽게 가수분해하면 리포산이 라이신(lysine) 잔기에 엡실론-*N*-리포일-L-라이신(ε-*N*-lipoyl-L-lysine)의 형태로 공유결합하고 있음을 알 수 있다(그림 5.10). 이 엡실론-*N*-리포일-L-라이신(ε-*N*-lipoyl-L-lysine)과 바이오틴-단백질 복합체의 가수분해 산물인 바이오사이틴(biocytin: ε-*N*-biotinyl-L-lysine)은 투석(dialysis)에 의해 단백질로부터 쉽게 해리될 수 있는 보조인자(cofactor)가 아니다. 즉, 엡실론-*N*-리포일-L-라이신(ε-*N*-lipoyl-L-lysine)과 바이오사이틴(biocytin: ε-*N*-biotinyl-L-lysine)은 보결원자단(prosthetic group)이다.

5.12 바이타민 C(Ascorbic acid)

1928년부터 1933년 사이에 헝가리 연구팀 얼베르트 폰 센트-죄르지 너지르폴트(Albert von Szent-Györgyi Nagyrapolt)와 요제프 L. 슈비르베이(Joseph L. Svirbely) 그리고 미국의 찰스 글렌 킹(Charles Glen King)은 항괴혈병 인자(antiscorbutic factor)를 최초로 발견하여 그것을 아스코브산(ascorbic acid)이라고 불렀다. 1928년에 센트-죄르지(Albert von Szent-Györgyi Nagyrapolt)는 동물의 부신(adrenal gland)으로부터 헥수론산(hexuronic acid)을 분리하였다. 그는 분리한 헥수론산(hexuronic acid)이 항괴혈병 인자(antiscorbutic factor)라는 것을 짐작하였지만, 그것을 증명할만한 적당한 실험계를 가지지 못하여 입증하지는 못하였다. 그 당시에 미국 피츠버그대학의 찰스 글렌 킹(Charles Glen King) 연구팀은 괴혈병을 유발하는 설치류인 기니피그(guinea pig, 일명 모르모토)의 모델 실험계를 이용하여 레몬 쥬스로부터 항괴혈병 인자의 분리를 시도하고 있었다. 기니 피그(guinea pig)는 신선한 야채를 제공받지 못하면 괴혈병에 걸리며, 괴혈병에 걸린 기니피그는 레몬 즙에 의해 치유될 수 있다. 킹의 연구팀은 이러한 사실을 근거로 하여 레몬 즙으로부터 항괴혈병 인자를 분리하였다. 1931년 말에 킹의 연구팀은 센트-죄르지(Szent-Györgyi)로부터 부신에서 추출된 헥수론산을 간접적으로 얻었을 수 있었다. 그리고 1932년 봄에 킹의 연구팀은 이 헥수론산(hexuronic acid)이 항괴혈병 인자라는 것을 입증하고, 레몬 즙으로부터 얻어진 항괴혈병 인자와 헥수론산은 같은 물질이라는 것을 발표하였다. 한편 1932년 센트-죄르지(Szent-Györgyi) 연구팀은 파프리카(paprika pepper)가 헥수론산(hexuronic acid)을 많이 함유하고 있다는 것을 발견하고 괴혈병(scurvy)에 대한 그것의 활성을 기리기 위하여 그때부터 헥수론산(hexuronic acid)을 아스코브산(ascorbic acid)이라고 명명하였다. 『Asocorbic acid』라는 용어는 라틴어 『*Scorbia*(괴혈병)』에 『anti』의 의미를 가진 『a』를 붙여 『항괴혈병을 위한 산』이라는 뜻으로 만들어졌다. 센트-죄르지(Szent-Györgyi)는 1937년 『for his discoveries in connection with the biological combustion processes, with special reference to vitamin C and the catalysis of fumaric acid』로 노벨 생리의학상을 수상했다. 1933년과 1934년 사이, 영국의 화학자 월터 노먼 호어스(Walter Norman Haworth)와 에드먼드 허스트(Edmund Hirst) 그리고 폴란드 태생 스위스 화학자 타데우스 라이히슈타인(Tadeus Reichstein)는 각자 독립적으로 바이타민 C의 화학합성에 성공하여 바이타민 C

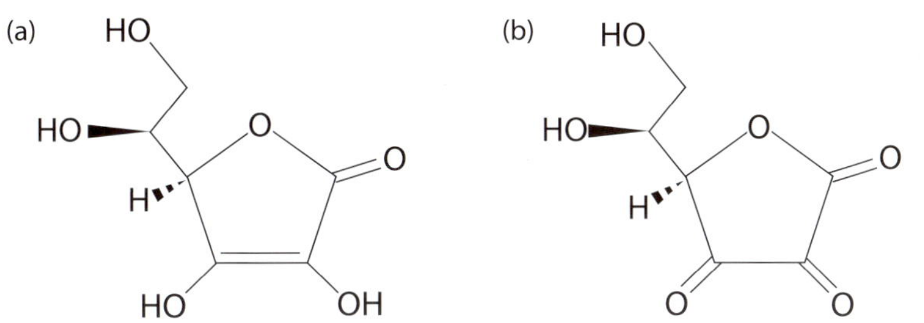

그림 5.11 **Vitamin C(Ascorbic acid)의 환원형(a)과 산화형(b)의 구조.** 아스코브산(Ascorbic acid)은 L-enantiomer와 D-enantiomer가 있는데, D-아스코브산은 항괴혈활성을 가지고 있지 않다. 바이타민 C(Ascorbic acid)는 공기에 의해 쉽게 산화되며, 식품가공 및 조리시 파괴될 수 있다. 그러나 바이타민 C는 건조 상태나 분말(powdered form) 및 정제 형(tablet form)으로 안정하다.

의 대량생산을 가능하게 하였다. 그러나 1937년에 월터 노먼 호어스(Walter Norman Haworth)만이 『for his investigations on carbohydrates and vitamin C』로 노벨 화학상을 받았다. 1937년의 노벨 화학상은 월터 노먼 호어스(Walter Norman Haworth)와 스위스의 유기화학자 파울 카러(Paul Karrer)가 공동 수상하였다. 한편, 타데우스 라이히슈타인(Tadeus Reichstein)는 1950년 에 『for their work on hormones of the adrenal cortex which culminated in the isolation of cortisone』로 노벨 생리의학상을 수상했다.

바이타민 C의 분포 및 결핍증

바이타민 C(Ascorbic acid)는 과일 및 채소를 포함하는 모든 식물에 풍부하게 함유되어 있다. 이들 중 카카두 플럼(Kakadu plum: 호주가 원산지)과 까무까무(camu camu: 아마존이 원산지)라는 열대 과일은 100g당 각각 3100mg과 2800mg이나 되는 고농도의 바이타민 C를 함유하고 있다. 동물에서 바이타민 C는 대부분 간에 존재하며, 근육의 경우 소량 함유되어 있다. 해산물인 굴(oyster)에도 바이타민 C가 풍부하게 함유되어 있다. 모든 식물과 대부분의 동물들은 체내에서 바이타민 C(ascorbic acid)를 합성할 수 있지만 사람을 비롯한 영장류(primates), 설치류인 기니 피그(guinea pig), 과일을 먹는 박쥐(fruit-eating bats), 특정 조류(certain birds) 그리고 무지개송어(rainbow trout), 잉어(carp), 은연어(Coho salmon) 등을 포함하는 몇몇 어류 등은 바이타민 C의 합성 경로가 없기 때문에 바이타민 C를 합성하지 못한다. 따라서 이들 생물체는 음식물을 통해 바이타민 C를 섭취해야만 한다. 그렇지 않으면 결핍증인 괴혈병(scurvy)에 걸리게 된다. 바이타민 C(ascorbic acid)를 생합성할 수 있는 생물체들은 D-포도당(D-glucose)으로부터 이 바이타민을 생합성한다. 바이타민 C를 생합성할 수 없는 생물체들은 간에 L-굴로노락톤 산화효소(L-gulonolactone oxidase)가 결여되어 있다. 보조인자(cofactor)로서 FAD를 갖는 L-굴로노락톤 산화효소(L-gulonolactone oxidase)는 산소와 함께 D-글루쿠로노락톤(D-glucuronolactone: L-gulono-1,4-lactone)의 반응을 촉매하여 L-자이로-헥스-3-굴로노락톤(L-xylo-hex-3-gulonolactone: 2-keto-gulono-gamma-lactone)과 과산화수소를 생성하는 효소이다. L-자이로-헥스-3-굴로노락톤(L-Xylo-hex-3-gulonolactone)은 효소의 작용 없이 자발적으로 헥수론산(hexuronic acid, ascorbic acid)으로 전환된다. 성인의 경우 바이타민 C의 1일 권장 섭취량은 90mg 정도로서 다른 바이타민에 비하여 훨씬 많은 양을 필요로 한다. 1일 최저 필요량은 10mg 정도이고, 하루 100mg 정도의 바이타민 C를 섭취하면 이 중 80~90%가 흡수되고 나머지는 오줌으로 배설되다.

| 표 5.2 | 식물체에 포함되어 있는 바이타민 C의 함량

Plant source	Amount(mg/100g)
Kakadu plum	3100
Camu Camu	2800
Rose hip	2000
Acerola	1600
Seabuckthorn	695
Jujube	500
Red pepper	190
Parsley	130
Kiwifruit	90
Broccoli	90
Loganberry	89
Cloudberry	60
Elderberry	60
Persimmon	60
Papaya	60
Strawberry	60
Orange	50
Lemon	40
Cauliflower	40
Garlic	31
Grapefruit	30
Raspberry	30
Spinach	30

Plant source	Amount(mg/100g)
Cabbage raw green	30
Mango	28
Blackberry	21
Potato	20
Cranberry	13
Tomato	10
Blueberry	10
Pineapple	10
Grape	10
Plume	10
Watermelon	10
Banana	9
carrot	9
Avocado	8
Cherry	7
peach	7
Apple	6
Asparagus	6
Pear	5
Lettuce	4
Cucumber	3

| 표 5.3 | 동물의 각 부위에 포함되어 있는 바이타민 C의 함량

Animal Source	Amount(mg/100g)
Calf liver (raw)	36
Beef liver (raw)	31
Oysters (raw)	30
Cod roe (fried)	26
Pork liver (raw)	23
Lamb brain (boiled)	17
Chicken liver (fried)	13

Animal Source	Amount(mg/100g)
Lamb liver (fried)	12
Calf adrenals (raw)	11
Lamb heart (roast)	11
Lamb tongue (stewed)	6
Human milk (fresh)	4
Goat milk (fresh)	2
Cow milk (fresh)	2

참고 ▶ **Albert von Szent-Györgyi Nagyrapolt(1893. 9. 16~1986. 10. 22)**

얼베르트 폰 센트-죄르지(Albert Szent-Györgyi Nagyrapolt)는 1893년 9월 16일 헝가리의 부다페스트(Budapest)에서 태어났다. 그는 부다페스트 의학학교(Budapest Medical School)에서 의학 공부를 시작하였으나 제1차 세계대전 중 육군의무병(army medic)으로 입대하기 위하여 공부를 중단하였다(1914년). 1916년 부상으로 귀향한 후 의학공부를 계속하여 1917년 의학박사 학위를 받았다. 전쟁이 끝난 후 센트-죄르지(Szent-Györgyi)는 프레스부르크(Pressburg: 오늘날 Bratislava)에서 자신의 연구 경력을 쌓기 시작하였지만, 1919년 1월 프레스부르크(Pressburg)가 체코슬로바키아(Czechoslovakia)의 영토로 변경되어 그 도시를 떠나게 되었다. 그는 몇 년 동안 몇몇 대학을 옮겨 다니다가 최종적으로 그로닌겐대학(University of Groningen)에 안착하였다. 그는 여기서 세포 호흡에 초점을 맞추어 연구를 하였는데, 이 연구로 인하여 그는 록펠러재단 연구원으로서 캠버리지대학에 자리를 얻게 되었다. 1927년 그는 동물의 부신 조직으로부터 후일 자신이 『hexuronic acid』이라고 불렀던 물질을 분리하여 캠브리지대학에서 이학박사 학위를 받았다. 1931년 세게드대학(University of Szeged)의 교수로 부임하여 이곳에서 그의 연구동료 요제프 L. 슈비르베이(Joseph L. Svirbely)와 함께 『hexuronic acid』가 실제로 바이타민 C(L-enantiomer of ascorbic acid)라는 것과 항괴혈병 활성을 가진다는 것을 발견하였다. 이 기간 동안 센트-죄르지(Szent-Györgyi)는 세포성 호흡에 관한 연구를 계속하여 푸마르산(fumaric acid)과 후일 Krebs cycle(TCA 회로, 구연산 회로)로 알려진 단계들을 발견하여 Krebs cycle의 기초를 세우는 성과를 올렸다. **1937년 얼베르트 폰 센트-죄르지 너지르폴트(Albert von Szent-Györgyi Nagyrapolt)는 『For his discoveries in connection with the biological combustion process(생물학적 연소 과정) with special reference to vitamin C and the catalysis of fumaric acid』로 노벨 생리의학상을 수상하였다.** 1938년에 그는 근육의 운동에 관한 연구를 시작하여 **근육은 액틴(actin)이라는 단백질을 함유하고 있다는 것을 발견**하였다. 제2차 세계대전 동안 그는 헝가리 레지스탕스 운동(Hungarian resistance movement)에 참여하였으며, 헝가리가 공산화된 후 1947년 미국으로 망명하였다. 1953년 이후부터 전자현미경을 이용한 근육 연구를 시작하였으며, 1950년대 후반에는 암 연구에도 관심을 가졌다. 1986년 10월 22일 메사추세츠주(Massachusetts) 우즈 호울(Woods Hole)에서 그는 93세의 나이로 파란만장했던 생을 마감하였다.

5.13 바이타민 A(Retinol)

바이타민 A(Vitamin A)는 빛을 흡수하는 분자인 레티날(retinal)의 형태로 눈의 망막(retina)에 필요로 하는 바이타민이다. 바이타민 A는 레티놀(retinol: alcohol form of vitamin A), 레티날(retinal: aldehyde form of vitamin A), 레티노산(retinoic acid: acid form of vitamin A) 그리고 레티닐 에스터 (retinyl ester: ester form of vitamin A)의 형태로 존재한다(그림 5.12). 그러나 생체 내에서 바이타민 A의 주된 형태는 레티놀(retinol)과 긴 지방산 사슬(fatty acyl chain)을 가진 레티놀의 에스터(retinyl ester)이다. 20세기 초기 영국의 과학자 F. G. 홉킨스(Frederick Gowland Hopkins)는 알코올을 이용하여 우유의 내용물을 추출한 결과 알코올 추출물에 성장촉진물질이 있다는 사실을 발견하였다. 또한 독일의 과학자 빌헬름 스텝(Wilhelm Stepp)도 우유에 쥐의 생장에 필요한 지용성 물질이 포함되어 있다는 것을 발견하였다(1909년). 1915년에 미국 위스콘신대학의 엘머 V. 멕컬럼(Elmer V. McCollum)과 마거리트 데이비드(Marquerite David)는 버터와 달걀 노른자(egg yolk)에 쥐의 생장에 필수적인 인자가 포함되어 있다는 것을 발견하였다. 이들은 앞서 발견된 『water-soluble factor B(vitamin B)』와 구분하기 위하여 이 생장촉진인자를 『fat soluble A』라고 불렀다. 같은 해에 예일대학의 라파예트 B. 멘델(Lafayette Benedict Mendel)과 토머스 버 오스본(Thomas Burr Osborne)도 대구의 간유(cod-liver oil)와 버터에 유사한 지용성 물질이 포함되어 있다는 것을 발견하였다. 바이타민 A(Retinol)의 모체(parent substance)이며 프로바이타민(provitamin)이라고도 불리는 베타-카로틴(β-carotene)은 식물

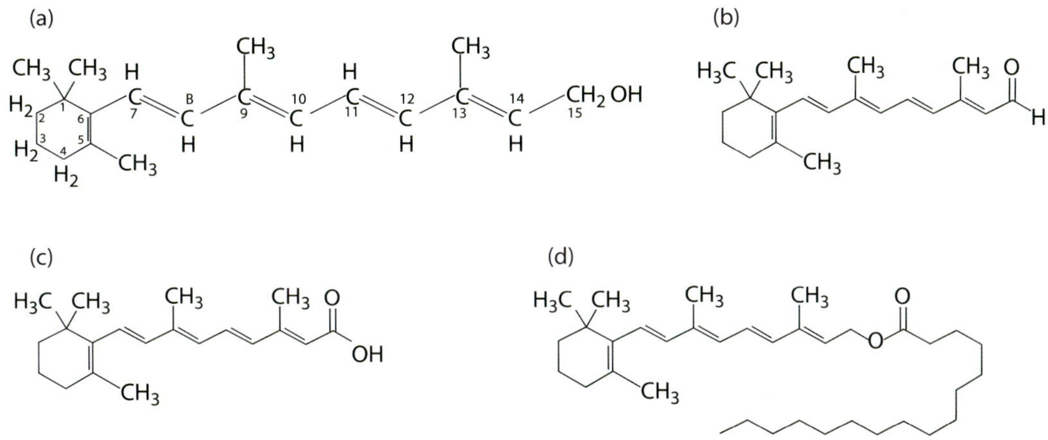

그림 5.12 (a) Retinol, (b) retinal, (c) retinoic aicd 그리고 (d) retinyl ester의 구조. (d)는 Retinyl palmitate(vitamin A palmitate, 분자식: $C_{36}H_{60}O_2$)의 구조이며, retinyl palmitate는 retinol과 palmitic acid의 에스터(ester)이다.

에 의해 합성되며, 동물은 이를 합성하지 못한다.

카로티노이드(Carotenoids)는 광합성 생물의 엽록체와 크로모플라스트(chromoplast: plastids responsible for pigment synthesis and storage) 내에 존재하는 색소(pigment) 분자이다. 카로티노이드(carotenoids)는 600여 종 정도 알려져 있으며, 분자 내에 산소를 함유하지 않는 카로틴(Carotene)류와 산소를 함유하는 잰토필(Xanthophyll)류로 대별된다. 베타-카로틴(β-Carotene)은 1831년 독일 제약회사의 분석화학자인 하인리히 빌헬름 페르디난트 바켄로더(Heinrich Wilhelm Ferdinand Wackenroder)에 의해 당근에서 최초로 분리되었다. 반면에 잰토필(Xanthophyll)은 1837년 스웨덴의 화학자 옌스 야코브 베르셀리우스(Jöns Jakob Berzelius)에 의해 단풍의 노란색소 성분으로 분리되었다. 1930년 영국의 과학자 토머스 무어(Thomas Moore)는 레티노이드(retinoids: a class of chemical compounds that are related chemically to vitamin A)의 생합성 전구체는 식물의 카로티노이드(carotenoids: provitamin A)이며 이들 중 베타-카로틴이 가장 효율적이다는 것을 증명하였다. 노벨 화학상(1937년)에 빛나는 스위스의 유기화학자 파울 카러(Paul Karrer)는 1930년에 베타-카로틴(β-carotene)의 구조를 결정하였으며(그림 5.13), 1931년에는 고등어(mackerel)의 간유(liver oil)로부터 순수한 레티놀(retinol)을 분리하였다. 그는 또한 1930년에 베타-카로틴의 중앙부(at the 15,15′ carbon double bond)는 산화적 분해를 받아 2분자의 all-trans-retinal을 생산한다고 발표하였다. 바이타민 A의 합성은 1947년 2명의 네덜란드 화학자 다비드 아드리안 판 도르프(David Adriaan van Dorp)와 요제프 페르디난트 아렌스(Jozef Ferdinand Arens)에 의해 이루어졌다.

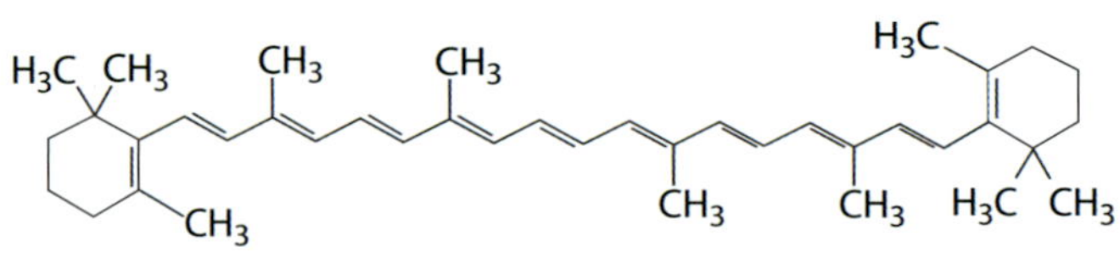

그림 5.13 베타-카로틴(Beta-carotene)의 구조. 카로틴(Carotene)은 알파-카로틴(α-carotene)과 베타-카로틴(β-carotene)이 주된 형태이지만 감마-, 델타-, 엡실론-, 제타-카로틴(γ, δ, ε, and ζ-carotene)도 존재한다. 알파-카로틴과 감마-카로틴은 약간의 바이타민 활성을 갖지만 다른 카로틴들(carotenes)은 바이타민 활성을 갖지 않는다. Carotenoid β-cryptoxanthin도 인체 내에서 바이타민 활성을 갖는다.

참고 **Paul Karrer (1889. 4. 21~1971. 6. 18)**

파울 카러(Paul Karrer)는 1889년 4월 21일 러시아의 모스크바에서 태어났다. 스위스 국적의 치과의사인 그의 아버지는 1892년에 가족을 데리고 모국인 스위스로 돌아왔다. 카러는 1908년 아르가우(Aargau) 주(canton)의 렌츠부르크(Lenzburg)에 위치해 있는 『렌츠부르크 주립학교(Lenzburg Canton School)』에 입학하여 고등교육을 받았다. 이후 카러는 취리히대학(the University of Zurich)에서 화학을 공부하여 1911년에 박사학위를 받았다. 박사학위를 취득한 카러는 취리히에 있는 화학연구소(the Chemical Institute)에서 조수(assistant)로서 1년을 지낸 뒤 파울 에를리히(Paul Ehrlich)와 함께 프랑크푸르트-암-마인의 게오르크 슈파이어 하우스(the Georg Speyer Haus, Frankfurt-am-Main)에서 화학자로서 6년 동안 일하였다. 카러는 1918년에 취리히대학의 화학교수가 되어 다시 취리히로 돌아왔고, 1919년에 그곳의 화학연구소 소장이 되었다. 카러는 1959년 은퇴할 때까지 취리히대학의 화학교수로 봉사했다. 그의 가장 유명한 연구는 식물색소 특히 당근에 들어 있는 색소와 관련된 황색색소(카로티노이드)에 관한 것이다. 1930년에 그는 바이타민 A의 중요한 전구물질인 카로틴(carotene)의 정확한 화학식을 밝혀냈는데, **이것은 바이타민의 화학구조를 처음으로 밝혔다는 점에서 의의가 크다.** 그는 카로티노이드의 화학구조를 명확히 했을 뿐만 아니라 이 물질들 가운데 몇몇은 동물의 체내에서 비타민 A로 변형된다는 사실을 밝혀냈다. 이것으로 인해 카러는 1931년에 바이타민 A의 구조도 밝혀내었다. 그는 또한 1935년에 알베르트 센트-죄르지(Albert Szent-Györgyi)가 제안한 바이타민 C의 성분을 확정하여 락토플라빈이 원래 바이타민 B_2로 알려져 있던 복합물의 일부분이라는 사실을 밝혔으며, 1938년에는 바이타민 E(tocopherol)의 합성, 1939년에는 덴마크의 헨리크 담(Henrik Dam)과 함께 알팔파(alfalfa)로부터 바이타민 K의 분리에 성공하였다.

파울 카러(Paul Karrer)는 **1937년 『카로티노이드, 플라빈, 비타민 A와 비타민 B_2의 화학성분에 관한 연구(for his work on the "constitution of carotenoids, flavins, and vitamins A and B.)』의 공로로 노벨 화학상을 수상했다. 1937년의 노벨화학상은 『탄수화물과 바이타민 C에 관한 연구(for his investigations on carbohydrates and vitamin C)』의 공적으로 영국의 월터 노먼 호어스(Walter Norman Haworth)도 카러와 함께 공동 수상**하였다.

바이타민 A의 분포, 결핍증 및 독성

앞서 설명한 바와 같이, 베타-카로틴(β-carotene)은 바이타민 A(retinol)의 모체(parent substance)인 프로바이타민(provitamin)이다. 베타-카로틴은 채소(vegetable)와 과일에 오렌지색을 부여하는 색소(pigment)이다. 따라서 베타-카로틴은 오랜지 색상의 당근, 얌(yam), 망고, 파파야 등에 많이 함유되어 있다. 그리고 푸른 잎의 채소 중에는 시금치, 고구마, 케일(kale) 등에 많이 함유되어 있다. 동물 기원의 음식에서 바이타민 A의 주요 형태는 주로 레티닐 팔미테이트(retinyl palmitate: vitamin A palmitate)이다. 인체 내에서 레티닐 에스터(retinyl ester)의 합성은 장(intestine), 간(liver) 그리고 기타 기관(other organs)에서 일어나며, 대부분의 바이타민 A는 간에서 레티닐 팔미테이트(retinyl palmitate)의 형태로 저장된다. 식물 유래의 카로틴은 소수성 때문에 젖(milk)과 동물의 지방(fat)에 비교적 많이 함유되어 있다. 따라서 카로틴은 우유지방(milk-fat)과 버터로 하여금 노란색을 띠게 한다. 사람의 노란색 지방은 음식으로 섭취한 카로틴의 지방 저장의 결과이다. 바이타민 A가 많이 들어 있는 식품으로 동물의 간, 당근, 케일, 고구마, 버터, 시금치, 호박, 달걀 노른자, 파파야, 망고 등이 있다.

사람에 있어서 심한 바이타민 A(retinol)의 결핍이 일어나면 상피세포(epithelial cell)에서 케라틴화(keratinization) 현상이 일어난다. 눈에서 이러한 현상은 안구건조증(xerophthalmia)으로 나타난다. 사람과 실험동물에서의 레티놀 결핍의 초기증상은 야맹증(night blindness)이다. 어린 동물이 이 비타민의 공급을 받지 못하면 성장이 늦어지고 골격이상이 초래된다. 한편 바이타민 A의 과량섭취 시에는 독성(vitamin A toxicity)을 나타낸다. 왜냐하면 바이타민 A는 지용성이기 때문에 과량으로 흡수된 레티놀은 배설되지 못하고 지방조직이나 장기에 저장되기 때문이다. 과량 섭취에 의한 바이타민 A 독성(vitamin A toxicity)은 오심(nausea), 구토(vomiting), 식욕부진(anorexia), 쇠약(weakness), 두통(headache), 황달(jaundice), 탈모(hairloss) 등으로 나타난다. 급성 독성(Acute toxicity)은 일반적으로

25,000 IU/kg(체중)을 섭취했을 때 일어나는 반면에 만성 독성(chronic toxicity)은 6~15달 동안 매일 4,000 IU/kg(체중)를 섭취하면 발생한다. 어린이들은 1,500 IU/kg(체중) 정도의 섭취에 의하여 독성이 나타날 수 있다. 바이타민 A의 1일 권장량은 성인의 경우 900 μg (3000 IU retinol) 정도이다. 참고로 바이타민 A의 1 IU는 all-trans-retinol로써 0.3μg 들어있다는 뜻이다.

5.14 바이타민 D(Calciferol)

바이타민 D는 바이타민 D_1(molecular compound of ergocalciferol with lumisterol, 1:1), 바이타민 D_2(ergocalciferol; made from ergosterol), 바이타민 D_3(cholecalciferol; made from 7-dehydrocholesterol in the skin), 바이타민 D_4(22-dihydroergocalciferol), 바이타민 D_5(sitocalciferol; made from 7-dehydrositosterol) 등의 형태로 발견되는데, 이들 중 바이타민 D_2(ergocalciferol)와 바이타민 D_3(cholecalciferol)가 주된 형태이다. 바이타민 D_1은 에르고칼시페롤(ergocalciferol)과 루미스테롤(lumisterol)의 혼합물로 밝혀져, 현재 바이타민 D_1이라는 용어는 사용되고 있지 않다. 이들 형태의 바이타민 D를 집합적으로 칼시페롤(calciferol)이라고 부른다. 바이타민 D는 구류병(Ricket, rachitis)의 치료법을 찾는 과정에서 발견되었다. 구류병이라 불리는 바이타민 D 결핍증을 처음으로 과학적으로 서술한 사람은 영국의 내과의사 다니엘 휘슬러(Daniel Whistler, 1645년)와 프란시스 글리선(Francis Glisson, 1650년)이다. 1865년 프랑스의 저명한 의사 아르망 트루소(Armand Trousseau)는 구류병의 치료를 위하여 대구의 간유(cod liver oil)를 추천하였으며 햇빛의 중요성을 인지하였다. 그는 또한 성인 구류병으로서 골연화증(osteomalacia; 골조직에서 칼슘이 차츰 빠져나가 뼈 본래의 딱딱한 성질을 잃는 상태)을 확인하였다. 1919년 에드워드 멜란비(Edward Mellanby)는 구류병은 지용성 식이 인자(fat soluble dietary factor)를 섭취하지 않으면 발생한다고 제안하였다. 1922년 미국 위스콘신대학의 엘머 V. 맥컬럼(Elmer V. McCollum)과 그의 동료들은 바이타민 A와 항구류병 인자(antirachitic factor)간의 차

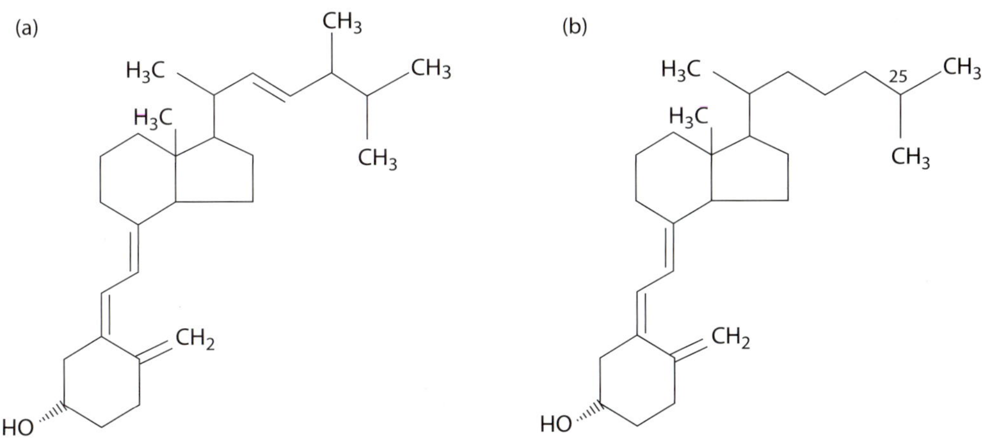

그림 5.14 (a) Vitamin D_2(ergocalciferol)와 (b) vitamin D_3(cholecalciferol)의 구조.

이를 확립한 후, 1925년 항구류병 인자(antirachitic factor)를 바이타민 D로 명명하였다. 1925년 미국의 소아과의사(pediatrician)이자 영양학자인 알프레드 F. 헤스(Alfred F. Hess)와 밀드리드 웨인스톡(Mildred Weinstock)은 항구류병 활성 인자가 자외선 조사에 의해 피부 내에서 생성되어진다는 것을 증명하였다. 독일 화학자 아돌프 빈다우스(Adolf Windaus)는 1932년 바이타민 D_2를 화학적으로 특성화하였고 1936년에 바이타민 D_3의 화학구조를 확립하였다.

참고 Adolf Otto Reinhold Windaus(1876. 12. 25~1959. 6. 9)

아돌프 빈다우스(Adolf Windaus)는 1876년 12월 25일 베를린에서 태어났다. 그는 젊은 시절에 주로 문학에 관심을 가져 베를린에 위치한 유명한 프랑스어 문법 학교인 『Französisches Gymnasium』에 입학하였다. 그러나 그는 1895년부터 의학 분야에 관심을 갖기 시작하여 1897년에 예비 의학 시험 『preliminary medical examinations("Physikum")』에 합격하였다. 그는 에밀 피셔(Emil Fischer)의 강의에 매료되어 의학을 공부하면서 동시에 화학을 공부하기 시작하였다. 1900년 초에 그는 프라이부르크대학(University of Freiburg)에서 하인리히 킬리아니(Heinrich Kiliani)의 지도하에 디지탈리스 식물(Digitalis plant)의 심장 독성(cardiac poison)에 관한 내용의 학위논문으로 박사학위를 취득하였다. 졸업 후에 빈다우스(Windaus)는 베를린으로 돌아와서 에밀 피셔(Emil Fischer)와 함께 일을 했다. 거기서 그는 1950년 노벨화학상 수상자인 그의 평생의 친구 오토 파울 헤르만 딜스(Otto Paul Hermann Diels)를 만나게 되었다. 1901년 그는 프라이부르크로 돌아와서 킬리아니(Kiliani)의 제안에 따라 콜레스테롤을 비롯한 스테롤 화합물에 관한 연구를 시작하였다. 그 당시에 콜레스테롤의 구조에 관하여 알려진 바가 전혀 없었기 때문에 빈다우스(Windaus)는 이 분야에 관한 연구는 새로운 그리고 전혀 뜻하지 않는 결과를 도출할 수 있다는 기대감을 가지고 시작하였다. 결국 그는 콜레스테롤은 몇가지 단계를 거쳐 바이타민 D_3로 전환된다는 사실을 발견하게 되었고, 머크 앤 바이에르(Merck and Bayer)사에 그의 특허권을 주어 1927년에 의료용 바이타민 D_3인 비간톨(Vigantol)이 출시되기에 이르렀다. 그리고 **아돌프 빈다우스(Adolf Windaus)는 스테롤의 조성 및 바이타민과 이들 화합물과의 관련성에 관한 연구(for his work on the constitution of sterols and their connection with vitamins)로 1928년 노벨 화학상을 수상하였다.** 1913년 그는 인스부르크대학(University of Innsbruck)의 화학과 교수가 된 후 1915년에 그가 은퇴할 때(1944년)까지 머물렀던 괴팅겐대학(University of Göttingen)으로 이전하였다. 그의 제자들 중에는 스테롤과 밀접하게 연관되어 있는 6개의 호르몬에 관한 업적으로 1939년에 노벨 화학상을 받은 아돌프 프리드리히 요한 부테난트(Adolf Friedrich Johann Butenandt)가 있다.

바이타민 D의 분포, 결핍증 및 독성

바이타민 D는 인체가 햇빛에 노출되어질 때 체내에서 자연적으로 생산되기 때문에 바이타민보다는 호르몬으로 분류되어져야 할 물질이다. 그러나 발견의 역사적 배경과 인체 내에서 합성되는 양만으로 충분하지 못할 때가 있기 때문에 여전히 바이타민으로 인정되고 있다. 동 식물계에 널리 분포하는 프로바이타민 D(provitamin D)인 에르고스테롤(ergosterol)과 7-다이하이드로콜레스테롤(7-dihydrocholesterol)은 자외선 조사에 의해 각각 바이타민 D_2(ergocalciferol)와 바이타민 D_3(cholecalciferol)로 전환된다(그림 5.15). 바이타민 D가

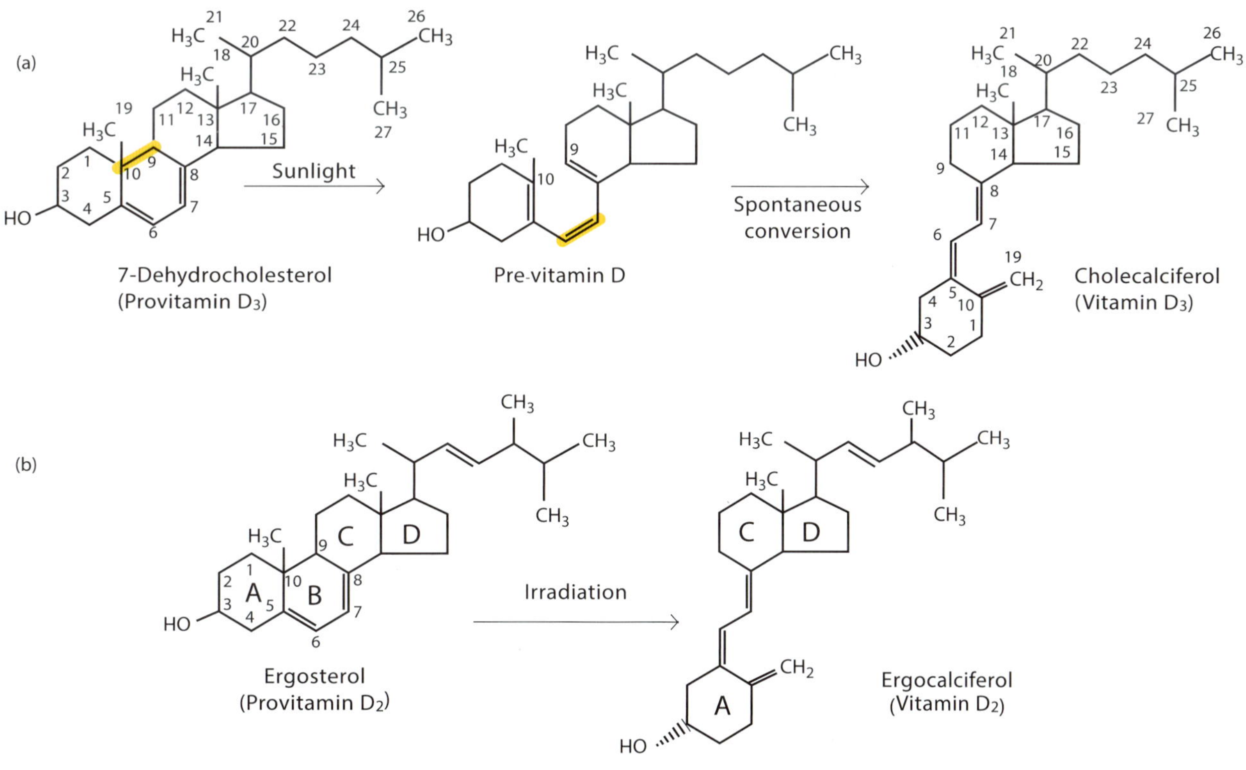

그림 5.15 (a) Vitamin D_2(ergocalciferol)와 (b) vitamin D_3(cholecalciferol)의 생성 메커니즘.

풍부한 음식으로 지방성 물고기(fatty fish; 청어, 매기, 연어, 고등어, 정어리, 뱀장어 등), 생선의 간유(fish liver oil), 난황(yolk), 우유, 버섯 등이 있다. 햇빛에 의한 바이타민 D의 합성을 고려하지 않는다면 성인은 뼈의 건강과 정상적인 칼슘 대사를 유지하기 위하여 매일 200 IU의 바이타민 D를 섭취해야 한다. 바이타민 D가 결핍되면 사람은 구루병(Ricket, rachitis)에 걸린다. 과다증은 구루병의 예방 또는 치료를 위해 다량의 바이타민 D를 장기간 투여했을 때 나타나며 신장장애를 중심으로 한 중증인 전신증상(고칼슘혈증)을 일으킨다.

5.15 바이타민 E(Tocopherol)

바이타민 E는 토코페롤(tocopherol)과 토코트리엔올(tocotrienol)에 대한 속명(generic term)이다. 자연계에 존재하는 바이타민 E는 α-(α), β-(β), γ-(gamma), δ-(delta) 4종류의 토코페롤(tocopherol)과 α-(α), β-(β), γ-(gamma), δ-(delta) 4종류의 토코트리엔올(tocotrienol)로 이루어져 있다(그림 5.16). 생리적 활성은 알파-토코페롤(α-tocopherol)이 가장 크며, 좁은 뜻의 바이타민 E는 알파-토코페롤을 가리킨다. 1922년 미국의 해부학자 허버트 맥클린 에반스(Herbert McLean Evans)와 캐써린 스콧 비숍(Katherine Scott Bishop)은 쥐의 번

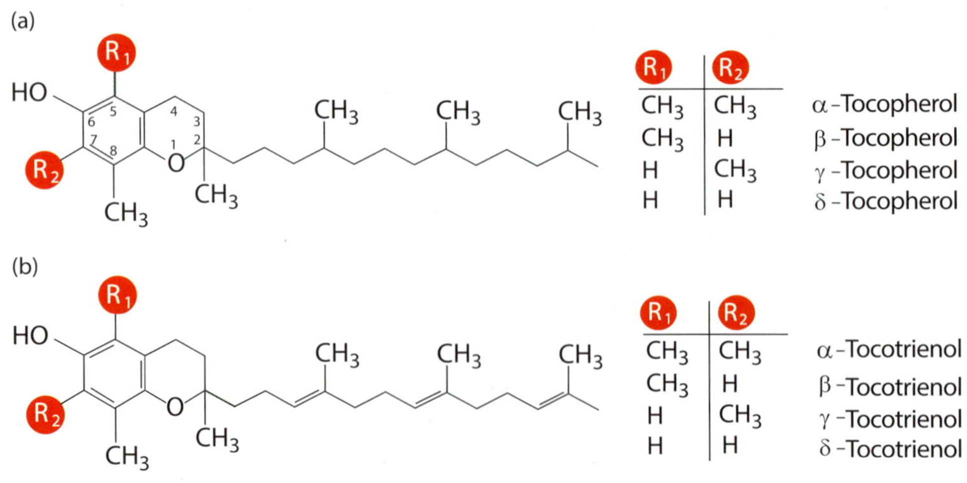

R_1	R_2	(a)	(b)
CH_3	CH_3	α-Tocopherol	α-Tocotrienol
CH_3	H	β-Tocopherol	β-Tocotrienol
H	CH_3	γ-Tocopherol	γ-Tocotrienol
H	H	δ-Tocopherol	δ-Tocotrienol

그림 5.16 (a) **토코페롤류**(tocopherols) **및** (b) **토코트리엔올류**(tocotrienols)**의 구조.** 노란색의 맑고 끈적끈적한 액체로 거의 냄새가 없다. 산에 안정하나 공기(산소) 및 자외선에 의해 산화되어 어두운 색이 된다.

식실험에 대한 영양효과를 조사하던 중 밀의 눈에 있는 기름(wheat germ oil)에서 쥐의 번식에 필요한 필수적 인자가 있다는 것을 발견하였다. 에반스는 이 필수 인자를 바이타민 E라고 이름을 붙였다. 에반스(Evans)는 바이타민 E를 계속 연구하여 1936년 에머슨(Emerson)과 함께 밀배아유(wheat germ oil)로부터 순수한 상태의 바이타민 E를 정제하여 이를 토코페롤(tocopherol)이라 불렀다. 토코페롤(Tocpherol)이라는 용어는 『분만(childbirth)』이란 뜻의 그리스어 『*tokos*』와 『낳다(bring forth)』라는 뜻의 『*pherein*』으로부터 유래된 것이다. 그는 또한 바이타민 E의 분자식이 $C_{29}H_{50}O_2$라는 것도 결정하였다. 1938년 에르하르트 페른홀츠(Erhard Fernholz)는 바이타민 E의 구조를 결정하였으며, 같은 해에 1937년의 노벨 화학상 수상자 파울 카러(Paul Karrer)는 알파-토코페롤(α-tocopherol)의 합성을 수행하여 성공시켰다.

바이타민 E의 분포 및 결핍증

바이타민 E는 밀배아유(wheat germ oil: 215.4mg/100g), 해바라기씨유(sunflower oil: 55.8mg/100g), 아몬드유(almond oil: 39.2mg/100g), 해바라기씨(sunflower seed: 35.17 mg/100g), 아몬드(almond: 26.2mg/100g), 개암(hazelnut: 26.0mg/100g), 호두유(walnut oil: 20.0mg/100g), 땅콩유(peanut oil: 17.2mg/100g), 올리브유(olive oil: 12.0mg/100g), 양귀비씨유(poppyseed oil: 11.4mg/100g), 땅콩(peanut: 9.0mg/100g), 밀기울(pollard: 2.4mg/100g), 옥수수(maize: 2.0mg/100g), 양귀비씨(poppy seed: 1.8mg/100g), 아스파라거스(asparagus: 1.5mg/100g), 귀리(oat: 1.5mg/100g), 밤(chestnut: 1.2mg/100g), 코코넛(coconut: 1.0mg/100g), 토마토(tomato: 0.9mg/100g), 호두(walnut: 0.7mg/100g), 당근(carrot: 0.6mg/100g), 염소 우유(goat's milk: 0.1mg/100g) 순으로 많이 함유되어 있다. 실험 동물에 있어서 바이타민 E 결핍증의 증상은 다음과 같다. 성숙한 암컷 쥐는 생식을 못하게 되며, 수컷 쥐는 생식조직의 퇴보를 나타낸다. 토끼와 기니피그(guinea pig)는 급성 근육무력증(acute muscular dystrophy)을 일으키고, 닭은 혈관에 이상을 일으킨다. 사람에 있어서 바이타민 E의 결핍증은 주로 신경학적 장애(neurologic deficits), 근육 약화, 용혈성 빈혈(hemolytic anemia; 적혈구 파괴로 인한 빈혈)과 같은 증상으로 나타난다. 바이타민 E의 1일 권장 섭취량은 1~3세 유아의 경우 6mg, 4~8세 어린이의 경우 7mg, 9~13세 청소년의 경우 11mg, 14세 이상인 경우 15mg 정도이다. 바이타민 E는 다른 지용성 비타민에 비해 상대적으로 독성이 낮아 과잉증은 잘 나타나지 않는 것으로 알려져 있다.

5.16 바이타민 K

바이타민 K는 혈액응고(blood coagulation)와 관련된 단백질을 비롯한 몇몇 단백질의 번역후 수정(post-translational modification)에 필요한 지용성 바이타민이다. 바이타민 K는 구조적으로 2-메틸-1,4-나프토퀴논(2-methyl-1,4-naphthoquinone)의 유도체들이다(그림 5.17). 파이로퀴논(Phylloquinone), 파이토메나디온(phytomenadione), 파이토나디온(phytonadione)으로도 불려지는 바이타민 K_1은 처음에 알팔파(alfalfa)에서 분리되었으며, 자연계에서 다양한 녹색 식물에서 발견된다. 메나퀴논(Menaquinone), 메나테트레논(menatetrenone)으로 불려지는 바이타민 K_2는 대장(large intestine)에서 정상적으로 서식하는 세균에 의해 생산되기 때문에, 특별한 경우를 제외하고 식사에 의한 결핍증은 극히 드물다. 바이타민 K_1과 바이타민 K_2는 자연계에 존재하는 천연 바이타민이지만, 바이타민 K_3(menadione), 바이타민 K_4(menadiol), 그리고 바이타민 K_5는 인위적으로 만든 합성 바이타민이다. 합성 바이타민 K는 다양한 분야에서 이용되고 있는데, 예를 들면 바이타민 K_3는 애완용 동물의 사료용으로, 바이타민 K_5는 세균 및 균류에 대한 항미생물 활성(anti-microbial activity)을 나타내기 때문에 식품 보존제로 사용되고 있다.

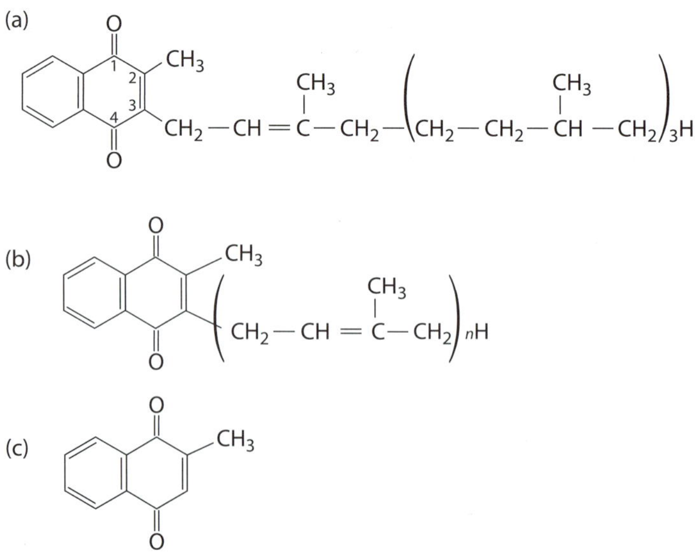

그림 5.17 Vitamin K의 구조. (a) vitamin K_1(phylloquinone) (b) vitamin K_2(menaquinone) (c) vitamin K_3(menadione). 모든 종류의 바이타민 K는 메틸화된 naphthoquinone 고리 구조를 공유하고 있으며, 3-위치에 부착되어 있는 지방족 곁사슬(aliphatic side chain)에 변화가 있다.

1929년 덴마크의 생화학자인 헨리크 담(Henrik Dam)은 콜레스테롤이 결핍된 음식물(cholesterol-depleted diet)을 병아리에게 먹임으로써 콜레스테롤의 역할을 조사하였다. 그는 몇 주 후에 병아리가 출혈(hemorrhage)을 일으키는 것을 관찰할 수 있었으며, 게다가 그 출혈은 응고가 천천히 이루어진다는 것을 발견하였다. 헨리크 담은 정제된 콜레스테롤을 음식에 넣어 병아리에 먹였지만 이 현상을 회복시킬 수는 없었다. 그는 콜레스테롤이 결핍된 음식물을 병아리에게 먹이기 위하여 비극성 용매로 추출할 때 콜레스테롤과 함께 다른 물질도 같이 추출된 것으로 보고 이 물질을『응고에 관여하는 바이타민(coagulation vitamin)』이라고 불렀다. 1935년 헨리크 담(Henrik Dam)은 이 항출혈 인자(anti-hemorrhage factor)를 바이타민 K라고 불렀다. 바이타민 K의 K는 응고(coagulation)라는 뜻의 덴마크어『*Koagulering*』에서 유래되었다. 헨리크 담은 독일의 파울 카러(Paul Karrer)와 함께 이써(ether)를 이용하여 알팔파(alfalfa)로부터 바이타민 K_1의 분리를 시도하여 1939년에 성공하였다. 한편 1939년에 미국의 생화학자 에드워드 애들버터 도이지(Edward Adelbert Doisy)는 바이타민 K_1의 화학합성에 성공하였다. 1943년 헨리크 담은 혈액 응고 인자(blood coagulation factor)인 바이타민 K의 발견으로, 에드워드 애들버터 도이지(Edward Adelbert Doisy)는 바이타민 K의 화학적 성질의 발견으로 노벨 생리의학상을 공동 수상하였다.

바이타민 K의 분포, 결핍증 및 독성

바이타민 K_1(Phylloquinone)은 시금치, 양배추(cabbage), 케일(kale), 콜리플라워(cauliflower), 브로콜리(broccoli)와 같은 녹엽채소(leafy green vegetables)와 아보카도(avocado), 키위(kiwifruit)와 같은 과일 그리고 공기름과 같은 식물유(vegetable oils)에 많이 함유되어 있다. 바이타민 K_2인 메나퀴논-4(menaquinone-4, MK-4)와 메나퀴논-7(menaquinone-7, MK-7)은 고기, 달걀, 유제품 그리고 낫토(natto)에서 발견된다. 메나퀴논-4(MK-4)는 동물조직에서 합성되며, 나머지 바이타민 K류(주로 MK-7)는 세균에 의해 합성된다. 낫토(natto)는 메나퀴논-4(MK-4)를 전혀 함유하고 있지 않지만, 치즈는 2~7% 정도 함유하고 있다.

장내 세균은 상당한 양의 바이타민 K를 생산한다. 따라서 건강한 사람은 바이타민 K 결핍증에 노출될 위험은 거의 없다. 그러나 장내에 세균이 점유되어 있지 않은 신생아의 경우 출혈성 질병에 노출되면, 바이타민 K를 주사해야 한다. 또한 대장(large intestine)이 크게 손상되어 바이타민을 흡수할 수 없거나, 광범위 항생제를 복용하여 세균에 의한 바이타민

K_2의 생산이 감소되었을 경우에는 별도로 바이타민 K를 복용해야 한다. 바이타민 K는 혈액응고에 관련되기 때문에 바이타민 K가 결핍되면 혈액응고 시간이 지연되어 출혈이 쉽게 멎지 않는다. 바이타민 K_1(Phylloquinone) 또는 바이타민 K_2(menaquinone)를 과량 투여했을 때 나타나는 독성은 아직 알려져 있지 않지만, 합성 형태의 바이타민 K, 즉 바이타민 K_3(menadione)를 과량 투여하면 알러지 반응(allergic reaction), 용혈성 빈혈(hemolytic anemia), 간세포에서의 세포독성(cytotoxicity in liver cells)이 나타난다.

6장 식품 내에 함유되어 있는 주요 성분들

식품 내에는 다양한 성분들이 함유되어 있고, 이러한 성분들 중에는 인체 내에서 중요한 역할을 하는 것들이 많다. 이 장에서는 각 식품을 중심으로 주요 성분들을 구체적으로 공부해 보기로 한다.

6.1 폴리페놀이란 무엇인가?

벤젠고리(C_6H_6)의 수소 중 하나가 수산기(−OH, 하이드록실기)로 치환된 물질을 페놀(phenol)이라고 하는데, 수산기를 2개 이상 갖고 있는 물질을 통틀어 폴리페놀(polyphenol)이라고 부른다. 이러한 구조를 갖는 화합물은 자연계에 수천 가지가 넘는다. 이들 중 녹차의 카테킨(catechin), 딸기나 가지, 포도, 검은콩, 팥 등의 붉은색 또는 자색 안토시아닌계 색소, 적포도주의 레스베라트롤(resveratrol), 사과 및 양파의 퀴세틴(quercetin), 커피에 포함되어 있는 클로로겐산(chlorogenic acid) 등이 비교적 널리 알려진 폴리페놀 계통의 화

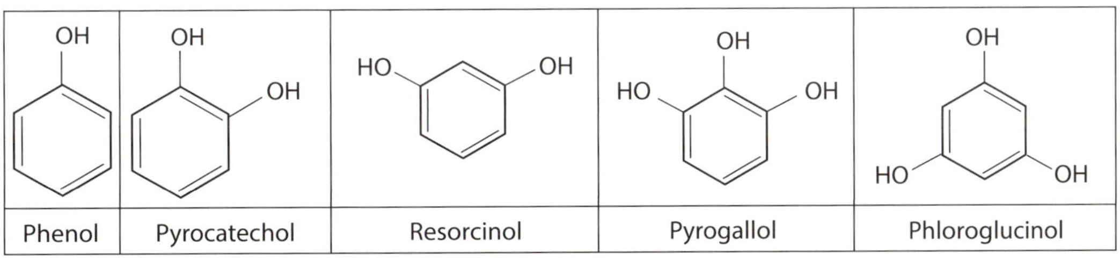

그림 6.1 페놀과 간단한 폴리페놀의 구조.

합물이다. 이 밖에도 과일에 많은 플라보노이드와 콩에 많은 이소플라본도 폴리페놀의 일종이다.

폴리페놀은 우리 몸에 있는 활성산소(유해산소)를 해가 없는 물질로 바꿔주는 항(抗)산화물질 중 하나이다. 폴리페놀은 활성산소에 노출되어 손상되는 DNA의 보호나 효소를 비롯한 단백질을 보호하는 항산화 능력이 커서 암을 비롯한 다양한 질병에 대한 위험도를 낮춰주는 역할을 한다. 또한 폴리페놀류는 콜레스테롤이 소화관으로 흡수되는 것을 막아 주기 때문에 혈중 콜레스테롤의 수치를 낮게 해 주는 작용도 한다. 적정량의 활성산소는 생체 내 면역기능에 관계된 식세포 등의 살균작용에서 긍정적인 효과를 나타내지만, 과량의 활성산소는 DNA의 손상, 단백질 변성, 지질 산화 등을 유발하여 산화적 스트레스를 발생시킨다. 따라서 체내에 적당량의 항산화제가 존재하지 않으면 정상 세포에 손상을 주게 되므로 채소나 과일, 차 등을 통해 항산화 물질을 섭취하는 것이 중요하다.

6.1.1 카테킨

녹차의 쓴맛과 떫은맛을 제공하는 성분이 바로 카테킨(catechin)이다. 대표적 항산화 물질인 폴리페놀 계통의 카테킨은 인체 내에서 다양한 효능을 발휘하기 때문에 많은 과학자들이 그 기능성에 주목하고 있다. 카테킨은 노화및 발암물질 생성에 원인이 되는 활성산소를 억제하고, 세균에 대한 저항력 강화와 정장작용(intestinal regulation), 해독작용 등에 효과적인 것으로 알려져 있다. 보다 구체적인 카테킨(catechin)의 생리활성 작용은 다음과 같다.

① 항종양·발암 억제 작용: WHO의 발표에 의하면 암 사망 원인의 60~90%가 니트로소화합물에 의한다고 한다. 녹차 추출물은 질산염이 환원되어 아질산염이 되는 것을 방지한다. 특히, 카테킨 용액을 이용하면 그 작용이 현저하게 증가한다. 녹차에 함유된 카테킨 유도체 중에 EGCG(epigallocatechin-3-gallate)라는 화합물이 있다. 시험관 실험(in vitro 실험) 결과, EGCG가 암세포의 성장을 억제하는 것으로 밝혀졌다. 또한 발암물질을 동물에게 주입하여 의도적으로 생성시킨 각종 종양의 발달이 카테킨 유도체에 의해 억제되는 실험 결과(*in vivo* 실험)도 발표되었다. 또한 EGCG는 탄 생선이나 탄 육류에서 발생하는 아민과 벤조피렌에 의한 변이를 현저히 낮춰 준다.

② 항산화 작용에 의한 노화 억제 및 활성산소 제거: 항산화물질은 과다한 활성산소를 제거해 정상 세포에 손상을 막고 노화를 억제한다.

③ 혈중 콜레스테롤 저하 효과: 카테킨 유도체 EGCG는 콜레스테롤의 장관 흡수를 강하게

억제해 혈중 콜레스테롤의 농도를 저하시킨다.

④ 고혈압과 혈당 강하 작용: 카테킨은 당질의 소화 흡수를 지연시켜 급격한 혈당 상승을 막으며, 혈압을 낮추는 작용도 한다.

⑤ 항균, 충치 예방, 치석 형성 억제, 구취 제거 및 해독작용: 카테킨은 항균 작용이 있어서 충치 예방 효과뿐만 아니라 치석의 형성을 억제하며 구취를 효과적으로 없애 준다. 또한 알코올 분해를 촉진하고 환경 오염물질 등의 중독에 대한 예방 및 해독작용을 한다.

⑥ 항알레르기 및 면역계 활성화 작용: 녹차는 알레르기 증상을 억제하고 면역계를 활성화한다.

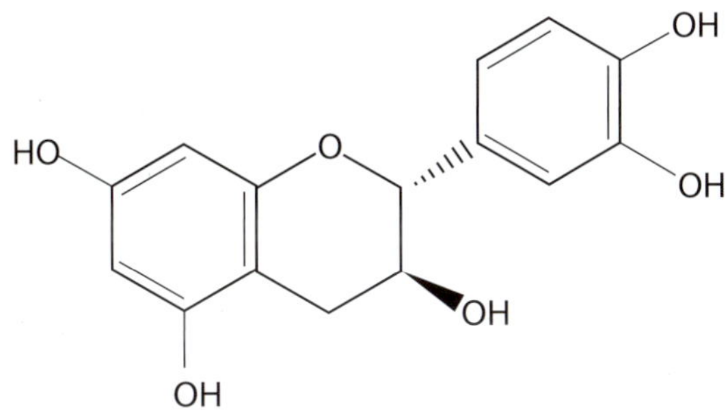

그림 6.2 카테킨(catechin)의 구조.

카테킨은 건조 찻잎 중에 약 10~18% 함유되어 있다. 카테킨은 광합성에 의해 형성되기 때문에 일조량과 찻잎 따는 시기가 늦어질수록 많아지며 90°C 이상의 고온에서 잘 용출된다. 카테킨의 하루 권장 섭취량은 300~1,000mg 정도이며, 이는 녹차 3~20잔에 해당하는 양이다. 녹차에는 카테킨 이외에도 카페인, 비타민, 카로틴, 불소, 다당류 등 다양한 성분이 함유되어 있다. 녹차의 카페인 흡수량이 적은 편이긴 하지만 지나치게 많이 마실 경우 카페인 섭취에 의한 부작용이 유발될 수 있다.

6.1.2 안토시아닌

안토시아닌(anthocyanin)은 고등식물의 잎, 줄기, 뿌리, 꽃, 과일 등 어느 조직에나 생기는 수용성 물질로 주로 과일과 꽃에 많이 포함되어 있는 플라보노이드(flavonoids)계 색소이다. 냄새와 맛이 거의 없고, 수소 이온 농도에 따라 빨간색, 보라색, 파란색 등을 띤다. 안토시아닌은 항산화 효과로 주목받는 물질인데, 항산화물질 중에서도 가장 강력한 효과를 낸다는 것이 학계의 일반적인 견해이다. 안토시아닌은 식물의 잎에서 강한 자외선을 막아주며,

Selected anthocyanidins and their substitutions

Basic structure	Anthocyanidin	$R_{3'}$	$R_{4'}$	$R_{5'}$	R_3	R_5	R_6	R_7
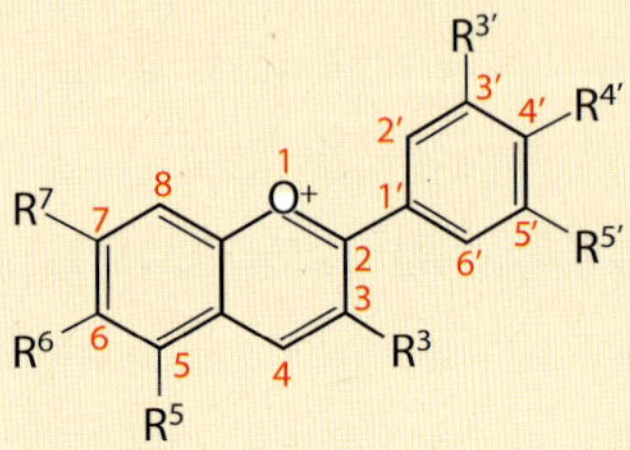	Aurantinidin	–H	–OH	–H	–OH	–OH	–OH	–OH
	Cyanidin	–OH	–OH	–H	–OH	–OH	–H	–OH
	Delphinidin	–OH	–OH	–OH	–OH	–OH	–H	–OH
	Europinidin	$-OCH_3$	–OH	–OH	–OH	$-OCH_3$	–H	–OH
	Pelargonidin	–H	–OH	–H	–OH	–OH	–H	–OH
	Malvidin	$-OCH_3$	–OH	$-OCH_3$	–OH	–OH	–H	–OH
	Peonidin	$-OCH_3$	–OH	–H	–OH	–OH	–H	–OH
	Petunidin	–OH	–OH	$-OCH_3$	–OH	–OH	–H	–OH
	Rosinidin	$-OCH_3$	–OH	–H	–OH	–OH	–H	$-OCH_3$

그림 6.3 안토시아닌(Anthocyanins)은 안토시아니딘(anthocyanidins)의 글라코사이드(glycosides)이다.

식물세포 내에 생기는 활성산소(reactive oxygen species)를 없애는 항산화제(antioxidants)로도 작용한다. 안토시아닌은 아로니아(1480mg/100g), 가지(750mg/100g), 블루베리(558mg/100g), 라즈베리(365mg/100g), 검은콩, 체리, 오렌지, 옥수수 씨눈, 흑미(黑米), 포도 등에 많이 포함되어 있다. 안토시아닌이 가장 많이 든 것은 검정콩이지만 추출이 힘들다. 이용하기 쉬운 것들 중에 아로니아가 가장 높은 함유율을 보인다. 안토시아닌은 식물에게는 물론 인간에게도 이로운 물질로 많은 임상실험이 이루어진 상태이다. 실험을 통해 밝혀진 효능은 매우 많으나 가장 대표적인 효능을 살펴보면 다음과 같다.

① 항산화 효과(노화방지효과): 세포가 노화하는 과정에서 활성산소가 발생하는데, 안토시아닌은 이 활성산소를 제거하는 능력이 매우 뛰어나다. 일반적으로 알려진 비타민 계열(C, A, E), 카로틴 계열, 셀레늄 등의 항산화제 중에서 최고의 효과를 낸다.

② 시력개선 효과: 안토시아닌은 사람의 망막에 있는 로돕신이라는 색소의 재합성을 촉진하는 역할을 한다. 로돕신은 광자극에 의한 분해와 재합성으로 시각영역의 정보를 두뇌에 전달하는 핵심물질이다. 로돕신이 부족하면 눈 피로, 시력 저하, 백내장, 암 등이 유발 될 수 있다.

③ 혈관질환 예방과 개선효과: 안토시아닌은 동맥에 침전물이 생기는 것을 막는 효과가 있고, 콜레스테롤을 억제하는 효과도 있어 심장 질환, 혈관 질환, 뇌졸중 등의 혈액 관련 질환의 치료에 도움을 준다.

④ 그 밖의 효능: 소염 및 살균작용, 인슐린 생성량을 높이는 작용, 기억력 개선

6.1.3 플라보노이드

플라보노이드(flavonoid or bioflavonoids)는 라틴어로 노란색을 의미하는 플라부스(flavus)에서 유래된 말로서 식물의 2차 대사산물인 노란색 계통의 색소를 일컫는다. 화학적으로 플라보노이드는 2개의 페닐고리와 1개의 헤테로 고리(heterocyclic ring)로 구성된 15-탄소 골격(15-carbon skeleton)의 일반 구조를 가지고 있다. 이러한 탄소 구조는 C6-C3-C6라는 약어로 표기된다. IUPAC 명명법에 따르면, 플라보노이드류는 ① 플라본[Flavones: 2-phenylchromen-4-one(2-phenyl-1-benzopyran-4-one)]을 기본 골격으로 하는 플라보노이드(flavonoids 또는 bioflavonoids), ② 3-phenylchromen-4-one(3-phenyl-1,4-benzopyrone) 구조로부터 유도된 아이소플라보노이드(isoflavonoids), ③ 4-phenylcoumarine (4-phenyl-1,2-benzopyrone) 구조로부터 유도된 네오플라보노이드(neoflavonoids)로 대별된다.

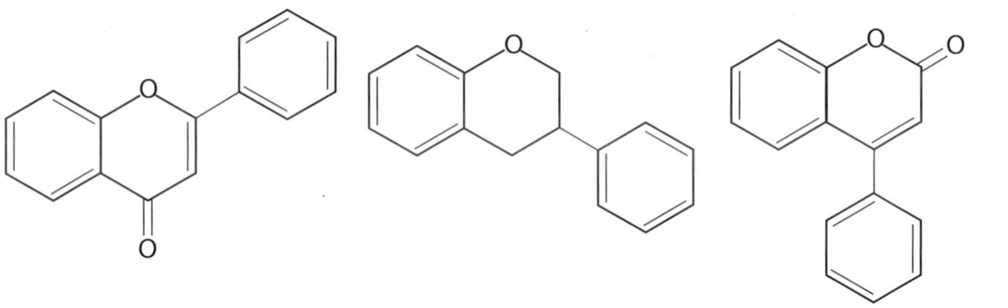

그림 6.4 (a) 플라본(Flavone) (b) 이소플라반(isoflavan) (c) 네오플라본(neoflavon)의 분자 구조.

자연계에는 플라본을 기본 골격으로 하는 5,000종 이상의 플라보노이드가 발견되어 있는데 이들은 화학구조에 따라 대개 5그룹으로 구분된다. 즉, 안토잔틴류(Anthoxanthins), 플라바논류(Flavanones), 플라바놀류(Flavanonols), 플라반류(Flavans), 안토시아니딘류(Anthocyanidins)로 구분된다. 플라보노이드는 안정된 상태를 유지하는 산성에서 색이 더욱 선명해지지만, 강한 알칼리에서는 그 구조가 변하여 짙은 노란색이나 갈색으로 변한다. 또한 구리, 철 등의 금속과 결합하여 흑갈색의 복합체를 형성한다. 감자 등을 썰었을 때 칼이 닿은 부위가 청록색으로 또는 흑갈색으로 변색하게 되는 것이 그 예이다. 식물의 2차대사산물(Secondary metabolite: 생물체의 정상적인 생장 및 증식에 직접적으로 관련되지 않는 유기화합물)인 플라보노이드는 동물에는 비교적 적고 식물의 잎·꽃·뿌리·열매·줄기 등

에 많이 들어 있다. 플라보노이드를 함유하고 있는 좋은 식품으로 감귤류(citrus fruits), 장과류(berries), 은행잎 추출물(ginkgo biloba, 징코빌로바), 양파(특히, 붉은 양파), 파슬리(parsley), 콩류(pulses), 차(특히, 녹차), 적포도주, 산자나무(sea buckthorn), 다크쵸코릿(dark chocolate) 등이 있다. 특히 건조된 녹차잎의 경우 플라보노이드가 녹차잎 무게의 30% 정도 함유되어 있다.

플라보노이드는 시험관내(*in vitro*)에서 강력한 항산화작용을 나내는 것으로 알려져 있다. 그리고 항알레르기 및 항염증 활성, 항균, 항바이러스, 항암 활성을 지니며, 독성은 거의 나타나지 않는 것으로 보고되고 있다.

6.1.4 레스베라트롤

레스베라트롤(Resveratrol)은 천연 페놀의 한 유형인 스틸베노이드(stilbeneid)이다. 스틸베노이드(stilbenoid)는 스틸벤(stilbene)의 하이드록실 유도체(hydroxylated derivatives of stilbene)이다. 레스베라트롤은 또한 식물이 세균 또는 균류와 같은 병원체에 의해 공격을 받을 때 또는 상처에 대한 반응으로 몇몇 식물에 의해 생성되는 파이토알렉신(phytoalexin)이다.

레스베라트롤(resveratrol)은 오디, 땅콩, 포도, 라스베리, 크렌베리와 같은 베리류 등을 포함한 많은 식물에서 발견되며, 특히 적포도주에 다량 함유되어 있다. 레스베라트롤은 1939년 일본의 미치오 타카오카(Michio Takaoka)가 독성이 있는 약용식물(poisonous medicinal plant) *Veratrum album*에서 처음 분리하였으며, 1992년 와인이 심혈관계 질환에 좋은 효과를 가지며 널리 알려지게 되었다. 2003년 미국 하버드 의과대학의 데이비드 싱클레어 박사(D. Sinclair)는 레스베라트롤이 효모 세포에서 수명 연장의 핵심 단백질인 서투인(Sirtuins)을 활성화 한다고 영국의 과학전문지 〈네이처(nature)〉에 발표했다. 논문에

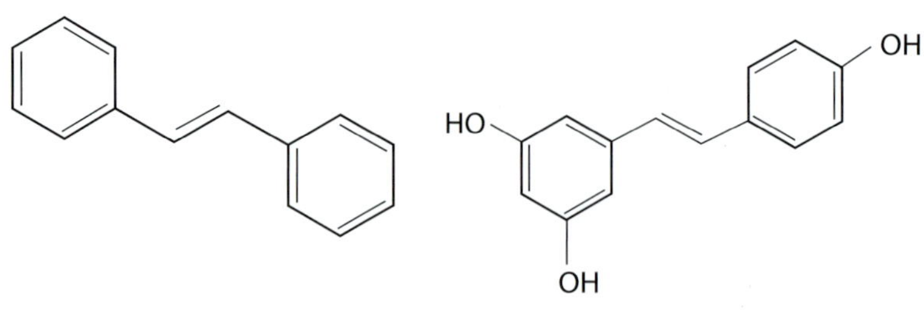

그림 6.5 (a) 스틸벤(stilbene)과 (b) 레스베라트롤(Resveratrol)의 구조. 스틸벤의 구조식은 $C_6H_5CH{=}CHC_6H_5$이다.

따르면 적포도주와 적포도 속의 레스베라트롤(resveratrol)이 세포 사멸을 억제하는 *SIRT1* 유전자를 활성화하여 생명을 연장한다고 한다.

레스베라트롤은 항암 및 항산화 작용을 하는 것으로 알려져 있으며, 심장 동맥 손상을 줄여주고 심장발작과 뇌졸중을 일으키는 위험한 현상인 혈액응고를 방지하는 데 효과적인 것으로 밝혀졌다. 이 외에도 항바이러스, 신경보호, 항염증, 항노화 및 수명 연장 등의 효과가 보고되어 있다. 연구 결과에 의하면 레스베라트롤은 암세포에서 세포 자살을 촉진하는 유전자들의 활성을 통해 암세포의 증식을 억제할 수 있음이 밝혀졌다. 또한 레스베라트롤은 세포증식을 촉진하는 특정 유전자 신호전달계의 발현을 조절함으로써 손상을 입은 세포뿐만 아니라 빠르게 분열하는 각종 인체 암세포의 증식을 강력하게 차단할 수 있는 것으로 알려져 있다.

시험관 실험 및 동물 실험을 통해 레스베라트롤의 약리적인 효과가 입증되어졌음에도 불구하고 2015년 현재 인간에 있어서 레스베라트롤의 건강효과에 관한 증거는 매우 제한적이라고 한다.

6.1.5 퀴세틴

1857년부터 사용되고 있는 용어 퀴세틴(quercetin)은 자연계에 널리 분포되어 있는 플라보노이드로서 많은 과일에서 발견되는 플라보놀(flavonol)이다. 음료나 식품의 첨가물로 활용되고 있는 퀴세틴 및 그 배당체의 하나인 루틴 등은 모세혈관의 강화작용이 있다고 알려져 있지만 아직 특별한 치료제로서 과학적인 입증은 제한적이다.

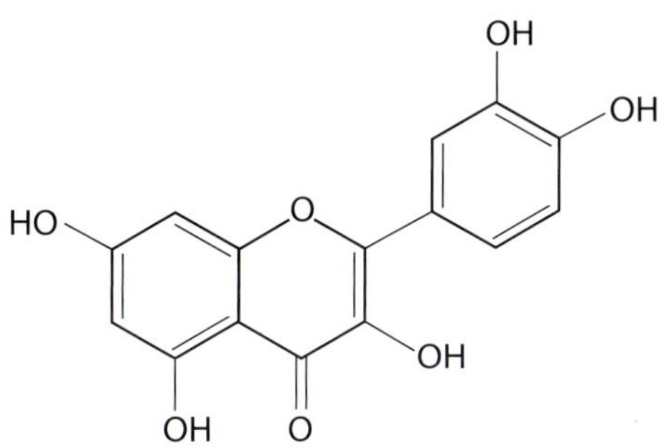

그림 6.6 퀴세틴(Quercetin)의 구조.

6.1.6 클로로겐산

클로로겐산(chlorogenic acid)은 커피콩 등에 함유되어 있는 폴리페놀 화합물의 일종으로 커피콩 특유의 착색 원인물질이다. 아라비카 커피는 5.5~8.0%, 로부스타 커피는 7.0~10.0%의 클로로겐산을 함유하고 있다. 따라서 아라비카 커피보다 로부스타 커피가 클로로겐산을 더 많이 함유하고 있다. 클로로겐산은 생체 내에서 과산화지질의 생성 억제, 콜레스테롤 생합성 억제, 및 항산화 작용, 항암작용 등을 한다. 또한 클로로겐산은 위 속에 있는 음식물을 소화시키면서 장으로 더 빨리 운반시켜 배변 활동을 촉진하며, 식사 후 혈류 속으로 글루코오스의 방출을 느리게 하고, 글라이코겐 및 글루코스-6-인산의 간 내부 농축을 증가시키고 혈당수치를 감소시키는 것으로 나타났다. 다른 연구에서는 무기질의 분배를 개선시키고, 혈장 및 간의 지방을 감소시키며, 글루코오스 내성을 개선시키는 것으로 나타났다.

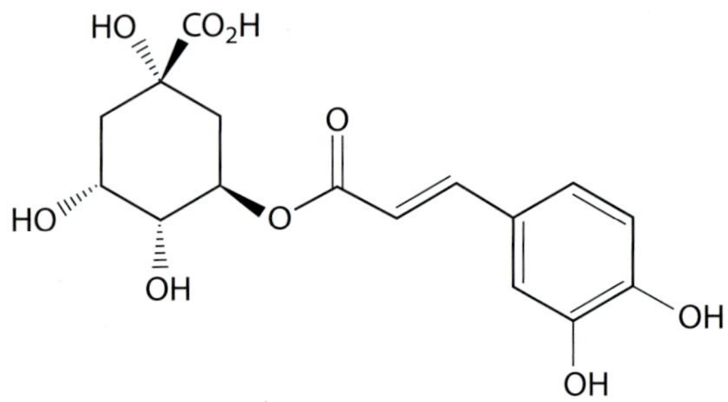

그림 6.7 클로로겐산(chlorogenic acid)의 구조. 클로로겐산(chlorogenic acid)은 카페산(caffeic acid)과 퀸산(L-quinic acid)의 에스터(ester)인 천연 화합물이다. 클로로겐산은 리그닌 생합성에서 중요한 중간물질이다.

물, 알코올, 아세톤에는 가용성이며 철(Fe)과 반응하여 검은색 화합물로 변한다. 쌍떡잎 식물의 과일과 잎에서 분리되었으며, 복숭아, 서양자두(prune), 감자, 고구마의 껍질에도 많이 함유되어 있다. 고구마에 탄산수소나트륨($NaHCO_3$)을 가하여 음식물(빵 등)을 만들 때 녹색으로 변하게 하는 원인물질이기도 하다.

6.2 마늘과 알리신

마늘은 우리나라 사람들이 가장 선호하는 식품 중 하나이며, 다양한 요리의 재료로 첨가되어 비린내를 없애고 음식의 맛을 좋게 하는 향신료(양념)로 사랑받고 있다. 중앙아시아가 원산지인 마늘은 현재 중국, 인도, 한국, 이집트, 러시아, 미얀마, 에티오피아, 미국, 방글라데시, 우크라이나 등지에서 재배되고 있다. 이러한 마늘은 1992년 미국 국립암연구소에서 발표한 '디자이너 푸드(Designer food: 암 예방을 목적으로 설계하여 맞춘 식물성 성분을 기초적으로 함유하는 기능성 식품) 피라미드'의 최상위 그룹에 있다. 마늘은 우리의 건강에 도움을 주는 다양한 종류의 바이타민과 미네랄 그리고 알린(allin)과 같은 유황화합물을 함유하고 있다. 향이 없는 알린은 마늘을 자르거나 빻을 때 세포가 파괴되면서 알리나아제(alliinase)라는 효소의 작용으로 알리신(allicin)으로 전환된다. 알리신은 마늘의 매운맛과 독특한 냄새를 내는 물질로서 마늘이 가지고 있는 약효의 주된 성분이다. 알리신은 강력한 항균 작용을 발휘하여 식중독균을 죽이고 위궤양을 유발하는 헬리코박터 파일로리까지 죽이는 효과가 있다. 이외에도 혈액순환을 촉진하며, 혈액 중의 콜레스테롤을 낮추어 줌으로써 동맥경화를 억제하기도 하며, 암 예방 효과 등이 있는 것으로 알려졌다. 마늘의 알리신과 바이타민 B_1(티아민)이 결합하면 체내 흡수율이 높은 알리티아민(allithiamin)이 된다. 알리티아민(Allithiamin)은 라틴어의 마늘(allium)과 바이타민 B_1(thiamine)의 합성어로서 알리신(allicin)과 바이타민 B_1이 결합하여 생성된 것이다. 뛰어난 장관 흡수율을 나타내는 지용성 알리티아민은 수용성 바이타민 B_1의 흡수를 10~20배 높여 주기 때문에 신진대사를 활발히 하고 피로 해소에 도움을 준다. 비타민 B_1은 다량 섭취했을 시 잉여량은 소변으로 배출되는 반면, 알리티아민은 필요량만 사용되고 여분은 체내에 저장된다. 알리티아민은 나중에 몸이 피로해졌을 때 사용되어 신체를 원상태로 회복시켜 주는 역할을 한다. 마늘에는 알리신 외에도 다양한 유황화합물이 들어 있으며, 아미노산인 메틸시스테인(methylcysteine)은 간암과 대장암을 억제하는 것으로 알려졌다. 유황화합물질은 활성산소를 제거하는 항산화 작용도 한다. 마늘은 토양에 있는 셀레늄(selenium)을 흡수하여 저장하는데, 셀레늄 역시 암을 예방하는 것으로 알려진 미네랄이다. 2009년 1월 캐나다의 프랫(Pratt) 교수팀은 마늘에 함유된 알리신이 인체 내의 유해 물질인 활성산소를 제거하는 데 매우 효과적이라는 것을 밝혔다. 즉, 프랫 교수팀은 알리신이 생성하는 2차 물질인 설펜산(sulfenic acid)이 활성산소를 제거한다는 사실을 발견한 것이다. 현재까지 알려진 항산화 물질 중에서 마늘의 설펜산이 가장 빠른 속도로 활성산소를 제거한다. 마늘은 양파, 부추 등과 같이 백합목 백합과에 속하는 식물인데, 백합과 중 가장 매운 식물이다. 이들 식물에는 모두 알리신과 유사한 물질이 있다. 그러나 양파, 부추 등에 들어 있는 알리신 유사 물질은 마늘의 알리신보다 느리게 분해되고 설펜산의 양이 적기 때문에 활성산소를 제거하는 속도가 마늘보다 떨어지는 것으로 추정하고 있다.

6.3 라이코펜

라이코펜(lycopene)은 베타-카로틴(β-carotene), 루테인(lutein) 등과 함께 대표적인 카로티노이드 색소(carotenoid pigment)이다. 라이코펜은 토마토를 비롯한 게욱(geuk, gac), 수박, 감, 적포도, 석류, 자몽, 구아바 등과 같은 붉은색을 가진 과일에 풍부하게 들어 있는 파이토케미칼(phytochemical: 식물 속에 들어 있는 화학물질)이다. 라이코펜은 강력한 항산화작용을 하며, 노화방지, 항암효과(특히 전립선암, 유방암), 심혈관질환 예방 및 혈당저하에 뛰어난 효과를 나타낸다. 라이코펜은 과일 및 채소를 생(raw)으로 섭취했을 때보다 기름을 넣고 볶아서 섭취하면 무려 5배나 흡수율이 증가한다. 라이코펜은 카로티노이드 중 가장 잘 알려진 베타-카로틴에 비해 항산화능이 2배에 달하고, 이러한 항산화 기능으로 인해 피부의 노화를 억제하는 것으로 보인다. 그리고 한 연구결과에 의하면 라이코펜을 많이 섭취하는 그룹은 적게 섭취하는 그룹에 비해 심장마비 발생 위험이 절반 수준으로 줄어들었다고 한다.

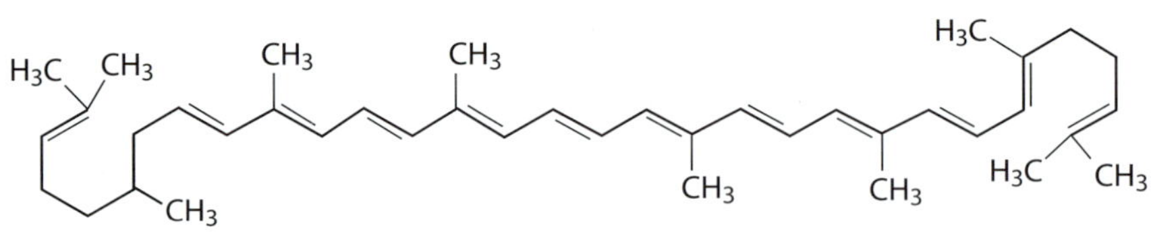

그림 6.8 Skeletal formula of all-trans lycopene.

식물, 조류(algae) 그리고 기타 광합성 생물체에 있어서 라이코펜(lycopene)은 베타-카로틴을 포함하는 많은 카로티노이드(carotenoid)의 생합성에 중요한 중간체이다. 모든 카로티노이와 같이 라이코펜도 다불포화 탄화수소(polyunsaturated hydrocarbon)이다.

식품 1g당 라이코펜의 함량을 살펴보면 다음과 같다. 게욱(geuk, gac) 2000~2300μg/g, 생토마토 8.8~42μg/g, 토마토쥬스 86~100μg/g, 토마토케첩 124μg/g, 수박 23~72μg/g,

구아바(guava) 54μg/g, 파파야 20~53μg/g, 자몽(grapefruit) 3.6~34μg/g.

6.3.1 컴포트 푸드(comfort food): 토마토와 게욱

최근의 연구 결과들은 음식을 잘 골라 먹으면 어느 정도 기분전환이 가능하다고 주장한다. 이러한 음식을 가리켜 '컴포트 푸드(comfort food)'라고 한다. 컴포트 푸드는 1966년 미국 일간지 팜비치포스트에 처음 등장한 용어인데, 어머니의 사랑을 느끼게 해주는 음식으로 기쁨과 안정을 주거나 슬프거나 아플 때 많이 찾는 음식을 일컫는다. 우리나라에서는 2000년대부터 식품영양학계를 중심으로 사용되기 시작했다. 지금부터 컴포트 푸드로 알려진 토마토에 관해 알아보도록 하자.

토마토(Tomato)

가지목 가지과 식물인 토마토는 원산지가 남아메리카 페루의 고산지대로 알려져 있으며, 스페인의 남아메리카 식민지화에 따라 전 세계로 퍼졌다. 토마토의 종류는 굉장히 다양하여 전 세계적으로 약 7,500종이 경작되고 있다고 한다. 토마토(Tomato)를 뜻하는 이탈리아어 'pomodoro'는 황금사과라는 뜻인데, 이는 그리스 신화 중 헤스페리데스 동산에서 자란다는 바로 그 '황금사과'를 지칭한 것이라 추측된다. 이는 토마토의 원산지인 남아메리카를 에덴동산이 있던 곳이라고 믿었던 것과도 관련된다.

"토마토가 붉어지면 의사 얼굴이 파래진다"는 유럽 속담이 있을 정도로 토마토는 슈퍼푸드로 인정받고 있다. 열매의 성분은 95%가 수분이며, 단맛은 과당(fructose)과 포도당(glucose), 신맛은 주로 시트르산(citric acid, 구연산)과 말산(malic acid, 사과산)에서 유래된다. 잘 익은 붉은색 토마토는 100g당 탄수화물 3.9g, 단백질 0.9g, 지방 0.2g, 식이섬유 1.2g, 물 94.5g, 비타민 A 42μg, 비타민 C 14mg, 비타민 E 0.54mg, 루테인과 제아잔틴(lutein and zeaxanthin) 123μg, 칼륨 237mg 등을 함유하고 있는데, 주요 성분으로 라이코펜(lycopene)과 가바(GABA, γ-aminobutyric acid)가 가장 많이 주목 받고 있다. 라이코펜에 관해서는 상기에서 설명이 이루어졌기 때문에 지금부터 가바(GABA)에 관해 설명하기로 한다.

토마토는 가바(GABA)라는 물질의 함량이 높은 식품으로 손꼽힌다. 특히 익어가는 초록 토마토에 가바가 많이 함유되어 있다. 가바는 중추신경계에서 신경전달물질(neurotransmitter)을 억제하는 기능을 한다. 따라서 가바를 충분히 섭취할 경우 스트레스를 완화시키는 데 효과가 있다. 가바는 중추신경계에 널리 분포돼 있는 물질로서 뇌가 스트레스를 받았을 때 신경을 이완시켜 흥분을 가라앉히는 역할을 한다. 뇌 속에 가바의 양이 적으면 우울증, 불면증 등이 나타난다. 가바는 뇌의 산소 공급량을 증가시켜 뇌세포의 대사기능을 촉진하고, 집중력과 기억력 향상을 도와준다. 또한 가바는 대뇌에서 부신으로 이어지는 중추신경계의 이상에서 비롯되는 어지럼증 개선, 혈압을 낮추는 데도 효과적이며, 면역력을 강화하는 데도 긍정적인 작용을 한다.

게욱(geuk 또는 gac)

천국의 과일로 불려지는 열대과일 게욱(Geuk) 또는 객(Gac)은 박과에 속하는 여러해살이 덩굴성식물로서 베트남 등 동남아 열대지역에서 자라는 과일이다. 다 자라면 메론 크기의 붉은색 열매가 된다. 게욱은 항산화물질이 풍부한데, 특히 라이코펜(Lycopene)은 지금까지 알려진 과일과 채소 중에서 가장 많은 토마토의 약 70배, 베타카로틴(β-carotine)은 고구마나 당근보다 10배나 많이 함유되어 있어 기능적으로 뛰어난 과일이다. 게욱(Geuk)은 2011년 제주도에서 시험재배에 성공한 것으로 보도되었다.

6.4 루테인과 제아잔틴

루테인(lutein)과 제아잔틴(zeaxanthin)은 색소체(plastid)의 일종인 잰토필(xanthophyll) 그룹에 속하는 노란색을 띠는 색소(pigment)로서 동일한 화학식을 가지는 구조이성질체이다. 루테인은 푸른색 빛(blue light)을 흡수하며 저농도에서는 노란색을 띠지만 고농도에서는 다홍색(orange-red)을 띤다. 루테인(lutein)은 식물에서만 합성되고 시금치(spinach), 케일(kale)과 같은 녹색 잎채소(green leafy vegetables)에 다량 함유되어 있다. 루테인은 식물체 내에서 1개 또는 2개의 지방산과 지방산 에스터(fatty-acid ester)로 존재한다. 제아잔틴(zeaxanthin)은 식물 및 일부 미생물에서만 합성된다. 루테인과 제아잔틴은 금련화(Nasturtium), 시금치(spinach), 구기자[goji berry (wolfberries)], 케일(kale), 민들레(dandelion), 순무의 어린잎(turnip greens), 배추상추(romaine lettuce), 브로콜리(broccoli), 주키니(zucchini), 키위(kiwifruit), 옥수수(corn), 완두(garden peas) 등에 많이 함유되어 있다. 그리고 계란의 노른자(egg yolks)와 동물의 지방에서도 발견되는데, 이들의 노란색은 루테인과 제아잔틴(zeaxanthin)의 색상에서 비롯된다. 제아잔틴(zeaxanthin)은 식용색소(food dye)로 사용되는 식품첨가제(food additive)이다.

루테인과 제아잔틴(zeaxanthin)은 항산화 기능이 있고 눈의 망막 중심에 있는 황반의 구성 성분이기 때문에 건강한 눈을 위한 필수 영양제로 꼽힌다. 즉, 루테인과 제아잔틴(zeaxanthin)은 황반변성(macular degeneration)의 위험을 줄여준다. 루테인과 제아잔틴(zeaxanthin)은 인체에서 스스로 합성되지 않은 물질이기 때문에 식품을 통한 섭취가 필요하다. 눈의 건강을 위한 루테인과 제아잔틴(zeaxanthin)의 1일 권장 섭취량은 각각 6~10mg과 2mg이다. 루테인과 제아잔틴(zeaxanthin)은 또한 심장병과 뇌졸증도 예방하는 것으로도 알려져 있다. 황반(Yellow spot, macular)은 시세포와 시신경이 밀집되어 있기 때문에 시력에 결정적인 영향을 미치는 망막의 중심 부위로서 빛이 들어와 초점을 맺는 부위이다. 나이가 들고 노안이 시작되면 황반을 구성하는 색소가 점점 줄어 들면서 물체를 구분하고 색을 구분하기 어려워지는 시력저하 현상이 나타난다. 따라서 노화가 시작되기 전부터 황반의 색의 밀도 유지를 위해 루테인과 제아잔틴(zeaxanthin)을 섭취하는 것이 요구된다. 또한 눈이 장기간 자외선 또는 모니터의 청색광에 노출되면 활성산소가 황반의 간상세포(rod cell)와 원추세포(cone cell)를 손상시키는데, 루테인과 제아잔틴은 이러한 활성산소를 흡수하는 능력이 있어서 매일 꾸준히 섭취할 경우 시력 회복에 도움이 된다.

6.5 브라질 너트와 셀레늄의 효능과 부작용

브라질 너트(Brazil Nut)는 진달래목(Ericales) 오예과(Lecythidaceae)에 속하는 브라질 너트 나무의 씨앗(seeds)이다. 기아나(the Guianas), 베네수엘라, 브라질, 동 콜롬비아(eastern Colombia), 동 페루, 동 볼리비아가 원산지인 브라질 너트는 주로 아마존 열대우림지역에서 생산된다. 브라질 너트는 그 이름에도 불구하고 브라질 너트의 최대 수출국은 브라질이 아니라 볼리비아다. 2014년도 브라질 너트(in shell) 세계 총 생산량 95,000톤 중 볼리비아가 47%, 브라질이 40%를 차지했다. 브라질 너트 나무는 높이 50m, 직경 1~2m까지 자라는 큰 나무로서 500년 이상 생존하는 장수식물 중 하나다. 몇몇 관계자에 따르면 1000년까지 생존하는 나무도 있다고 한다. 꽃은 크기가 작고 녹색 빛이 도는 흰색(small, greenish-white)이다. 수정된 꽃은 약 14개월 후 수확할 수 있을 정도의 열매(fruit)가 된다. 열매(fruit)는 직경 10~15cm 정도의 캡슐(capsul) 모양을 하고 있으며, 무게가 2kg까지 나간다.

그림 6.9 브라질 너트.

열매를 반으로 가르면 길이 4~5cm 정도의 8~24개 씨앗(seed)이 껍질에 싸인 마늘 조각과 같은 모양으로 불규칙하게 나열되어 있다. 브라질 너트를 감싸고 있는 겉껍질을 벗겨내면 갈색의 얇은 속껍질을 발견할 수 있는데, 이 속껍질마저 벗겨내면 노란빛을 띠는 흰색의 씨앗을 볼 수 있다. 씨앗은 예로부터 원주민의 중요한 식량 자원 중 하나였으며, 브라질 내에서는 브라질 너트 나무를 자르는 것이 법적으로 금지되어 있다.

브라질 너트에는 무게당 14% 단백질, 12% 탄수화물, 66% 지방(fat), 바이타민 E를 포함하는 각종 바이타민류, 식이섬유, 미네랄 등 다양한 성분이 함유되어 있다. 지방(fat) 성분은 23% 포화지방(saturated), 38% 단일 포화지방(monounsaturated), 32% 다불포화지방(polyunsaturated)으로 구성되어 있다. 지방 성분이 높은 브라질 너트는 100g당 656칼로리를 제공할 정도로 고칼로리 식품이다.

브라질 너트가 주목받게 된 이유는 셀레늄(selenium) 성분 때문인데, 브라질 너트 100g에 약 1917μg의 셀레늄이 들어있다. 이는 미국농무부에 등록된 6,898개의 식품 중 가장 많은 양이다. 이는 브로콜리보다 4,792배, 굴보다 639배나 높은 수치다. 브라질 너트 한 알에는 약 76.68μg의 셀레늄이 들어있다. 세계보건기구(WHO)와 국제연합식량농업기구(FAO)의 셀레늄 1일 권장량이 성인을 기준으로 50~200μg인 것을 감안하면 하루에 1~3알 정도 섭취하는 것이 바람직하다. 전문가들은 한국인의 경우 셀레늄을 특히 신경써서 섭취해야 한다고 조언한다. 식품 속 셀레늄 함량은 토양의 셀레늄 양에 영향을 받는데, 우리나라는 셀레늄 함량이 낮은 화강암과 현무암이 전국토의 70%를 이루고 있어 일반적인 음식으로는 셀레늄 섭취가 어렵기 때문이다.

원자 번호 34번인 셀레늄(Se)은 독성이 있는 비금속 원소이지만 세계보건기구(WHO)가 선정한 필수 미량영양소(essential micronutrient) 중 하나다. 1957년 미국 국립암연구원의 슈바르츠 박사가 실험을 통해 셀레늄이 사람과 동물의 성장 및 번식에 필수적인 영양소라는 사실을 밝혀내면서 전 세계적으로 주목을 받기 시작했다. 셀레늄이 우리 몸에 반드시 필요한 이유는 체내 활성산소(Free radical)를 줄이는 항산화작용을 하기 때문이다. 하지만 셀레늄 750μg 이상을 섭취하면 머리가 벗겨지고(탈모), 손톱과 이가 빠지고, 구역질, 피로감 등의 부작용이 나타나는 것으로 알려졌다. 또한 셀레늄을 복용한 남성이 플라시보 집단보다 당뇨병 발병률이 약 50% 더 높게 나왔다는 연구 결과도 있다. 이에, 미국의 암협회는 셀레늄을 농축한 영양 보조제보다는 식품을 통한 셀레늄 섭취를 강조한다.

참고

세포호흡에서 산소는 글루코오스(glucose)를 이산화탄소와 물로 완전히 산화시켜 ATP를 생성하는 데 관여한다. 그러나 세포호흡의 전자전달계가 작동되는 동안 부수적으로 하이드록실 라디칼(HO·)과 과산화물 음이온(O_2^-) 등과 같은 활성산소(Free radical)가 발생한다. 보통 정상적인 산소는 체내에서 약 100초 이상 머무르지만 활성산소는 불안정하여 100만분의 1초~10억분의 1초 동안 생겼다가 순식간에 없어진다. 하지만 활성산소는 반응성이 매우 강해서 세포막을 공격하여 세포의 기능을 상실시키고, DNA의 손상을 유발한다. 즉, 활성산소는 세포 내에서 신호전달 체계를 망가뜨리거나 면역력을 저하시키므로 당뇨병, 동맥경화, 암 등을 유발하고, 세포의 재생을 막기 때문에 노화를 촉진시킨다. 따라서 활성산소는 인체에 매우 유해한 물질이다.

생물체 내에서 양이 많으면 독성을 나타내기도 하지만 미량이면 모든 동물 세포와 많은 수의 식물 세포에서 필수적인 역할을 하는 셀레늄은 현재까지 20여 종의 셀레늄 단백질(selenoprotein: selenocysteine을 함유하고 있는 단백질)로 발견된다. 셀레늄은 생물학적으로 주로 셀레노시스테인(selenocysteine)의 형태로 존재하며, 셀레노시스테인(selenocysteine)은 21번째 아미노산(21st proteinogenic amino acid)으로 간주된다. 셀레노시스테인의 구조은 아미노산인 시스테인과 비슷하지만 유황이 아닌 셀레늄이 함유되어 있다(그림 참조). 셀레늄 단백질(selenoprotein)은 많은 생명체에 존재하며 특히 진핵 생물에서 관찰할 수 있다. 셀레늄이 결핍되면 세포 내의 1개 이상의 특이 셀레늄 단백질 합성 능력이 저하되어 건강에 이상이 생긴다. 셀레늄은 비타민 E와 비교하여 무려 2940배의 노화방지 효과가 있음이 밝혀졌다. 생리적으로 뇌세포를 보호하고, 갑상선기능 활성화, 염증 억제반응, 남성 불임

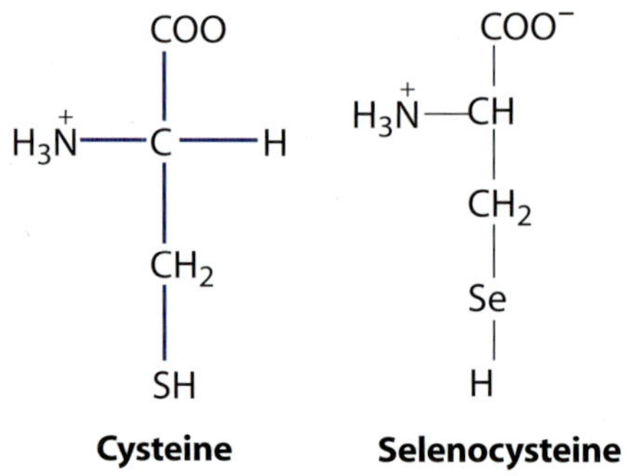

그림 6.10 셀레노시스테인(selenocysteine)의 구조. 셀레노시스테인은 시스테인의 황 원자가 셀레늄 원자로 치환된 천연 아미노산이다. 사람의 경우 지금까지 25종류의 셀레노시스테인이 발견되어 있는데, 이들은 글루타티온 과산화효소(glutathione peroxidases)과 티오레독신 환원효소(Thioredoxin reductase)의 보조인자(cofactor)로 작용한다. 글루타티온 과산화효소(glutathione peroxidases)는 과산화수소(hydrogen peroxide, H_2O_2)와 유기 하이드로퍼옥사이드(organic hydroperoxides)의 환원을 촉매한다. $2H + H_2O_2 \rightarrow GSSG + 2H_2O$. 단백질 합성계에서 셀레노시스테인은 UGA에 의해 코드된다.

의 예방 기능이 있다. 게다가 각종 세균성 질병 예방 및 치료, 불임 치료, 성기능 강화, 아토피, 여드름 치료, 에이즈 예방과 치료에 효과가 있다는 실험결과가 발표되어 있다.

6.6 식이성 유황(dietary sulfur)과 삼채

인체를 이루고 있는 단백질의 구성성분인 아미노산들 중 메싸이오닌(methione)과 시스테인(cysteine)은 황을 함유하고 있다. 따라서 유황은 인체에 꼭 필요한 필수미네랄이며, 체중의 약 0.25%를 점유하고 있다. 하지만 유황의 1일 권장 섭취량은 0.2~1.5g인 반면 대부분의 사람들은 하루에 3~6g의 황 성분을 섭취하기 때문에 불충분한 유황 섭취는 그렇게 신경 쓸 필요는 없다. 우리들이 섭취하는 유황의 소스(source)는 단백질, methylsulfonyl-methane(MSM), 바이타민 B_1과 바이오틴(biotin) 같은 바이타민 B이다.

최근 삼채라는 식물이 건강식품으로 자리를 잡아가고 있다. 삼채는 미얀마, 티벳 등 동남아시아 고산지대가 원산지이다. 삼채의 학명은 Allium hookeri Thwaites인데, 삼채라는 이름은 미얀마의 주밋(jumyint, juumyit)이라는 식물을 국내에 들여오면서 붙여진 것이다. 삼채라는 이름이 붙여진 배경에는 두 가지가 전해진다. 어린 인삼과 모양이 닮았다고 해서 蔘菜(삼채)라고 하였다는 설과 단맛, 쓴맛, 매운맛의 3가지 맛이 난다 해서 三菜(삼채)라고 하였다는 설이 있있다. 삼채는 세 가지 맛을 가지고 있지만 매운맛이 조금 더 강하다.

잎, 뿌리, 꽃줄기, 꽃 모두 식용으로 사용되는 삼채는 식이섬유와 칼륨 등 인체에 유용한 여러 가지 성분을 함유하고 있지만 그 중에서도 식이성 유황 성분이 가장 많이 알려져 있다. 유황 성분을 함유하고 있는 식물로서 부추, 파, 양파, 마늘 등이 있다. 삼채의 유황 성분은 양파의 2배, 마늘의 6배 이상이라는 실험 자료가 있다. 유황 성분을 함유하고 있는 황 화합물은 몸을 따뜻하게 데워주는 효과가 있고, 활성산소에 의해 세포가 손상되는 것을 막아주는 항산화작용을 한다. 또한 삼채는 인삼과는 다른 화학구조를 가졌지만 사포닌을 다량 함유하고 있다. 사포닌의 함량만으로 보면 최소 인삼의 60배 이상이라고 한다. 사포닌은 자연계의 동식물에 널리 분포되어 있는데, 삼채, 인삼, 도라지, 더덕, 콩, 감초 등 500속 이상의 식물과 해삼, 불가사리에도 함유되어 있다. 이러한 삼채는 여러 가지 약리적 작용이 알려져 있다.

① 내장기능 강화 및 내분비 촉진작용 ② 혈액순환, 동맥경화 : 콜레스테롤, 모세혈관 확장 작용 ③ 항암, 이상세포 파괴 작용 ④ 이뇨작용 ⑤ 살균 작용 ⑥ 항궤양 세포 부활작용 ⑦ 건위, 건강 증진 작용 ⑧ 해독작용 ⑨ 내병력 함염 증대작용 ⑩ 항알러지, 항히스타민 작용 ⑪ 방충 방부 방취 작용 ⑫ 활성산소의 분해 배출작용.

6.7 갈변 반응

갈변(Browning)은 식품이 물리적 손상(절단, 파쇄 등의 외상)에 의해 또는 가공공정 및 저장 중 갈색으로 착색되는 현상을 일컫는다. 갈변은 효소적 갈변(enzymatic browning)과 비효소적 갈변(non-enzymatic browning)으로 구분된다. 식물성 식품(과일과 채소)에서는 효소적 갈변이, 가공식품에서는 주로 비효소적 갈변이 일어난다.

효소적 갈변(enzymatic browning)은 산소의 존재 하에서 식물성 식품(과일과 채소) 중에 존재하는 페놀계 화합물로부터 멜라닌(melanins)과 벤조퀴논(benzoquinoine)을 생성하는 폴리페놀 산화효소(polyphenol oxidase), 카테콜 산화효소(catechol oxidase)과 같은 효소들이 관여하여 갈변을 유도하는 화학 반응이다. 즉, 클로로겐산(chlorogenic acid)과 같은 천연 폴리페놀류에 산화효소가 작용하면 퀴논(quinone)으로 변화하여 이것이 중합하든지(멜라닌 형성) 또는 아미노 화합물과 반응하여 그 반응 생성물이 중합하여 갈색의 착색물질

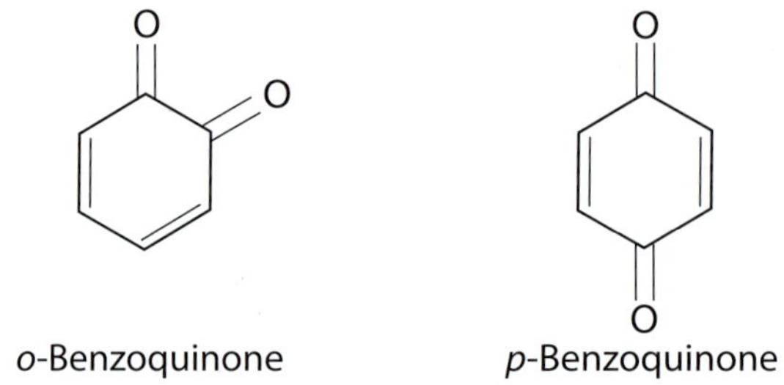

그림 6.11 ***o*-벤조퀴논과 *p*-벤조퀴논의 구조.** 벤조퀴논(benzoquinone)은 벤젠고리에 결합하는 수소 2원자가 산소 2원자로 치환된 퀴논의 기본이 되는 화합물로 *o*-벤조퀴논과 *p*-벤조퀴논의 두 이성질체를 갖는다.

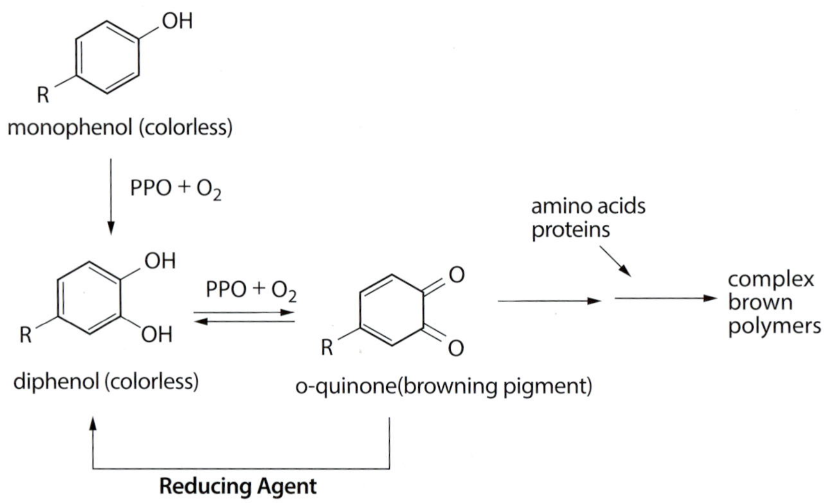

그림 6.12 효소적 갈변(Enzymatic browning). 효소적 갈변은 과일(fruits: apricots, pears, bananas, grapes)과 채소(vegetables: potatoes, mushrooms, lettuce), 해산물(seafood: shrimps, spiny lobsters and crabs)에서 관찰할 수 있다.

을 생성한다.

효소적 갈변(Enzymatic browning)은 차(tea)의 맛을 좋게 하거나 건포도와 같은 말린 과일의 색과 맛을 좋게 하기도 하지만 과일이나 채소 또는 해산물의 신선도에 해를 끼치기도 한다. 효소적 갈변 방지법으로서 가열처리(데치기)를 함으로써 과실에 함유된 페놀계 화합물의 산화효소를 실활시키거나 저온 유지로 산화효소의 활성을 억제시키거나 식품에 산화효소 저해물(oxidase inhibitor), 산, 식염, 아스코르브산, 시스테인, 아황산염 등을 첨가한다. 갈변 방지에 가장 효과가 있는 가열처리는 과실의 질감(texture), 향기, 맛 등에 악영향을 줄 수 있다. 따라서 가열 조건에 관해 충분히 고려해야 한다. 또한 아스코르브산(비타민

C)은 갈변 방지, 항산화제로 널리 이용되고 있지만, 아스코르브산 자체가 산화효소에 의해 갈변의 원인이 되기 때문에 첨가량이나 공존 물질을 고려하지 않으면 안 된다. 레몬 쥬스, 식초와 같은 pH가 낮은 산은 효소의 보조인자(cofactor)인 구리(copper)를 제거하여 효소를 실활시킨다.

비효소적 갈변(non-enzymatic browning)은 주로 마이야르 반응(Maillard reaction)과 캐러멜화 반응(caramelization)에 의해 일어난다.

미국식 발음으로 메일라드 반응이라고도 하는 마이야르 반응(Maillard reaction)의 명칭은 1912년 이 반응을 처음으로 기술한 프랑스 화학자 Louis-Camille Maillard의 이름에서 땄다. 아미노-카보닐 반응(amino-carbonyl reaction), 즉 마이야르 반응(Maillard reaction)은 식품의 가공·조리 과정 시 140~165℃ 부근에서 아미노 화합물의 친핵성 아미노기(amino group, $-NH_2$)가 반응성이 큰 환원당의 카보닐기(carbonyl group, C=O)를 공격하여 탈수축합이 일어나 시프 염기(Schiff base)를 형성하는 화학반응이다.

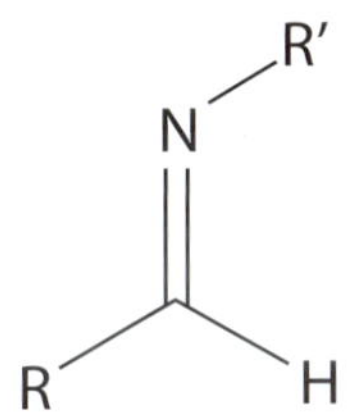

그림 6.13 시프 염기(Schiff base)의 일반 구조. 휴고 쉬프(Hugo Schiff)의 이름을 딴 시프 염기는 아릴(aryl) 또는 알킬(alkyl) 그룹에 연결된 질소 원자와 탄소-질소 이중 결합을 포함하는 작용기(functional group)를 가진 화합물이다.

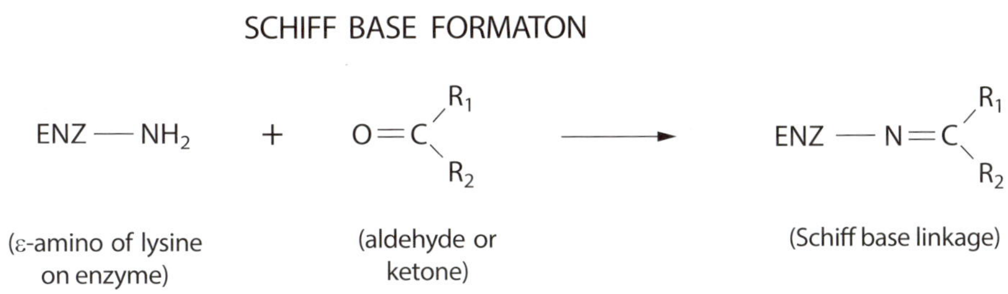

그림 6.14 쉬프 염기 형성 반응.

이 반응의 결과 갈변 물질인 멜라노딘(melanoidin)에 의한 식품의 갈변, 향기의 형성, 식품의 물성 변화를 초래한다. 멜라노딘은 높은 온도와 낮은 수분 활성도에서 당분과 아미노산이 마이야르 반응을 통해 결합될 때 형성되는 갈색의 고분자 불균일한 중합체(heterogeneous polymer)이다. 멜라노딘은 보통 보리 맥아(Vienna와 Munich), 빵 껍질, 제과류, 커피와 같은 어떤 형태의 비효소적 갈변을 겪은 음식에 존재한다. 식품의 갈변 현상에 관여하는 성분인 아미노 화합물로서 아미노산, 펩타이드, 단백질, 아민류 등이 있고, 카보닐 화합물로서 환원당이 있다. 또한 지질의 산화로 2차적으로 생성되는 알데하이드류(aldehydes)나 케톤류(ketones)도 반응성이 높고 기름절임 시 갈색 색소의 생성에 일부 관여한다. 여러 가지 식품의 갈변(browning)과 풍미(odors and flavors)에 영향을 주는 마이야르 반응(Maillard reaction)은 알카리 조건 하에서 촉진된다. 알카리 조건 하에서 아미노기($RNH3^{+}$)는 탈양성자화(deprotonation)되어 증가된 친핵성도(nucleophilicity)를 갖게 된다. 마이야르 반응 동안 수백 가지의 맛 화합물(flavor compounds)이 형성된다.

캐러멜화(caramelization)는 당의 농후액을 가열하면 분해반응을 일으켜 갈색으로 착색되는 반응이다. 즉, 캐러멜화는 당류(Sugars)가 열분해(pyrolysis)에 의해 발생하는 현상으로, 요리 시 짙은 색(갈변)과 견과류의 맛(nutty flavor, 고소한 맛)을 제공하는 중요한 현상이다. 캐러멜화 반응으로 발생하는 휘발성 화학 물질이 독특한 맛을 자아낸다. 마이야르 반응(Maillard reaction)과 같이 캐러멜화(caramelization)도 비효소적 갈변(non-enzymatic browning)의 한 유형이다. 하지만 마이야르 반응과 달리 캐러멜화는 열분해(pyrolysis)에 일어난다. 이당류(Disaccharides)인 설탕(sucrose)이 캐러멜화 되면, 단당류(monosaccharides)인 과당(fructose)과 포도당(glucose)으로 분해된다. 캐러멜화 반응은 반응 조건에 민감하다. 캐러멜화는 열분해(pyrolysis) 반응이기 때문에 온도에 의존적이다. 과당(fructose)은 110℃, 설탕(Sucrose), 포도당(glucose), 갈락토오스(galatose)는 160℃, 엿당(maltose)은 180℃에서 각각 캐러멜화가 이루어진다. 캐러멜화의 반응 속도는 산도(pH)에 영향을 받는다. 일반적으로 중성 pH(pH 7.0 부근)에서 가장 느리며, 산성(특히, pH 3 이하) 및 염기성(특히, pH 9 이상) 조건 하에서 반응이 촉진된다.

커피콩의 갈변은 연두빛 생두(green bean)를 로스팅 처리하면 다른 식품과 마찬가지로

그림 6.15 생두(Green bean) → 볶은 콩(roasted bean).

마이야르 반응(Maillard reaction)과 캐러멜화 반응(caramelization)을 통해 이루어진다. 로스팅 과정은 커피의 맛과 향에 큰 영향을 주는데 커피콩 속의 당 성분과 아미노 화합물이 마이야르 반응과 캐러멜화를 일으키는 것이 주된 요인이다. 로스팅의 정도를 높일수록 커피콩의 색과 향은 진해지지만 단맛은 약해진다. 아라비카 원두와 로부스타 원두의 갈변도를 비교해 보면 아라비카 원두가 더 짙은 색을 내타낸다는 것을 알 수 있다. 그 이유는 당의 함량에 있어서 로부스타종보다 아라비카종이 더 높기 때문이다.

2부

식품미생물학

Food Microbiology

웰빙시대의 바람을 타고 많은 사람들의 식품에 대한 관심이 부쩍 높아졌다. 그럼에도 불구하고 실제로 식품에 관한 정확한 정보와 지식을 접하기란 쉽지 않다. 본서의 1부에서는 식품화학에 관해 기술하였고, 2부에서는 식품미생물에 관해 상술하고자 한다. 식품미생물학은 식품 관련 미생물을 연구하는 학문으로서 식품에 존재하는 다양한 미생물을 대상으로 하고 있다. 식품미생물학의 대상인 식품미생물은 크게 세 가지 범주로 나눌 수 있다. 첫째, 식품에서 성장하여 그 식품을 변패(deterioration) 또는 부패(putrefaction)시킴으로써 식품의 품질을 저하시키는 미생물 분야. 둘째, 식품에서 성장하여 균 자체 또는 그 미생물이 생성한 독소에 의한 질병(주로 식중독)을 유발하는 미생물 분야. 셋째, 발효를 통하여 식품의 기호성, 저장성, 안전성 및 기능성을 향상시킬 수 있는 미생물 분야가 있다.

1장 식품미생물학의 발전사

지구상에 출현한 초기 인류는 생존을 위해 사냥이나 채집을 하였다. 그 당시엔 인류가 섭취할 수 있는 식품이 풍부하였기 때문에 먹고 남은 음식을 따로 저장할 필요가 없었다. 그 이후 농경사회로 접어들면서부터 식품의 저장과 보존은 중요한 과제가 되었다. 우리 조상들은 식품의 태양건조, 소금절임, 동결건조 등을 통해 식품의 변질을 방지했다. 식품의 발효는 B.C. 4000년 전후로 체계가 잡혔다. 이 시기엔 효모를 비롯한 발효미생물에 관한 개념이 서기도 전의 일이다. 즉, 인류는 미생물의 발견 이전 시대부터 미생물을 이용한 식품의 발효 기술을 체득한 것이다. 미생물의 발견은 1600년대에 로버트 후크(Robert Hooke, 1635~ 1703)와 안토니 판 레이우엔훅(Antonie van Leeuwenhoek, 1632~1723)에 의해 이루어졌지만 미생물에 의한 발효를 이해하기까지 200년이라는 세월이 소요되었다.

1.1 미생물계의 발견

인류는 눈으로 확인할 수 없는 미생물의 존재를 오랜 기간 어렴풋이 느껴는 왔다. 하지만 미생물의 존재를 실제로 확인하기 시작한 것은 16세기 중엽 현미경의 발명 후부터였다. 즉, 1664년 로버트 훅(Robert Hooke, 1635~1703)가 현미경을 이용하여 곰팡이의 자실체(fruiting body) 구조를 기술하면서부터 시작하여 1684년 네덜란드의 상인 안토니 판 레이우엔훅(Antonie van Leeuwenhoek, 1632~1723)가 관찰한 세균의 상세도가 발표된 후 비로서 미생물의 존재가 인류에 알려지게 되었다. 레이우엔훅(Leeuwenhoek)는 델프트(Delft)라는 소도시의 포목상(draper)으로서 직물을 조사하기 위하여 확대경을 이용하였으

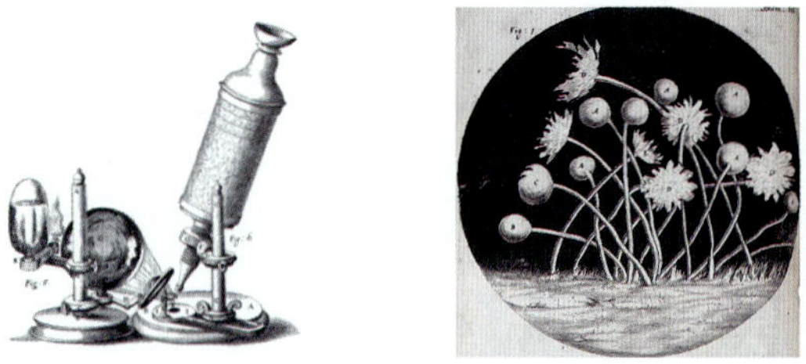

그림 1.1 로버트 훅(Robert Hooke)가 사용한 현미경과 이를 이용하여 관찰한 곰팡이의 자실체(fruiting body). (a) 로버트 훅가 사용한 1664년의 현미경 (b) 로버트 훅가 관찰한 곰팡이의 자실체. 1665년 *Micrographia*에 실린 이 그림은 미생물을 최초로 묘사한 것으로 로버트 훅가 가죽 표면에 자라고 있는 푸른곰팡이를 관찰한 것이다. 영국의 물리학자이자 천문학자, 화학자인 Robert Hooke는 1665년에 코르크의 얇은 조각을 현미경으로 관찰하여 코르크(cork) 조각이 벌집과 같은 수 많은 칸으로 되어 있는 것을 발견하고, 이 작은 칸을 처음으로 세포(cell)라고 명명하였다.

며, 자신이 직접 만든 단 하나의 렌즈를 사용한 단순현미경(simple microscope)으로 오늘날 우리가 알고 있는 세균(구균, 간균, 스피로헤타), 효모, 조류 그리고 원생동물 등 주요 단세포 미생물을 관찰하였다(1676년). 정규 과학교육을 거의 받지 못한 레이우엔훅(Leeuwenhoek)

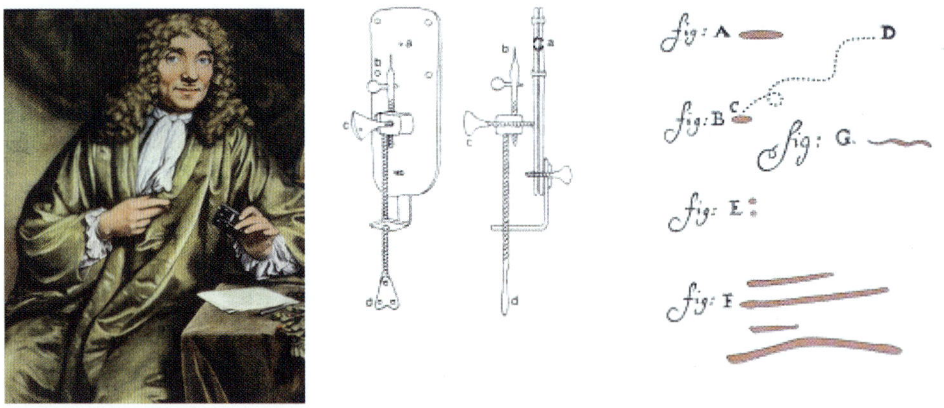

(a) (b) (c)

그림 1.2 안토니 판 레이우엔훅(Antonie van Leeuwenhoek)와 그가 제작한 현미경의 모형도 및 그가 관찰한 세균의 상세도. (a) 안토니 판 레이우엔훅(Antonie van Leeuwenhoek)의 초상화 (b) 레이우엔훅이 만든 현미경의 모형도. a: 렌즈, b: 시료를 놓는 핀, c: 초점조절 나사, d: 높이조절 나사. 출처: C. E. Dobell, *Antony van Leeuwenhoek and His Little Animals*(New York: Russell and Russell, Inc, 1932) (c) 1684년 레이우엔훅이 사람의 구강 내에서 발견하여 "wee animalcules(극미동물, 미소동물)"라고 불렀던 세균의 그림. 안토니 판 레이우엔훅(Antonie van Leeuwenhoek)은 자신이 직접 만든 배율 높은 현미경을 사용하여 식물의 종자 및 배의 구조와 작은 무척추동물을 관찰했을 뿐만 아니라 정자와 적혈구세포를 발견하여 동물 조직학의 창시자가 되었다. 또한 모세혈관의 혈액 순환을 발견하고 설명함으로써 반세기 전에 하비(1578~1657)에 의해 시작된 혈액순환 연구를 발전시켰다. 그러나 그의 명성을 가장 높인 것은 미생물 세계의 발견이다. 즉, 그는 오늘날 우리가 알고 있는 원생동물, 조류, 효모, 세균 등 주요 단세포 미생물을 발견하였다. 이로써 레이우엔훅은 정상적인 교육을 받지 않았지만 영국 왕립협회의 요청에 의해 이 학회의 회원이 되었으며, 왕립협회지(Proceedings of the Royal Society)에 자신의 업적을 보고하였다.

은 네덜란드어 이외의 언어는 전혀 구사하지 못하였지만 그의 뛰어난 관찰은 영국 왕립협회(Royal Society of London)의 통신원이었던 네덜란드의 의사이자 해부학자 레이니어 드 그라프(Reinier de Graaf)의 도움을 받아 영국 왕립협회에 알려지게 되었다. 그는 이러한 업적을 인정 받아 수년 후 이 협회의 회원으로 선출되었으며(1680년), 그의 모든 발견은 서신의 형태로 영국 왕립협회에 전달되었고 대부분은 영문으로 번역되어 왕립협회지(Proceedings of the Royal Society)에 발표되었다(1684년). 이 당시 그가 제작한 현미경은 400여 개에 달하였으나 현재 몇 개만이 남아 있고, 그 배율은 40~270배로 추정된다. 그와 동시대의 사람들은 이러한 단세포 미생물을 "wee animalcules(극미동물, 미소동물)" 혹은 "little animals"이라 불렀다.

1.2 생명의 기원과 이와 관련된 학설들

오랜 기간 지구 생명체의 기원에 관한 가설로서 창조론(doctrine of creation)과 자연발생설(theory of spontaneous generation 또는 abiogenesis)이 서로 대립하여 왔다. 창조론(doctrine of creation)은 어떤 초월적 존재가 지구상에 생명체를 창조했다는 이론이다. 이러한 생각은 거의 모든 인류 문명의 창조 신화에서 찾아 볼 수 있을 정도로 그 역사가 오래되었다. 그러나 초월적 존재에 의한 생명체의 창조는 최초 창조자의 근원을 과학적으로 증명할 수 없다는 근본적인 문제점을 가지고 있다.

창조론만큼이나 오래된 가설로서 생명체의 자연발생설이 있다. 자연발생설(theory of spontaneous generation)은 비생명체(nonliving matter)로부터 생명력이라는 초자연적인 힘이 결합하여 새로운 생명체가 탄생하며, 이러한 자연발생 과정을 통하여 계속 새로운 생명체가 만들어진다는 학설이다. 기원전 6세기 그리스의 철학자 아낙시만드로스(Anaximandros: BC 610~BC 546)는 『생물은 축축한 진흙에 햇빛이 비칠 때 우연히 발생한다.』고 주장했는데, 이것이 자연발생설의 효시가 되었다. 그리고 그리스의 철학자 아리스토텔레스(Aristotles: 384~322 B.C.)는 식물에서 떨어지는 이슬로부터 진딧물(aphids)이, 부패한 물체로부터 파리가, 더러운 건초로부터 쥐가 발생한다는 식으로 자연발생설을 설명하였다. 17세기에 이르러 네덜란드의 상인 안토니 판 레이우엔훅(Antonie van Leeuwenhoek)에 의해 눈에 보이지 않는 미생물의 존재가 인류에 알려지게 되었다. 레이우엔훅(Leeuwenhoek)은 현미경으로 다양한 미생물을 관찰하면서 유기물을 오랫동안 공기와 접촉시켜 두면 새로운 미생물이 발생하는 것을 발견하였다. 그는 미생물처럼 단순한 생명체는 자연적으로 발생한다고 믿었다. 그 당시에 자연발생설을 지지하는 많은 사람들은 미생물의 존재를 하나의 자연발생설의 증거라고 생각했다. 왜냐하면 미생물은 너무 극단적으로 단순화된 생명체로서 유성생식을 하지 못할 것으로 생각했기 때문이었다. 그 당시에 세포 분열을 통한 미생물의 무성생식은 아직 관찰되지 않았었다. 이러한 자연발생설은 19세기 초까지 대부분의 과학자들에 의해 절대적인 지지를 받았을 뿐만 아니라 생물의 진화 기작을 과학적으로 처음 제기한 프랑스의 진화학자 장 라마르크(Jean Lamarck: 1744~1829)에게까지 영향을 미쳤다. 이때부터 자연발생설은 생물의 진화론과 밀접한 상관관계를 맺어면서 나아가기 시작했다.

자연발생설은 이탈리아의 의사이자 시인인 프란체스코 레디(Francesco Redi: 1626~1697)에 이르러 도전을 받기 시작했다. 그는 1668년에 출판된 『곤충의 발생에 관한 실험(Experiments on the Generation of Insects)』에서 부패한 고기로부터 발생하는 구더기(maggots)는 그 냄새를 맡고 찾아 온 파리의 유충이며, 파리가 고기에 알(eggs)을 낳을 수 없도록 용기의 입구를 가아제로 막으면 파리는 절대로 발생하지 않는다는 것을 보였다. 그러나 이 실험은 동물의 자연발생설을 결정적으로 부정한 것이지 미생물의 자연발생설을 부정한 직접적인 실험은 아니었다. 미생물의 자연발생설을 직접적으로 부정한 최초의 사람은 18세기 중엽 이탈리아의 박물학자 라차로 스팔란차니(Lazzaro Spallanzani: 1729~1799)였다. 1765년에 그는 유기물 침출액(organic infusion, 육즙)을 충분히 끓여서 용접밀폐하여 두면 장기간 미생물이 생겨나지 않고 플라스크에 작은 금을 내어 공기를 통하게 하면 미생물이 발생한다는 것을 관찰하였다. 즉, 미생물은 공기에 의해 유기물 침출액으로 운반될 수 있다고 결론내렸다. 이 실험을 위하여 스팔란차니(Spallanzani)는 초기의 연구자들이 플라스크의 밀폐를 위하여 사용한 코르크나 솜마개 대신에 공기의 유입이 완전히 차단되는 용접밀봉을 시도하였다. 이에 조금 앞서 1749년에 영국의 로마 카톨릭 신부(Roman Catholic priest)이자 생물학자인 존 니덤(John Needham; 1713~1781)은 자연발생설에 관한 실험을 하여 그 결과를 발표하였다. 니덤(Needham)은 플라스크에 양고기와 물을 넣고 끓인 다음 외부로부터 생명체의 유입을 차단하기 위하여 코르크 또는 솜마개로 단단히 막아 두었다. 그러나 여러 시간이 지나자 실험 초기에 존재하지 않았던 미생물이 출현하여 플라스크를 뿌옇게 오염시켰다. 그는 이 미생물이 양고기로부터 유래되었다고 결론을 내려 생물의 자연발생설을 주장하였다. 그리고 그는 양고기가 꼭 필요한 것은 아니라면서 씨앗이나 아몬드로 만든 수프에서도 같은 결과를 얻었다고 주장했다. 그의 주장은 라마르크와 더불어 프랑스의 대표적 진화학자이자 박물학자인 조르주 루이 르클레르 뷔퐁(Georges

Louis Leclerc, comte de Buffon: 1707~1788) 등의 강력한 지지를 받았다. 영국 왕립협회와 지식인 사회는 니덤의 실험 결과에 흥분했다. 이 결과로 존 니덤(John Needham)은 1768년에 카톨릭 신부로서 최초로 왕립협회 회원이 되었다. 그러나 스팔란차니(Spallanzani)의 실험 이후 과학자들은 니덤(Needham)의 실험의 경우 플라스크에 열을 충분히 가하지 않았기 때문에 미생물이 완전히 죽지 않아서 생긴 결과라고 판단하였다. 한편, 니덤(Needham)을 비롯한 자연발생설을 주장하는 과학자들은 완전 밀봉한 채로 열을 가하면 생명유지에 필요한 능력이 파괴되며, 특히 공기는 미생물의 자연발생에 필수적이기 때문에 스팔란차니(Spallanzani)의 실험에서 미생물이 발생되지 않았다고 주장했다. 이에 굴하지 않고 스팔란차니는 실험 방법을 개발하여 니덤을 비롯한 자연발생설을 주장하는 과학자들의 반격에 대응하였다. 그리고 각고의 노력 끝에 스팔란차니는 결국 이들의 반격에 승리를 거두었다. 그러나 1775년 프랑스의 화학자 라브아지에(Lavoisier) 등에 의해 산소가 발견되고 산소가 동물의 생존에 필수적인 것으로 인식되면서 산소와 미생물과의 관계를 밝히는 연구는 자연발생설에 관한 논쟁에 다시 불을 지폈다. 즉, 스팔란차니(Spallanzani)의 용접밀폐법이 미생물의 발생과 유기물의 분해를 방지하는 데 매우 효과적인 이유는 용접밀폐법이 『germ(미생물)』을 포함한 공기를 배제시켰기 때문이 아니라 미생물의 성장 및 발효(fermentation) 또는 부패(putrefaction)에 요구되는 산소를 배제시켰기 때문이라는 것이었다. 결과적으로 이 과정에 관여하는 산소의 영향은 19세기 초에 많은 토론의 대상이 되었다. 그러나 자연발생설과 생물속생설과의 오랜 대립은 19세기 중엽 프랑스의 루이 파스퇴르(Louis Pasteur: 1822~1895)와 독일의 로베르트 코흐(Robert Koch: 1843~1910) 그리고 영국의 존 틴달(John Tyndall: 1820~1893) 등의 출현으로 자연발생설의 결정적인 패배로 끝을 맺게 되었다. 즉, 『어떤 종류의 생물이라도 생물에 의하지 않고는 생겨날 수 없다』는 생물속생설(theory of biogenesis)이 확립된 것이다. 즉, 생물속생설(theory of biogenesis)은 생물은 그들의 『seed(씨앗)』나 『germ(미생물)』으로부터 형성된다는 학설이다.

1.3 Louis Pasteur와 발효능의 발견

1860년경 일부 과학자들은 유기물 침출액에서 미생물의 성장과 그기서 일어나는 화학변화 간에 인과관계가 있다는 것을 깨닫기 시작하였다. 즉, 미생물이 화학변화를 일으키는 인자라는 것을 인식하였다. 이들 연구의 위대한 선구자가 바로 프랑스의 화학자이자 미생물학자

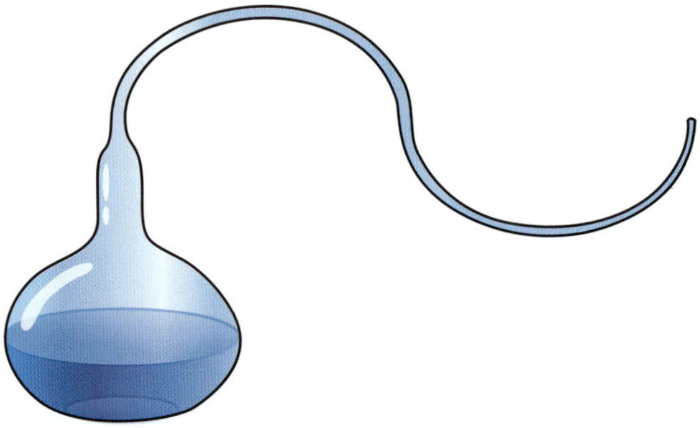

그림 1.3 루이 파스퇴르(Louis Pasteur, 1822~1895)와 1861년 그가 제작한 고니의 목 모양 플라스크(swan-necked flask).

인 루이 파스퇴르(Louis Pasteur: 1822. 12. 27-1895. 9. 28)였다. 파스퇴르는 독일의 로베르트 코흐(Robert Koch)와 페르디난드 콘(Ferdinand Cohn)함께 세균학의 주요 창시자(main founders)로 불리고 있다. 그는 1822년 12월 27일 프랑스의 쥐라(Jura) 지방의 돌(Dole)에서 가난한 무두장이(tanner)의 아들로 태어났다. 1843년 파리 고등사범학교(the École Normale Supérieure, 에꼴 노르말 쉬페리외르)에 입학한 그는 물리와 화학을 공부하여 1846년에 박사학위를 취득하였다. 그의 초기 화학자 시절의 업적으로 주석산(tartaric acid)의 성질을 해명한 것이 있다. 천연물(특히, 포도주)의 침전물로부터 취할 수 있는 주석산의 용액은 통과하는 빛의 편광면을 회전시키지만, 화학 합성에 의해 유래된 주석산은 화학반응이나 분자식은 동일함에도 불구하고 이러한 효과를 갖지 않는다. 파스퇴르는 주석산의 미세한 결정을 조사한 후, 결정(crystal)에는 비대칭인 2종류가 있고 각각은 서로 거울상(enantiomers)이란 사실을 알아냈다. 즉, 한 종류의 용액은 편광면을 시계 방향으로 회전시키는 것에 반해, 다른 쪽은 시계 반대 방향으로 회전시키는 것이었다. 그리고 이 2종류를 절반씩 혼합한 것(racemic mixture: 라세미 화합물)은 서로의 효과를 상쇄시켜 편광을 회전시키지 않는다는 사실, 즉 광학불활성이라는 것을 알아내었다.

1849년 파스퇴르는 상기와 같은 내용의 결정화학(crystallography)에 관한 박사학위 논문에 힘입어 스트라스부르대학(the University of Strasbourg)의 화학교수의 지위를 얻었다. 1849년 5월 29일 27세 때 그는 스트라스부르대학의 학장 딸인 마리 로랑(Marie Laurent)과 결혼하여 5명의 자녀를 두었었다. 그러나 이들 중 2명은 장티푸스로 그리고 1명은 뇌종양으로 사망하였다. 이러한 개인적인 비극은 파스퇴르로 하여금 질병 치료에 관한 연구에 자극을 주었을 것이다.

처음으로 주석산의 광학이성질체를 실증한 것도 그의 큰 업적 중 하나였지만, 이후 파스퇴르는 한층 더 유명한 업적을 쌓기 위하여 미생물학 및 의학의 분야로 나아가고 있었다.

1837년 슈반(Theodor Schwann)을 비롯한 몇몇 과학자들은 독자적으로 알코올 발효과정 동안 나타나는 효모는 현미경으로 관찰할 수 있는 식물의 일종이며, 당이 에탄올과 이산화탄소로 전환되는 것은 효모의 생리학적 기능이라고 제안했다. 이 이론은 발효와 부패는 순전히 화학적인 과정이라고 생각한 당대의 유명한 화학자인 베르셀리우스(J. J. Berzelius), 리비히(J. Liebig) 및 뵐러(F. Wohler) 등에 의해 심한 공격을 받았다. 즉, 발효과정이 명확히 설명되지 않았던 그 당시에 많은 과학자들은 발효를 화학적 현상으로 여기고 있었다. 그러나 "모든 발효과정은 미생물의 생명활동의 결과"라는 것을 과학계에 납득시킨 사람이 바로 화학자인 파스퇴르였다. 실제로 발효가 일어나는 데에 살아있는 미생물이 꼭 필요한 것은 아니라는 사실이 훗날 밝혀졌다. 발효에 대한 파스퇴르의 업적은 큰 어려움 없이 1857년부터 1876년까지 계속되었다.

파스퇴르는 1854년에 신설된 릴(Lille)대학의 화학교수 겸 이과대학의 학장으로 지명되었고, 1856년에는 파리 고등사범학교(the École Normale Supérieure, 에꼴 노르말 쉬페리외르)의 사무국장 겸 이학부장이 되었다. 사탕무우로부터 알코올의 생산이 중요한 산업이었던 릴(Lille) 지방의 양조업자들은 어려움에 봉착하여 파스퇴르에게 도움을 요청하였다. 파스퇴르는 그들의 문제점이 알코올 발효가 부분적으로 당이 젖산(lactic acid)으로 전환된 다른 종류의 발효과정(젖산발효)에 의해 생긴 것임을 알게 되었다. 파스퇴르는 젖산이 형성된 발효통의 내용물을 현미경으로 관찰했을 때 그곳에서 알코올 발효의 특징인 효모세포보다 훨씬 작은 막대 또는 구형의 세포를 발견하였다. 이러한 세포를 소량의 탄산칼슘($CaCO_3$)을 포함한 당 용액에 넣으면 강력한 젖산발효가 진행되어 궁극적으로 회색의 침전물이 형성되는데, 이 침전물을 현미경으로 조사해 보니 작은 구형 또는 막대 모양의 유기물로 구성되어 있다는 것을 알게 되었다. 파스퇴르는 이 활성체(active agent) 또는 새로운 효모(new yeast)는 그것이 성장하는 동안 당을 젖산으로 변환시키는 미생물이라고 주장하였다. 비슷한 방법을 사용하여 파스퇴르는 그 후 20년 동안 상당히 많은 발효과정을 연구하였다. 즉, 그는 당시 포도주의 산패로 인한 프랑스 양조업의 문제점을 연구하던 중 잘 숙성된 포도주의 통에서는 출아 효모세포(budding yeast cells)를 그리고 신 포도주(sour wine)의 통에서는 간상의 세균세포(rod-shaped bacterial cell)를 발견하였다. 즉, 알코올 발효에 관여하는 것은 효모균이고 산패를 야기하는 것은 효모세포보다 훨씬 작은 간상의 미생물(젖산발효균)이다는 것을 발견하였다. 이 포도주의 산패 방지법으로서 그는 발효종료 후 약 60℃로 가열하여 유산균을 죽이면 산패를 방지할 수 있다는 것을 실증하였다. 이 저온살균법

(pasteurization; 63℃~66℃에서 30분간 또는 71℃~72℃에서 15초간 가열하여 포자를 형성하지 않는 미생물을 죽이는 방법)은 오늘날 맥주(beer), 포도주(wine), 우유(milk) 등과 관련된 발효산업과 낙농산업에서 널리 이용되고 있다. 이 저온살균법에 관한 실험은 1862년 4월 20일 파스퇴르와 클로드 베르나르(Claude Bernard)가 최초로 완성하였다. 파스퇴르는 또한 알코올 발효는 호기적인 조건하에서 보다 혐기적인 조건하에서 더욱 효과적으로 진행되지만, 효모 자신의 생장은 오히려 호기적인 조건하에서 더욱 촉진된다는 소위 파스퇴르 효과(Pasteur effect)를 발견했다. 그는 또한 부티르산 발효(butyric fermentation) 연구 중에 유리산소가 존재하지 않을 때에만 자라는 생명체, 즉 혐기성 생명체의 존재를 발견하였다. 그는 산소가 존재하는 조건에서 사는 생명체를 호기성(aerobic), 산소가 존재하지 않는 조건에서 사는 생명체를 혐기성(anaerobic)이라는 용어를 사용하였다.

참고 ▶ 저온살균법(Pasteurization)

저온살균법(pasteurization)은 Louis Pasteur(1882~1895)가 포도주의 산패 방지를 연구하던 중에 개발된 것으로 최근에는 우유를 비롯한 열에 약한 식품으로부터 결핵(tuberculosis), 브루셀리균증(brucellosis), Q fever, 장티푸스(typhoid fever) 등을 유발하는 병원성 미생물을 제거하고 미생물의 수를 감소시켜 식품의 저장기간을 연장하기 위한 수단으로 이용되어지고 있다. 따라서 저온살균법(pasteurization)에 의하여 모든 미생물이 다 죽지는 않기 때문에 pasteurization과 sterilization은 동의어는 아니다. 저온살균법(pasteurization)에는 두 가지 방법이 있다. 즉, 63℃에서 30분간 처리하는 low temperature-hold process(LTH process)와 71.7℃에서 15~20초간 처리하는 high temperature-short time process(HTST process)이 있다. 최근에는 우유의 영양소 손실을 방지하기 위하여 약 138℃에 2~3초간 멸균하는 초고온멸균법(ultra-pasteurization)이 실용화되고 있다.

파스퇴르는 자연발생설 지지자들의 그릇된 주장을 반박하기 위하여 일련의 실험을 수행한 후 자신의 연구 결과를 1861년에 『Memoir on the Organizied Bodies which Exit in the Atmosphere-대기 중에 존재하는 생명체들에 관한 연구보고』로 발표하였다. 여기서 그는 먼저 공기 중에 현미경으로만 관찰할 수 있는 미세한 생명체가 존재한다는 사실을 증명했다. 그는 여과의 기능을 갖는 filter로서 면화약마개(guncotton)로 막은 시험관에 많은 양의 공기를 흡인시킨 후 면화약마개를 알코올과 에테르의 혼합액에 녹여 그 침전물을 현미경으로 관찰했다. 그기서 무기물뿐만 아니라 미생물과 같은 상당수의 작은 원형 또는 난형(egg-shape)의 물체가 발견되었다. 그 다음 그는 미리 가열한 침출액에 멸균된 공기를 공급하면 미생물의 발생은 일어나지 않는다는 것을 입증하였다. 계속된 실험에서 밀폐된 용기의 멸균된 침출액에 "germ"이 묻은 면화약마개를 넣음으로서 미생물의 생육을 관찰할 수 있었다. 이들 실험으로부터 파스퇴르는 "germ"이 어떻게 침출액에 들어올 수 있는가를 알게 되었고, 다음과 같은 세련된 실험을 수행하게 되었다. 먼저 멸균하지 않은 영양액을 플라스크에 주입한 후 공기로부터 "germ"이 들어올 수 없도록 플라스크의 목 부분을 고니의 목과 같이 길게 뽑아 S자형으로 굽힌 다음 이것을 가열 멸균하면, 마개를 하지 않은 열린 플라스크에서도 내부의 공기가 뜨거워져서 외부로 방출되고 끓인 침출액은 무한히 무균상태로 남을 수 있음을 증명한 것이다. 즉, 플라스크가 냉각이 되더라도 플라스크의 목 부분이 고니의 목과 같이 길게 S자형으로 굽혀져 있기 때문에 이것이 trap 역할을 하여 공기 중 미생물이 플라스크 내부로 직접 들어 올 수 없어서 끓인 침출액은 무한히 무균상태로 남을 수 있는 것이다. 그러나 고니의 목 모양 플라스크(swan-necked flask)의 목이 깨어진다던지, 플라스크 내의 멸균 침출액이 구부러진 목 부위의 공기와 접촉한다던지 하면 침출액으로부터 많은 미생물의 성장이 관찰되었다. 또한 파스퇴르는 공기 중의 생명체들은 결코 대기 중에 균등하게 분포되어 있지 않다는 것을 입증함으로써 그의 연구를 성공적으로 마무리지었다.

파스퇴르가 발효에 대한 연구를 성공적으로 수행하자 프랑스 정부는 그에게 견직물 산업(silk industry)에 피해를 입히는 누에의 미립자병(pebrine)과 연화병(flacherie)에 대해 연구해 줄 것을 의뢰했다(1865년). 이 당시 프랑스의 알레스(Alès: 옛날에는 Alais라고 썼다.) 지방에 미립자병(pebrine)과 연화병(flacherie)이라 불리는 질병이 수 많은 누에를 죽이고 있었다. 몇 년 동안의 연구 끝에 그는 누에의 미립자병을 일으키는 병원체를 확인함과 동시에 병든 누에나방이 낳는 알에서 병누에가 생긴다는 것을 확인하였다. 따라서 누에의 미립자병은 누에 사육실로부터 이 병원균을 제거한 후 건강한 나방이 낳은 알로부터 얻어진 누에(caterpillar)를 기름으로서 예방할 수 있었다.

파스퇴르는 미생물학에서 뿐만 아니라 의학분야에서 특별한 업적을 남겼다. 즉, 그의 인생에서 가장 활발했던 시기에 닭 콜레라, 탄저병, 광견병의 백신을 개발하였다. 1879년 닭 콜레라의 독성을 약화시킨 배양균을 닭에게 주사하면 면역이 된다는 것을 발견하고, 백신접종에 의한 전염병 예방법을 일반화하였다. 1881년에는 양(sheep)의 면역실험에 성공하였고, 탄저병 면역에 관한 공개실험을 하여 그 유효성을 실증하였다. 그리고 광견병 백신 제조의 성공으로 1885년 광견(미친 개)에 물린 소년에게 처음으로 백신을 접종하여 생명을 구하였다. 닭 콜레라 백신과 광견병 백신의 발명은 의학계에 엄청난 변혁을 일으켰다.

파스퇴르의 연구와 실험 정신은 사후까지도 남아 있으며, 파스퇴르연구소는 창립 이래 수 많은 연구 결과를 내놓았고 뛰어난 과학자들을 배출하였다. 파스퇴르의 조수였던 샤를 샹베르랑(Charles Chamberland, 1851~1908)은 1884년 자기로 된 세균필터(porcelain

그림 1.4 Louis Pasteur in his laboratory(1885년 A. Edelfeldt가 그린 그림)과 파스퇴르의 박물관 및 영안실(funeral chapel)로 이용되고 있는 건물. 파스퇴르연구소는 파스퇴르의 광견병 예방의 확립을 기념하기 위하여 설립된 과학연구소로서 1888년 11월 14일 세계 각지에서 답지한 기부금으로 파리에 건립되었다. 파스퇴르는 연구소 설립 초기부터 1895년 74살의 나이로 사망할 때까지 소장을 지냈으며 설립 당시의 건물은 현재 파스퇴르 박물관으로 바뀌어 파스퇴르가 작성한 젖산균 및 효모 등의 미생물 형태도와 누에 그림을 비롯하여 그가 사용했던 현미경, 플라스크 등 각종 실험기구들을 소장하고 있다.

bacterial filter)를 제작하였고 이를 이용하여 바이러스와 바이러스성 질병을 발견할 수 있었다. 파스퇴르는 1895년에 미생물학으로 최고의 영예인 레이우엔훅 메달(Leeuwenhoek medal)을 수상했다.

상기에서 소개한 루이 파스퇴르(Louis Pasteur)의 위업을 포함한 대표적인 업적을 간추려 정리하면 다음과 같다.

(1) 주석산(tartaric acid)의 성질에 관한 문제 해결. 즉 주석산이 키랄 분자라는 것을 밝힘(1849년).

(2) 포도주 등을 이용한 미생물에 의한 발효 연구: 1857년 젖산균에 의한 젖산 발효, 1860년 효모에 의한 알코올 발효

(3) 자연발생설 부정에 대한 실험적 증거 제시(1861년)

(4) 저온 살균법 고안(1862년) 및 파스테르 효과의 발견(1865년)

(5) 혐기성 생명체의 발견

(6) 누에의 미립자병을 일으키는 병원체의 분리 및 예방에 공헌(1865년)

(7) 닭 콜레라(1879년), 탄저병(1881년), 광견병(1885년)의 백신 개발

1.4 Robert Koch와 미생물 순수배양법의 개발

파스퇴르와 거의 같은 시대에 연구활동을 하던 로베르트 코흐(Heinrich Hermann Robert Koch: 1843. 12. 11~1910. 5. 27)는 독일의 외과의사이자 유명한 세균학자이다. 그는 1886년 괴팅겐(Göttingen)대학의 의과대학을 졸업하고 부인의 청에 의해 시골의 한 개업의가 되었다. 이 시기에 파스퇴르의 미생물 병원설을 듣고 큰 흥미를 느끼고 있던 그는 부인으로부터 28회 생일선물로 받은 현미경으로 인하여 미생물학자의 길을 걷게 되었다. 그는 이 현미경으로 소나 양과 같은 가축에 유행하고 있던 탄저병의 병원체인 탄저균(*Bacillus anthracis*)의 포자를 처음 발견하였다. 탄저균은 일찌기 1850년에 관찰된 바 있으나, 이들에 관한 상세한 연구는 1863년부터 1868년 사이에 다벤느(Casimir Davaine: 1812. 3. 19~1882. 10. 14)에 의해 이루어졌다. 그는 막대모양의 물체(간균)는 탄저병에 걸린 동물의 혈액에 예외없이 존재하였지만 건강한 동물의 혈액에서는 관찰되지 않았고 탄저병에 걸린 동물의 혈액을 건강한 동물에 접종하면 그 질병이 전파된다는 것을 밝혔다. 탄저병의 병인(etiology)에 관한 또 다른 증거는 탄저병에 걸린 가축으로부터 추출된 물질에 의해 mouse가 감염되어 특징적인 증상을 나타낸다는 사실을 밝힌 코흐(Koch)에 의해 제시되었다(1876년). 그는 감염된 마우스(mouse)로부터 분리된 탄저균을 무균혈청에 접종하여 그 성장 과정을 추적한 결과 간균이 긴 사상체로 변화되고, 이 사상체 안에 난형(ovoid)의 굴절체(refractile bodies)가 나타난다는 사실을 알아내었다. 그는 이 난형의 굴절체가 이전의 연구자들은 관찰하지 못하였던 포자라는 것을 밝혔다. 포자를 포함한 물질이 새로운 무균혈청에 접종되면 포자는 발아하여 다시 전형적인 막대모양의 간균으로 성장하였다. 이

그림 1.5 로베르트 코흐(Robert Koch: 1843. 12. 11~1910. 5. 27).

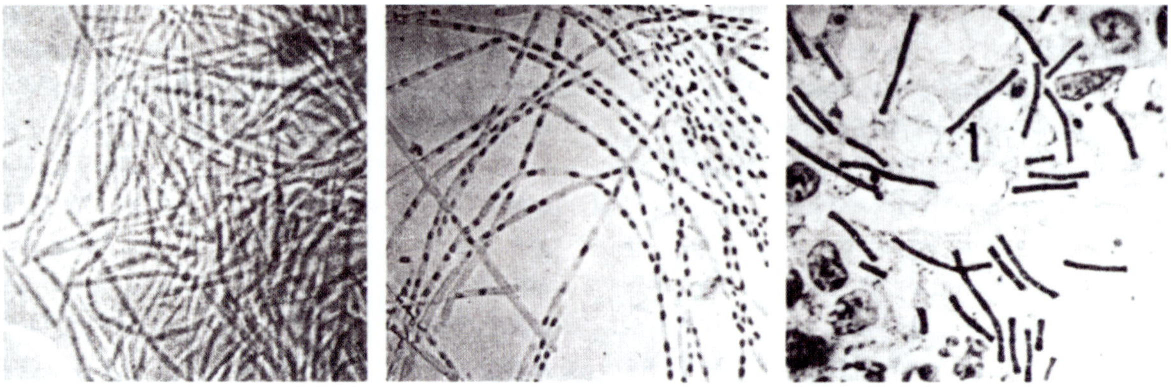

그림 1.6 1877년 로베르트 코흐(Robert Koch)가 촬영한 탄저균(*B. anthracis*)의 광학현미경사진(original photomicrographs).

러한 방법으로 그는 탄저균 배양액을 연속적으로 몇 번 계대한 후 최종 배양액을 건강한 동물에 접종하였을 때 또 다시 특징적인 질병을 일으켰으며 이 동물로부터 처음과 동일한 탄저균 병원체를 분리할 수 있었다. 이 일련의 실험을 통하여 코흐는 특정 미생물과 특정 질병 사이의 인과관계를 수립하는 데 필요한 논리적 조건을 설정하였는데, 이를 코흐의 가설(Koch's postulates)이라 부르고 많은 병원체의 확인실험에 적용하고 있다. 코흐의 가설을 정리하면 다음과 같다.

(1) 특정 질병에 걸린 모든 동물에는 반드시 그 질병의 원인 미생물이 존재해야 하며 건강한 동물에서는 발견되지 않아야 한다.
(2) 병든 동물에서 발견된 미생물은 감염된 숙주동물로부터 분리되고 반드시 순수배양되어져야 한다.
(3) 순수분리·배양한 미생물을 건강한 숙주동물에 접종하였을 때 동일한 질병을 일으켜야 한다.
(4) 해당 미생물은 실험적으로 감염시킨 숙주동물로부터 재분리되어야 하며 분리된 미생물은 원래의 미생물과 동일한 것이여야 한다.

코흐의 가설은 탄저병 연구에 이용되었지만 이 가설을 가장 완벽하게 서술한 곳은 코흐의 가장 위대한 업적인 결핵의 원인균을 기술한 논문(1884년)이었다.

코흐(Koch)가 결핵을 연구하기 시작한 무렵(1881년)에 결핵은 인류의 사망원인 중 1/7이나 되었다. 그 당시에도 결핵이 전염병이라는 설득력 있는 증거는 있었지만, 병든 조직으로부터 원인 생명체는 확인되지 않았다. 지금은 잘 알려진 세균인 결핵균(*Mycobacterium tuberculosis*)은 세포벽에 많은 양의 지질을 함유하고 있기 때문에 염색하기가 매우 어렵다. 그러나 코흐는 결핵균을 염색하기 위하여 알칼리성 메틸렌 블루(alkaline methylene blue)와 비스마르크 브라운(bismarck brown)을 2차 염색약으로 함께 사용하는 특수 염색법을 고안하여 모든 폐결핵 환자의 객담 속에서 그 존재를 증명하였다. 또한 응고혈청을 사용하여 결핵균을 배양하였으며, 실험동물로는 기니피그(Guinea pig)를 사용하였다. 코흐는 1905년 〈결핵 발견과 연구〉로 노벨 생리의학상을 수상하였다.

한편, 코흐는 1883년 인도를 비롯한 유럽에 콜레라가 유행하였을 때 인도에서 콜레라균(*Vibrio cholera*)을 분리하여 증명에 성공하였다. 오늘날 콜레라균 학명은 〈*Vibrio Cholerae* Pacini, 1854〉로 되어 있다. 이것은 코흐(Koch)의 연구보다 30년 앞서 이탈리아의 해부학자 파치니(F. Pacini)가 콜레라로 죽은 사체의 장관(腸管) 안에서 활발하게 운동하는 미생물을 발견하고, 이를 콜레라 병원체로 간주하여 학명을 붙여 발표하였기 때문이다(1854년). 그러나 콜레라균의 실제적인 과학적 연구는 코흐로부터 시작되었다. 1885년 코흐는 베를린대학 교수가 되었고 1890년에는 결핵 특효치료약으로 투베르쿨린(tuberculin)을 발표하였다. 그러나 투베르쿨린은 피부결핵에 극적 효과를 가져왔으나 폐결핵 등 기타에 대해서는 효과가 문제시되어 주로 결핵의 알레르기 진단(투베르쿨린반응) 시약으로 활용되고 있다.

한편, 코흐는 세균성 질환을 연구하면서 병원체로 의심되는 미생물을 분리하는 기술이 꼭 필요하다는 것을 느꼈다. 처음에 그는 잘라서 끓인 감자의 표면에 세균을 배양했다. 그러나 고체배지로 처음 사용하였던 감자절편은 여러 가지 문제점이 노출되었다. 즉, 감자절편은 특정 세균만이 생장하는 제한된 배양 능력뿐만 아니라 자주 곰팡이로 오염되는 등의 문제점이 있었다. 그 다음에 다양한 액상배지에 고형화 제재로 젤라틴을 첨가하여 굳혀 보았다. 고체표면에 자란 세균집락을 도말해 보기도 하고 세균이 포함된 시료를 녹인 젤라틴 배지와 섞어 보기도 하면서 종 모양의 유리그릇을 덮어 오염을 방지하는 평판 고체배지 조제법을 개발하였다. 젤라틴배지는 다양한 세균을 분리하고 연구하는데 유용한 배지임에는 틀림이 없었지만 몇 가지 결점을 지니고 있었다. 즉, 젤라틴을 쉽게 분해하는 세균이 많고, 28°C 이상에서는 녹아버리기 때문에 이상적인 재료는 아니였다. 따라서 보다 효율적인 고형화 제재가 요구되었다. 액상배지를 고형화 하는 제재로 한천(agar; 홍조류에서 추출된 다당류)을 최초로 사용한 사람은 코흐의 조수였던 월터 헤시(Walther Hesse)였다. 월터 헤시의 아내인 파니 헤시(Fannie Eilshemius Hesse)는 남편에게 젤라틴 대신에 과일젤리를 만드는 원료인 한천을 이용해 고체배지를 만들어 보라고 제안했다. 한천의 우수함을 알게된 헤시(Hesse)는 그의 발견을 코흐에게 편지로 알려주었으며, 코흐는 결핵 원인균인 결핵균(*Mycobacterium tuberculosis*)을 분리하는 연구를 비롯한 자신의 연구에 한천을 이용하였다. 한천은 미생물 배양에 필요한 고형화 제재로 많은 장점을 가지고 있었다. 즉, 한천은 젤라틴과는 달리 대부분의 세균이 분해할 수 없는 재료이고, 멸균과정에서 녹은 후에는 45℃까지 액상을 유지하기 때문에 멸균된 용기에 부을 수가 있었으며, 한 번 굳어진 한천은 100℃까지 녹지 않았다. 코흐의 또 다른 조수였던 리하르트 페트리(Richard Petri)는 고체배양을 할 수 있는 용기인 페트리 접시(Petri dish)를 개발했다(1887년). 고체배지의 발견과 고체배지의 조제를 위한 용기의 개발에 의해 미생물의 순수배양이 가능해졌고 이것이 향후 다른 모든 미생물학 분야의 발달을 촉진하였다.

상기에서 소개한 로베르트 코흐(Robert Koch)의 위업을 포함한 대표적인 업적을 간추려 정리하면 다음과 같다.

(1) 탄저균의 포자 발견
(2) 고체배지에서 세균을 최초로 배양하였다. 감자절편(potato slice), 젤라틴(1881년), 한천을 이용한 고체배지를 만들어 병원성 세균의 순수배양법을 확립하였다.
(3) 1882년 폐결핵균(*Mycobacterium tuberculosis*)의 발견: 이 공로로 코흐(Koch)는 1905년 노벨 생리·의학상을 받았다.
(4) 1883년 인도를 비롯한 유럽에 콜레라가 유행하였을 때 콜레라균(*Vibrio cholera*)을 분리·배양에 성공하였다.
(5) 1884년 병원균을 규정하는 코흐의 가설(Koch's postulates)을 설정
(6) 1890년 결핵 특효치료약으로서 투베르쿨린(tuberculin)을 발표: 현재는 주로 결핵진단시약으로 사용된다.

1.5 John Tyndall과 간헐멸균법의 발견

파스퇴르가 간단한 가열법에 의해 물질을 살균하는 데 성공하였지만 몇몇 과학자들은 파스퇴르의 실험에서 이용된 가열법은 물질을 살균하는 방법으로 충분치 않다는 것을 발견했다. 그 대표적인 과학자가 영국의 물리학자 존 틴들(John Tyndall)이었다. 물리학에서 틴달현상으로 유명한 그는 고기나 과일의 침출액은 약 5분간 끓여줌으로써 쉽게 멸균할 수 있지만 건초로부터 만든 침출액은 쉽게 멸균할 수 없다는 사실을 발견하였다. 그는 여기에 무엇인가 원인이 있다고 생각했다. 수차례의 실험 후 틴들(Tyndall)은 마침내 건초에서 다른 미

그림 1.7 존 틴들(John Tyndall: 1820. 8. 2~1820. 8. 24).

생물보다 열에 훨씬 더 내성을 갖는 세균의 포자를 관찰할 수 있었다. 이 포자는 수 시간 동안 침출액을 끓였지만 파괴되지 않았다. 이들 결과로부터 틴들은 세균이 열에 불안정한 때(heat-labile period)와 안정한 때(heat-resistant period)가 있다는 것을 알았고 열에 안정할 때의 세균은 포자를 형성한다는 사실을 발견하였던 것이다. 이후 틴들은 내생포자(endospores)로 알려진 세균의 내열성 포자를 발아시킨 다음 다시 가열하여 완전멸균하는 간헐멸균법(intermittent heating, tyndallization)을 고안하여 자연발생설의 부정에 결정적인 역할을 하였다.

1.6 식품미생물학의 미래

미래를 예측하기는 어렵다. 안전한 식품에 대한 요구는 끊임 없이 증가할 것이라는 것은 명확한 일이다. 의학 미생물학의 혁신은 15년 후 식품미생물에 큰 영향을 줄 것이고 결국 이러한 새로운 발상들은 식품미생물의 방향에 큰 변화를 줄 것이다. 세계의 식품공급의 약 1/3은 부패로 손실을 본다. 당신이 살아 있는 동안에 2배가 될 세계 인구는 이러한 손실의 여유가 있을 수 없다. 모든 사람이 먹는 것이라면 손실의 정도는 감소되어져야만 한다. 배고픔은 인류를 떠나지 않을 것이고 이 결과로서 안정성 또한 감소할 것이다. 적은 에너지를 이용하는 기술인 발효는 보존방법으로서 더 중요하게 될 것이다. 미생물 스스로가 식품의 자원이 될 것이다. 효모는 1970년대에 단세포단백질로서 큰 주목을 받았다. 프로바이오틱스 세균은 섭취를 통해 사람들의 건강을 유지하도록 도움을 줄 것이다. 살충단백질이 해충을 죽이기 위해 식물에 도입된 것과 같이 항균성 물질이 세균을 죽이기 위해 식품에 도입될 가능성도 있다. 반면 세계 인구의 30%는 충분한 식품을 먹는 것에 대해 걱정하고 있고 과잉영양을 걱정하는 세계 인구의 10%는 더 안전한 식품을 요구한다. 무해에 가까운 위험성은 불가능한 것이고 안전성의 비용은 식품이 무해에 접근함으로써 기하급수적으로 증가한다. 얼마나 안전한 것이 충분히 안전한 것인가? 사회는 향상된 안전성에서 사용가능한 안정성으로 언제 자원을 이동시켜야 하는가? 국제적 무역의 요구는 안전성 기준의 일치를 요구한다. 제1세계와 제3세계 나라들 모두 유사한 위생적인 기준이 필요할 것이다. 과학적 혁신은 보통 의학적 기술에서 먼저 나타나고 후에 식품체계에 영향을 준다. 이것은 제약회사의 빠르고 자동화 공정을 식품가공에 적용하고 제약회사의 방법들을 식품공장이 적용하는 것과 분자생물학적 이해력에 대한 강조에서 잘 알 수 있다. 오늘날 생물의학 분야에 관한 중요한 쟁점들이 미래에는 식품미생물학에서도 보게 될 것이다. 이 장은 미생물학의 과학적 한계에 대해 집중적으로 다루었다. 그 한계는 감소하기 시작했다. 식품원인 질병의 절반은 알려져 있지 않다. 식품원인 질병은 바이러스에 의해 발생되는 것인가? 식품원인 질병은 알려지지 않은 미생물에 의한 것인가? 세균을 연구하기 위한 새로운 분자생물학적 기술은 우리가 이 세균들을 이해하고 억제하도록 할 수 있을 것인가? 미생물학 200년은 세균 간의 상호작용이 없는 관계라는 것으로 세균에 관한 연구에 전념했다. 우리는 지금 그들이 화학적 신호와 감지장치를 사용하여 상호작용을 한다는 것을 알고 있다. 미생물계에서-quorumsensing은 미생물 집단이 반응을 할 때를 결정하는 데 도움을 준다. 만약 세균이 서로에게 이야기를 한다면 무엇을 말할까? 만약 우리가 그것을 안다면 우리는 그 신호를 교란하거나 다른 생화학적 잡음으로 그 신호를 없애버리거나 또는 그 수용체를 불활성화함으로써 질병과 부패를 예방할 수 있을까? 발견되지 않고 남아 있는 세균의 약 99%는 무엇인가? 그들의 유전자 풀에는 무엇들이 들어 있을까? 우리는 더 나은 그리고 안전한 식품을 만들기 위해 세균의 생산물과 유전자를 어떻게 이용할 수 있는가? 식품원인 질병에 바이러스 병원체와 프리온의 역할은 무엇인가? 식품미생물의 미래는 가장 흥미로운 분야가 될 것이다. 이것은 인간이 살아감과 함께 야기될 수 있는 것들에 관한 것이다. 이러한 것들에 대비하기 위하여 오늘날 이 분야의 기초적인 이해를 얻는 것과 비판적으로 그리고 창조적으로 생각하는 방법을 배우고 그리고 매우 작지만 현명한 이러한 작은 창조물을 사랑하는 법을 배워야 할 것이다.

2장 식품 관련 세균

과거에 생물학자들은 미생물을 세균(eubacteria와 archaeal bacteria), 균류(fungi), 원생동물(protozoa), 조류(algae), 바이러스(viruses) 5군으로 구분하였다. 그리고 이들은 세포를 원핵세포(prokaryotic cell)와 진핵세포(eukaryotic cell)로 구분하고 균류, 원생동물 그리고 조류를 진핵세포군에, 세균 및 고세균을 원핵세포군에 포함시켰다. 그러나 분자생물학적 기술을 이용한 세포 분석은 생물의 분류를 원핵생물과 진핵생물로 이분하는 것은 잘못된 것이라 밝히고 있다. 즉, 오늘날 많은 생물학자들은 세포의 라이보솜 RNA(ribosomal

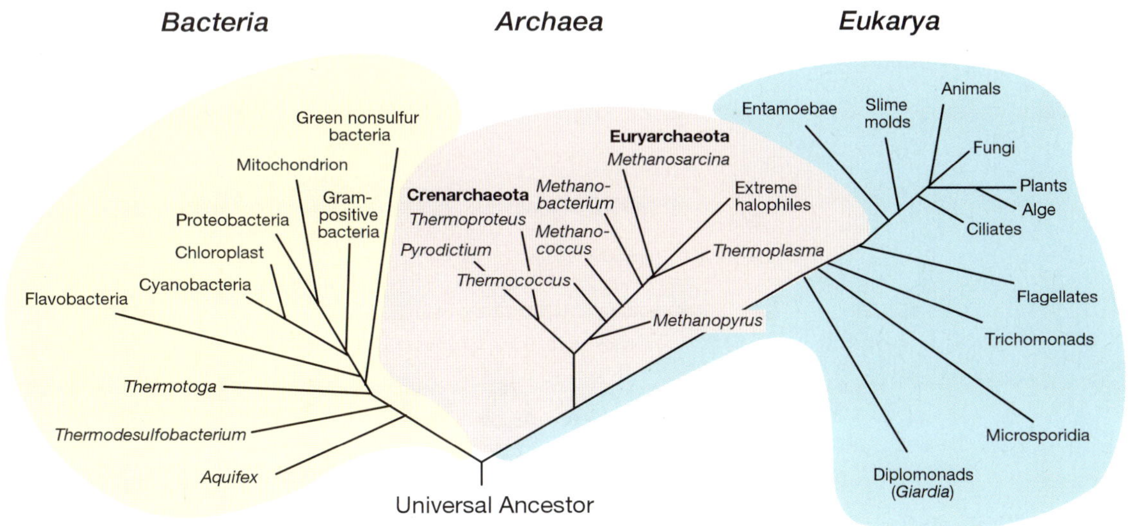

그림 2.1 칼 우즈(Carl Woese) 등에 의한 생물의 계통분류. 칼 우즈(Carl Woese)는 16S ribosomal RNA의 정보에 기초를 두고 생물계를 세균, 고세균 그리고 진핵생물 세 그룹으로 대별하였다. 그의 분류체계에 의하면 세균, 고세균 그리고 진핵생물의 진화는 생명체의 역사 초기에 일어났으며, 세 그룹의 각각은 다른 경로를 통해 진화해 왔다는 것이다.

RNA, rRNA) 정보에 기초를 두고 생물계를 세균, 고세균 그리고 진핵생물의 3군으로 대별하고 있다. 또한 무세포성인 바이러스도 세포로서의 구조적 기능은 가지고 있지 않지만, 숙주세포 내에서 증식하므로 미생물을 언급할 때 반드시 포함시켰다.

본 장에서는 식품 관련 세균 중에 고세균은 아직 큰 비중을 차지하고 있지 않기 때문에 세균에 관한 내용만 언급하기로 한다.

2.1 세균의 형태

세균은 정상적인 생활환경하에서 종 특유의 모양을 갖게 되는데, 그 기본형태는 구균(coccus, 복수는 cocci), 간균(bacillus, 복수는 bacilli) 및 나선균[spiral (helical or coiled) and curved bacteria] 세 가지 형으로 구분된다. 구균은 그 배열양식에 따라 단구균(monococcus), 쌍구균(diplococcus), 사련구균(tetracoccus), 팔련구균(sarcina), 연쇄상구균(streptococcus), 포도상구균(staphylococcus) 등으로 나누어진다. 간균은 세포의 길이와 형태에 따라 막대형(rod form), 사슬형(chain form), 필라멘트형(filament form), 구형(sphere form), 불규칙형(irregular form), 볼록하게 부푼형(bulge form) 등으로 분류된다. 세균의 장축이 짧은 것은 구간균(coccobacillus), 장축이 긴 것은 장간균(filamentous bacillus), chain form

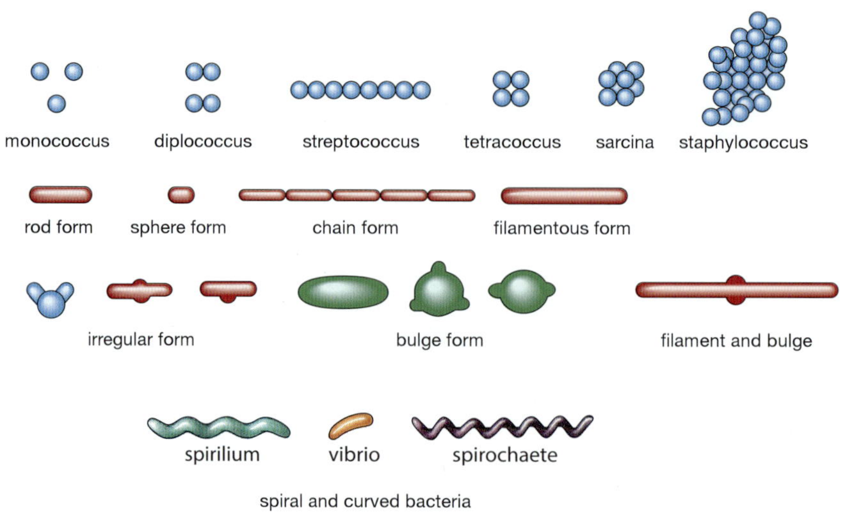

그림 2.2 세균의 여러 가지 형태.

의 간균은 연쇄상 간균(streptobacillus)으로 지칭된다. 짧은 간균이 휘어져서 문장 부호 중의 콤마와 같은 형태의 세균을 비브리오(*Vibrio*)라고 한다. 나선균은 나선 모양의 균을 총칭한다.

2.2 세균의 표층 구조

세균은 표층구조의 차이에 따라 크게 세포벽이 펩티도글리칸(peptidoglycan) 단일층으로 이루어진 그람-양성 세균과 세포벽이 펩티도글리칸 층과 그 바깥쪽을 둘러싸고 있는 외막(outer membrane)으로 이루어진 그람-음성 세균으로 구분한다.

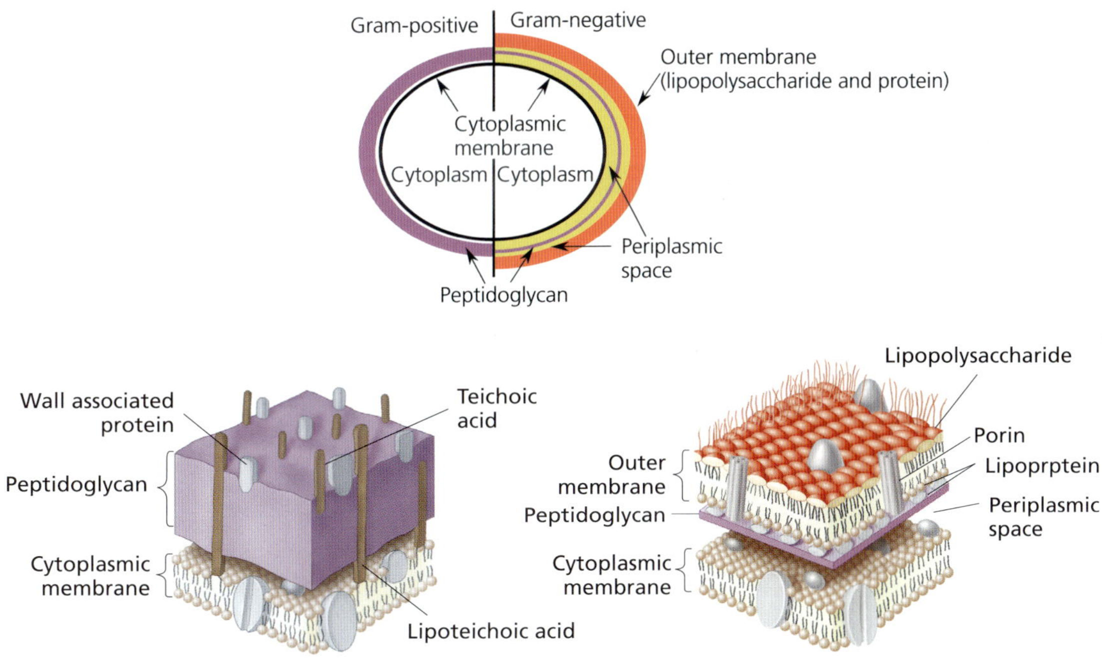

그림 2.3 그람-양성 세균과 그람-음성 세균의 세포 표층구조. 그람-양성 및 그람-음성 세균 세포벽의 개략적인 모습(a). 그람-양성 세균(b)과 그람-음성 세균(c)의 세포 표층구조의 단면 모형도.

2.3 그람 염색법

그람 염색(Gram staining)은 분별염색 중 하나이다. 분별염색은 모든 종류의 세포를 동일한 색상으로 염색시키지 않는 절차를 이용하는 염색법이다. 즉, 특별한 유형의 미생물이나 미생물의 특별한 구조는 다른 색상에 의해 쉽게 구분되어질 수 있는 서로 다른 염색반응을 나타낸다는 사실을 이용한 염색법이다.

그람 염색은 1884년 덴마크의 내과 의사인 한스 크리스티안 그람(Hans Christian Gram)이 동물조직(Gram 음성) 중에 존재하는 세균을 검출하기 위하여 고안한 분별염색(differential stain) 중의 하나이며, 오늘날 후크의 변법(Hucker's modification)이 이용되고 있다. 이 염색법은 먼저 세균을 크리스탈 바이올렛(crystal violet)으로 1차 염색(primary stain)시킨 후 세균세포에 크리스탈 바이올렛(crystal violet)의 친화력을 증가시키기 위하여 매염제(mordant)로서 요드용액(KI-I2)을 사용한다(매염제를 사용하는 목적). 그 다음 탈색제로 알코올을 이용할 때 크리스탈 바이올렛(crystal violet)의 자주색이 탈색되면 그람-음성, 탈색되지 않고 자주색이 남아 있어서 관찰이 잘 되면 그람-양성으로 정의하고 있다. 그람-음성은 알코올을 이용하여 탈색처리를 끝내고 사프라닌(safranin)으로 2중 염색을 시키면 분홍색으로 염색되는 특징이 있다.

그람(Gram) 염색의 절차

1) 세균 세포를 받침유리(glass slide) 위에서 도말, 풍건, 고정(fix over heat)하여 크리스탈 바이올렛(crystal violet) 용액으로 1분 동안 염색한다.

crystal violet staining reagent의 조제

A용액: Crystal violet: 2g
Ethanol(95%): 20ml
B용액: Ammonium oxalate: 0.8g
Distilled water: 80ml
crystal violet 염료를 얻기 위하여 A와 B용액을 잘 섞는다. 24시간 동안 저장하였다가 사용하기 전에 여과지로 여과한다.

2) 남은 염색액을 2초 이내에 빨리 씻어낸 후, 아이오딘(iodine) 염매제(iodine mordant)에 1~3분간 담근다. 그 다음 물로 씻어낸 후 묻어 있는 수분을 흡수지(absorbent paper)로 제거한다.

iodine mordant 조제

Iodine: 1.0g
Potassium iodine: 2.0g
Distilled water: 300ml

3) 95% alcohol(또는 acetone) 용액에서 30초 동안 탈색한다(Decolorization).
Gram-positive cell은 자주색(purple)
Gram-negative cell은 탈색(colorless)

4) counterstaining
1~2분 동안 사프라닌(safranin)으로 역염색한 후 세척한다. 그람-음성 세포들은 탈색된 후 사프라닌(safranin)의 붉은색으로 착색되는 반면, 그람-양성 세포들은 크리스탈 바이올렛(crystal violet)과 요오드에 의해 처음 염색된 진한 보라색 그대로를 유지한다.

> **역염색 염료의 조제**
>
> Safranin O(2.5%[wt/vol] in 95%[vol/vol] ethanol): 10ml
>
> Distilled water: 100ml

그람-양성 세균은 보라색, 그람-음성 세균은 붉은색으로 염색

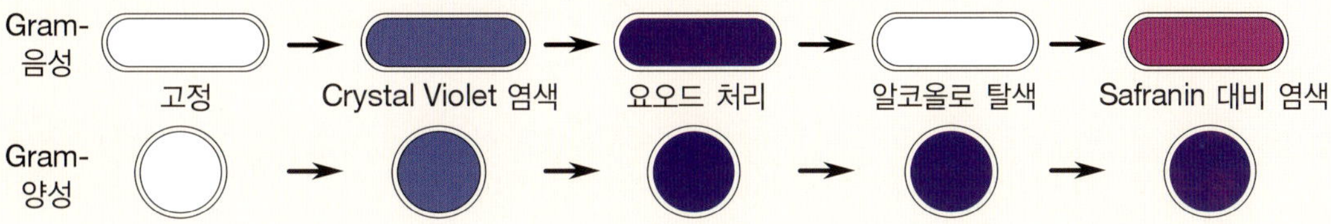

(a)
(b)

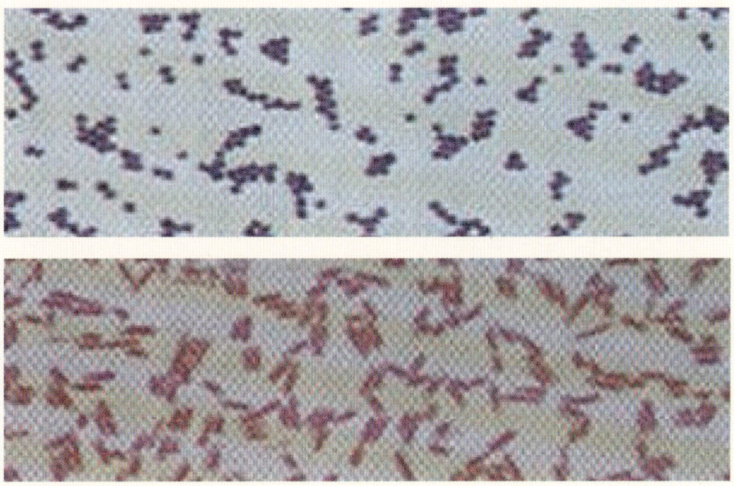

그림 2.4 (A) 그람-양성 세균(Gram-positive bacterium) *Staphylococcus aureus* (B) 그람-음성 세균(Gram-negative bacterium) *Escherichia coli*.

2.4 세균의 세포벽

세균의 세포는 세포질 내에 녹아 있는 용질의 농도에 의해 발생되는 일정한 팽압(turgor pressure)을 갖는다. 세포벽(cell wall)은 이러한 팽압과 외부 환경, 즉 삼투압(osmotic pressure)으로부터 세포를 보호하며 세포의 형태(shape)와 견고성(rigidity)을 부여하는 역할을 한다. 1884년 Christian Gram이 그람 염색법을 개발한 이래 세균류를 그람-양성 세균과 그람-음성 세균 두 가지 주요 분류군으로 나누는 것이 일반화되었다. 그람-양성 세균과 그람-음성 세균간 의 차이점은 원래 그람 염색에 기본을 두고 있으며 그람 염색에서의 차이는 세포벽 구조의 차이에 기인한다. (그람-음성 세균의 세포벽은 다층 구조이며 아주 복잡하지만 그람-양성 세균의 세포벽은 단일층으로 되어 있고 더 두껍다.) 그람-양성 세균과 그람-음성 세균에서 세포벽의 단단한 층(rigid layer)은 화학성분이 매우 유사한데, 이를 펩티도글리칸(peptidoglycan)이라 부른다. 그람-양성 세균의 세포벽은 세포질막 바깥쪽으로 20~80nm 두께의 펩티도글리칸(peptidoglycan) 단일층으로 이루어져 있다. 반면에 그람-음성 세균의 세포벽은 2~7nm 정도 두께의 펩티도글리칸 층과 그 바깥쪽을 둘러싸고 있는 7~8nm 정도 두께의 외막(outer membrane)으로 이루어져 있다. 그람-음성 세균에는 세포질막과 세포벽 사이에 주변세포질 공간(periplasmic space)이라 불리는 공간이 존재한다. 주변세포질 공간(Periplasmic space)은 펩티도글리칸의 망상구조가 느슨하게 채워져 있고 여러 가지 기능을 가진 단백질들이 풍부하게 존재하기 때문에 젤(gel) 상태에 가까울 것이라고 한다. 주변세포질 공간을 채우고 있는 물질을 주변세포질(periplasm)이라고 한다.

2.4.1 펩티도글리칸

펩티도글리칸(Peptidoglycan)은 아세틸화된 두 가지 아미노당, 즉 *N*-acetylglucosamine, *N*-acetylmuramic acid와 4종류의 L-alanine, D-glutamic acid, diaminopimelic acid(or L-lysine), D-alanine과 같은 아미노산으로 구성되어 있다.

N-acetylglucosamine과 *N*-acetylmuramic acid 상호 간에는 β(1→4) glycosidic bond로 연결되어 있는데, 효소 라이소자임(lysozyme)이 이 부위를 공격하여 펩티도글리칸을 분해한다. *N*-acetylmuramic acid의 lactic acid 부위에는 위에서 언급한 4개의 아미노산으로 이루어진 short peptide chain(tetrapeptides)이 연결되어 있다. 펩티도글리칸(Peptidoglycan)은 세균에만 존재하며 *N*-acetylmuramic acid와 diaminopimelic acid(DAP)는 고세균이나

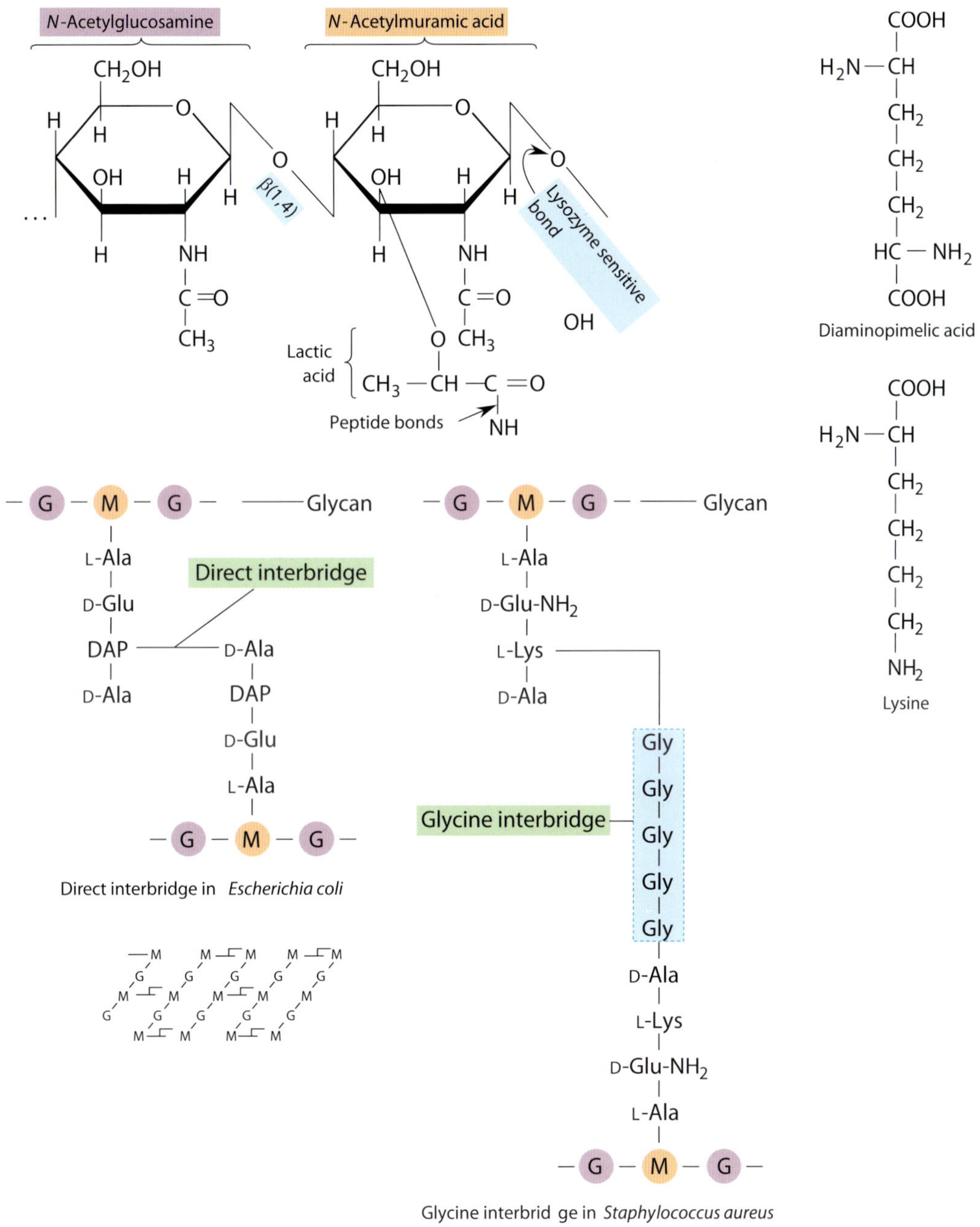

그림 2.5 세균의 세포벽에 있어서 peptidoglycan의 구조. G: *N*-Acetylglucosamine, M: *N*-Acetylmuramic acid

진핵생물에는 존재하지 않는다. 펩티도글리칸에 아미노산 DAP를 함유하고 있는 생물은 모든 그람-음성 세균과 몇몇 그람-양성 세균이다. 그람-양성 구균의 펩티도글리칸은 DAP 대신에 라이신(lysine)을 함유하고 있으며, 몇몇 다른 그람-양성 세균은 DAP나 라이신(lysine)과는 다른 아미노산을 가지고 있다. 그람-양성 세균의 세포벽은 약 90% 정도가 펩티도글리칸으로 이루어져 있으며 소량의 테이코산(teichoic acid)도 세포벽에 존재한다. 대부분의 그람-양성 세균에서 펩티도글리칸은 약 20층으로 존재한다. 반면에 그람-음성 세균에서 세포벽은 약 10%만이 펩티도글리칸으로 이루어져 있으며, 대장균과 몇몇 그람-음성 세균의 펩티도글리칸은 단 한 층으로 존재한다.

2.4.2 테이코산(Teichoic acids)

그람-양성 세균의 세포벽은 teichoic acid(from the Greek word teichos, meaning "wall")이라 불리는 세포벽에 결합된 산성다당(acidic anionic polysaccharide)을 다량 함유하고 있다. 테이코산(Teichoic acid)은 글리세롤(glycerol)이 포스포다이에스터(phosphodiester)

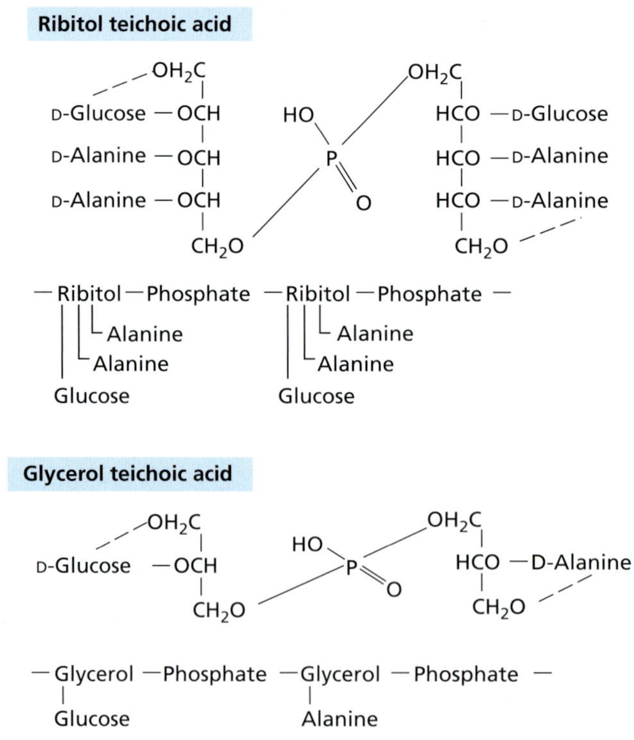

그림 2.6 Glycerol teichoic acid와 ribitol teichoic acid의 구조.

로 연결된 글리세롤 테이코산(glycerol teichoic aicd)와 리비톨(ribitol)이 포스포다이에스터(phosphodiester)로 연결된 리비톨 테이코산(ribitol teichoic aicd) 두 종류로 분류된다. 테이코산(Teichoic acid)의 구성성분은 글루코오스(glucose)와 같은 탄수화물, D-알라닌(alanine)과 같은 아미노산, 인산(phosphate), 알코올류(glycerol or ribitol)로 이루어져 있다. 극히 일부의 글리세롤 테이코산(glycerol teichoic acid)은 세포막 지질에 결합되어져 있어 리포테이코산(lipoteichoic acid)이라 불려지기도 한다. 테이코산(Teichoic acid)은 펩티도글리칸에 결합되어져 있으며 음전하를 띄기 때문에 세포표면을 음전하로 하전되게 한다. 테이코산(Teichoic acid)의 기능은 아직 잘 알려져 있지 않지만, 세포 표면에 음전하를 부여하기 때문에 Ca^{2+}나 Mg^{2+}와 같은 2가 양이온이나 H^{+}과 같은 1가 양이온을 결합하는 역할을 한다. 테이코산(Teichoic acid)은 H^{+}을 결합할 수 있기 때문에 세포벽은 비교적 산성(low pH)으로 유지된다. 이 낮은 pH는 자가분해효소(autolysin)에 의한 세포벽의 분해를 저지하는 역할을 한다. 테이코산(Teichoic acid)은 또한 몇몇 바이러스(virus)의 수용체(receptor site)로 작용하기도 한다.

테이쿠론산(Teichuronic acids): 인산의 농도가 낮을 때 그람-양성 세균은 인산이 풍부한(phosphate-rich) 테이코산(teichoic acid)이 테이쿠론산(teichuronic acid)으로 대치된다. 이 테이쿠론산(teichuronic acid)은 유론산(uronic acid)과 단당이 교차된 중합체(polymer)이며 어느 한쪽에 *N*-아세틸(acetyl)기가 연결되어 있다.

2.5 그람-음성 세균의 외막

그람-음성 세균 세포의 최외층인 외막(outer membrane)은 인지질(phospholipid)과 단백질 이외에 특유의 성분으로서 lipopolysaccharide(LPS)를 다량 함유하고 있다. 이 리포다당류(lipopolysaccharide) 때문에 외막층을 lipopolysaccharide(LPS)층이라 부르기도 한다. 외막층의 외부에 위치하며 지질과 결합된 상태로 존재하는 리포다당류(lipopolysaccharide)는 지질 A(lipid A), 중심 다당류(core polysaccharide), *O*-다당류(polysaccharide) 3부분으로 구성되어 있다. *O*-다당류(polysaccharide)는 *O*-specific polysaccharide 또는 *O*-antigen이라 부르기도 한다. 중심 다당류(Core polysaccharide)는 대부분의 그람-음성 세균에서 꽤 일정하게 존재하며, 살모넬라(*Salmonella*) 종의 경우 ketodeoxyoctonate (KDO), sevencarbon sugar(heptose), glucose, galactose, *N*-acetylglucosamine으로 이루어져 있다. 한편, 중심 다당류(core polysaccharide)에 연결되어 있는 *O*-specific polysaccharide(*O*-특이쇄)의 구조는 아주 다양하며 동일한 균종 내에서도 공통성을 보이지 않는다. 이 *O*-특이쇄는 대개 1개 이상의 특이한 abequose, colitose, paratose, tyvelose와 같은 dideoxy sugar와 galactose, glucose, rhammose, mannose를 함유하고 있다. Lipopolysaccharide의 중요한 생물학적 특성은 동물에 독성을 나타내는 것인데, 이 독성은 lipid A라 불리는 lipopolysaccharide의 지질부분과 관련된다. 외막의 바깥쪽에 anchor로 존재하는 lipid A는 β-hydroxymyristic acid, caproic acid 그리고 lauric acid와 같은 불포화 지방산에 *N*-acetylglucosamine phosphate로 구성된 이당류가 amine ester 결합에 의해 연결된 물질이다. 이 리포다당류(lipopolysaccharide)는 내독소(endotoxin)라는 용어로 불려지는데, 그람-음성 세균이 사람을 비롯한 포유동물 세포 내로 침입하여 용균되면 lipopolysaccharide 분자가 방출되어 발열과 쇼크를 일으킨다. 병원성 세균이 생산하는 독소는 그람-음성 세균의 lipopolysaccharide 독소(endotoxin)와 단백질 독소(exotoxin)로 대별된다. 과거에 세균 독소를 세균세포 내의 일부로서 열에 안정한 독소를 내독소, 세포 밖으로 분비되는 열에 불안정한 독소를 외독소로 분류하였다. 최근에는 세포의 용해(lysis)에 의하여 방출되어지는 단백질 독소도 외독소로 포함시켜 그람-음성 세균의 lipopolysaccharide 독소(LPS toxin)를 내독소, 단백질성 독소를 외독소로 분류하고 있다. 대부분의 세균 외독소는 표적 세포(target cell)에 부착하는 수용체 성분(receptor protein component)과 세포 안으로 들어가서 정상적인 세포 활성을 파괴하는 독소 성분으로 이루어져 있다.

외막에는 여러 가지 기능을 가진 막단백질들이 있다. 이들 중 브라운 지질단백질(Braun's lipoprotein)은 분자량이 작은 지질단백질인데, peptidoglycan에 공유결합한 채로 소수성 부위는 외막에 삽입되어 외막과 peptidoglycan을 서로 고정시키는 역할을 한다. 그람-음성 세균의 외막 층에는 또한 porin이라 불리는 단백질이 존재하는데, 이 단백질은 막 채널(membrane channel)로 작용하여 당, 아미노산, 이온 등의 친수성 저분자 물질(약 1500 dalton 이하)의 출입을 자유로이 한다. 현재 그람-음성 세균에는 50여종의 포린(porin)이 알려져 있으며, 대장균의 외막에는 6종의 포린(porin) 단백질이 발견되어 있다. 포린(Porin) 단백질은 그람-음성 세균의 외막뿐만 아니라 그람-양성 세균인 Mycolata 군의 마이콜산 층(mycolic acid layer)과 진핵생물의 마이토콘드리아와 엽록체의 외막에도 존재한다.

2.6 협막과 점질층-The glycocalyx 그리고 S-Layers

많은 세균들은 자신들의 표층에 점질성 물질(slimy or gummy materials)을 분비한다. 이들은 대부분 다당류로 이루어져 있고 일부는 펩타이드로 된 것도 있다. 이와 같은 구조물을 협막(capsules) 그리고 점질층(smime layers)이라 부른다. 협막(capsules)은 비교적 잘 조직화되어 있고 세포로부터 쉽게 유리되지 않지만, 조성에 있어서 협막과 유사한 점질층(slime layers)은 협막만큼 세포에 단단히 결합되어 있지 않다.

협막의 화학적 조성은 세균의 종 간에 다양하지만 대게 세포벽의 외부에 부착되어 있는 다당류(polysaccharides)로 이루어져 있다. 이러한 다당류로 이루어진 협막은 폐렴(pneumonia)을 일으키는 균주인 *Streptococcus pneumoniae*, *Haemophilus influenzae*, 그리고 *Klebsiella pneumoniae*에서 발견된다. 그러나, 몇몇 *Bacillus* 종의 협막은 D form의 glutamic acid 중합체와 같은 펩타이드로 된 것도 있다. 협막은 그 기능으로서 ① 병원균의 병원성(pathogenicity)과 관련된다. ② 세균세포끼리의 부착에 관여한다. ③ 세균과 기질과의 부착에 중요한 역할을 한다. ④ 아메바 세포와 같은 식세포의 식작용(phagocytosis)으로부터 세균세포를 보호하는 역할을 한다. ⑤ 다당류의 외층에 많은 양의 물과 결합하고 있기 때문에 dehydration(탈수, 건조)와 영양분의 손실(loss of nutrient)로부터 세포를 보호한다.

협막 및 점질층과 같은 세포벽 외부를 둘러싸고 있는 다당층(polysaccharide layer)을 언급할 때 글라이코캘릭스(glycocalyx)라는 보다 포괄적인 용어를 사용한다. 글라이코캘릭스

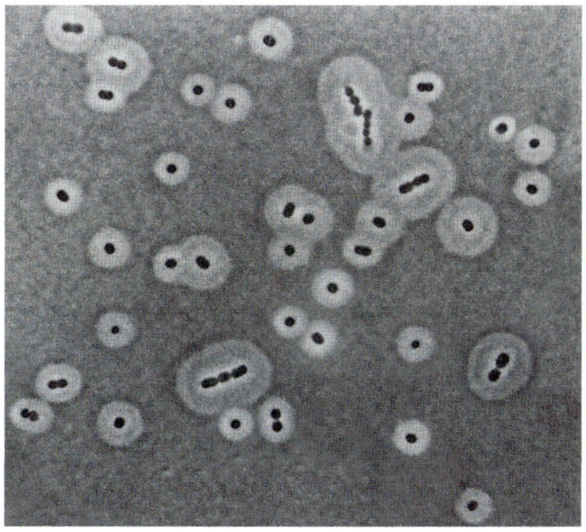

그림 2.7 세균의 협막(capsule). 인디아 잉크로 음성 염색하여 위상차 현미경에 의해 관찰된 캡슐의 모양.

(Glycocalyx)는 음성염색(negative stain)에 의해 관찰할 수 있다. 미생물학에서 종종 사용하는 용어인 세포외피(cell envelope)는 세포막(cytoplasmic membrane)에서부터 그 바깥쪽에 있는 구조들을 일컫는 말로서 세포벽(cell wall)과 협막(capsule) 등의 구조가 포함된다.

세균 및 고세균에 있어서 세포를 둘러싸고 있는 결정성 단백질층(crystalline protein layer)을 Paracrystalline Surface Layers(S-Layers)이라 부른다. S-layer는 바닥에 까는 타일과 같은 문양을 나타내며, 구성하고 있는 단백질이나 당단백질의 소단위체(subunit)의 수나 구조에 따라 육각대칭(hexagonal symmetry), 사각대칭(tetragonal symmetry), 삼각대칭(trimeric symmetry)과 같은 여러 가지 대칭을 나타낸다. S-layer는 그람-양성 세균의 세포벽 바깥쪽 그리고 그람-음성 세균의 외막 바깥쪽에 위치하고 있다. S-layer는 또한 거의 모든 고세균에서 발견되며, 몇몇 고세균에서는 세포질막을 둘러싸고 있는 유일한 층, 즉 세포벽으로 발견되기도 한다. 이러한 S-layer의 기능은 아직 잘 알려져 있지 않지만, S-layer가 세포 외부와 직접 접해있는 것으로 보아 세포벽과 유사한 기능을 수행할 것으로 생각된다. 즉, 선택적 투과 장벽으로서의 역할과 세포의 모양과 외피의 견고성의 유지에 도움을 줄 것으로 추정된다. 또한, 병원성 세균에 있어서 S-layer는 숙주세포의 방어기구로부터 세균 자신을 보호하는 역할을 하기도 한다.

2.7 편모와 선모

세포표층에 있는 사상의 편모와 선모는 세포막으로부터 파생되어 세포벽을 통하여 외부로 신장하며 편모는 플라젤린(flagellin) 그리고 선모는 필린(pillin)이라는 특유의 단백질로 이루어져 있다. 이들은 세균의 생명과는 아무런 관계가 없으며, 세포로부터 제거되어져도 빠른 속도로 재생된다. 이들 구조체의 외측부분은 기계적인 진탕에 의해 세포로부터 단리, 정제될 수 있다.

2.7.1 편모(Flagellum, 복수는 Flagella)

세균의 형태학적 특징으로서 운동기관인 편모(flagella)를 가지는 세균(motile)과 편모를 가지지 않는 세균(non-motile)으로 나눌 수 있다. 편모의 유형은 종종 세균의 분류에서 특징

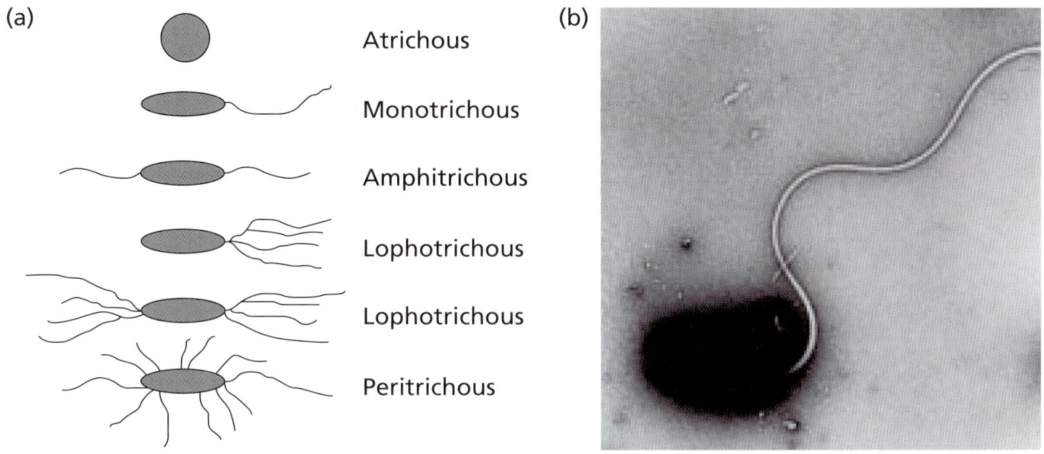

그림 2.8 (a) 세균에 있어서 편모의 종류와 (b) *Vibrio*속 세균의 편모를 나타내는 전자현미경 사진.

으로 이용되어진다. 극성 편모계에서 편모는 세포의 한쪽이나 양쪽 끝에 부착되어 있으며 때때로 편모의 다발[a tuft (group) of flagella]이 세포의 한쪽 또는 양쪽 끝에 부착되어 있는데, 이러한 배열을 “lophotrichous”(lopho-means “tuft; trichous means “hair”)라 부른다. 주모성 편모에서 편모는 세포 주위의 여러 곳에 분포되어져 있으며 “peri”라는 뜻은 “around”를 의미한다.

1. 무모균(Atrichous bacteria; atrichate): 편모가 없는 균. 예) 모든 구균, *Shigella.*
2. 단모균(Monotrichous bacteria; monotrichate): 세포 한쪽 끝에 한 개의 편모가 부착되어 있는 균. (예) *Vibrio cholerae, Vibrio natriegense.*
3. 속모균(Lophotrichous bacteria; lophotrichate): 세포의 한쪽 또는 양쪽 끝에 다수의 편모가 타래를 이루는 균. (예) *Pseudomonas alcaligenes*(녹농균).
4. 양모균(Amphitrichous bacteria; amphitrichate): 세포의 양쪽 끝에 각각 한 개씩 편모가 부착되어 있는 균. (예) *Spirilla.*
5. 주모균(Peritrichous bacteria; peritrichate): 세포 주위에 많은 편모가 분포되어 있는 균. (예) *Salmonella typhimurium, Bacillus subtilis, Escherichia coli.*

2.7.2 선모(pilus, 복수는 pili; fimbria, 복수는 fimbriae)

선모는 그람-음성 세균에서 흔히 볼 수 있는 것으로 편모와 구조적으로 유사하지만 운동성

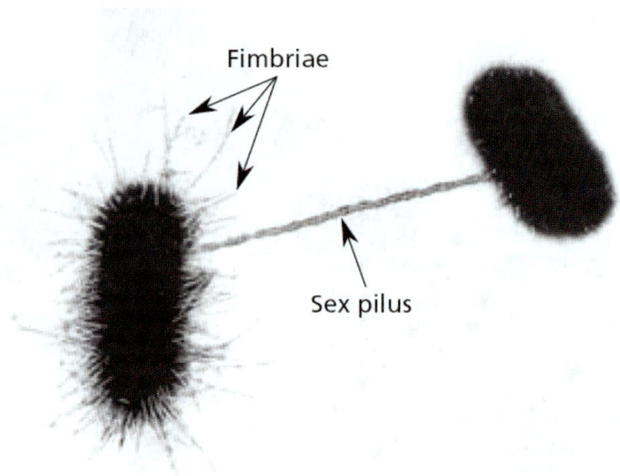

그림 2.9 대장균의 2가지 유형의 선모를 나타내는 전자현미경 사진.

(motility)과 관련되지는 않는다. 일반적으로 선모는 편모보다 가늘고 짧으며 직선상의 형태를 취하고 있다. 그 길이는 약 1~40nm, 직경은 6~10nm이며 중심부에 2~5 nm의 구멍이 있다. 선모의 구성성분은 분자량 약 16,000 정도의 필린(pillin)이라는 단백질 입자로 구성되어 있다. 선모를 나타내는 용어인 필리(pili, 단수 pilus)와 핌브리아이(fimbriae, 단수 fimbria)는 종종 구분없이 사용되고 있지만 필리(pili)는 핌브리아이(fimbriae)에 보다 더 길고 오직 하나 또는 몇 개만이 표면에 존재하며 세균의 접합에 관여하는 성선모(sex pili, fertility pili, or conjugation pili)를 언급할 때 자주 이용되어진다. 이전에 F pili(fertility pili)는 대장균의 성접합시 F^+균에서 F^-균으로 이행하는 DNA의 통로로 생각해 왔다. 그러나 현재 F pili(fertility pili)는 접합의 초기과정에서 F^+균과 F^-균의 세포접착 때문에 필요한 세포장치일 뿐이고 DNA의 이행에는 직접적으로 관여하지 않는다는 설이 유력시되고 있다. 또한 F 선모는 파지(phage)인 MS2(RNA phage)나 M13, fd(섬유상 DNA phage) 등의 수용체(receptor) 역할을 하는 것으로 알려져 있다.

Fimbriae(attachemnt pili, common pili, or somatic pili)는 성적과정에 직접 관여하지 않는 비성선모를 지칭한다. 대부분의 그람-음성 세균은 여러 종류의 핌브리아이(fimbriae)를 생산하는데, 이 핌브리아이(fimbriae)는 균체를 진핵세포의 표면에 부착하거나 균체끼리 부착하여 액체배지 표면에 피막을 형성할 때 중요한 역할을 한다. 핌브리아이(Fimbriae)는 또한 병원균의 감염 초기과정에서 숙주의 표면세포에 흡착인자로 주목받아 연구가 진행되고 있다. 특히 대장균의 1형, K88, K99, Pap 선모나 임균(*Neisseria gonorrhoeae*)의 섬모

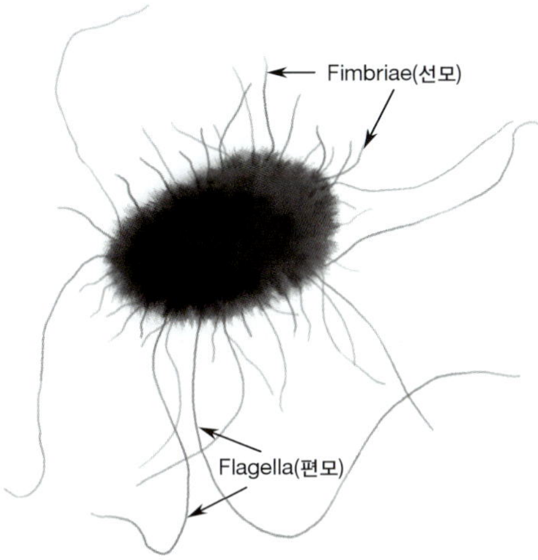

그림 2.10 편모(flagella)와 선모(fimbriae)를 나타내는 대장균의 전자현미경 모식도.

가 상세히 연구되어 있다.

2.8 세균의 내생포자(Endospore)

세균은 영양분이 충분하고 분열을 위한 최적 환경에서 일정한 속도로 증식한다. 이러한 분열과정의 세포를 영양세포(vegetative cell)라고 한다. 몇몇 종의 세균은 증식과정에서 영양분의 결핍이나 생활환경에 유해 대사산물이 일정 농도 이상 축적되면 생명의 유지를 위하

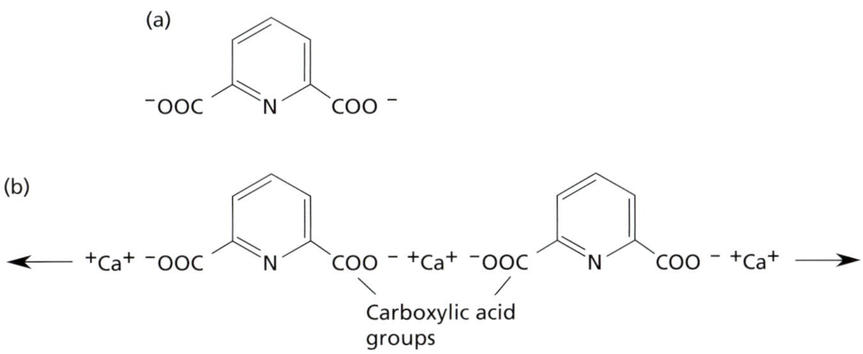

그림 2.11 (A) Dipicolinic acid의 구조 (B) calcium dipicolinate complex의 구조.

여 내구체인 포자를 형성한다. 이들 포자는 공기가 거의 없는 곳에서 생존할 수 있고, 영양세포는 절대 생존할 수 없는 pH, 고온, 건조 하에서도 잘 견딘다. 또한 유기용매나 방사선 등에도 강한 저항성을 가진다. 이러한 세균의 내생포자는 영양세포와는 아주 다른 다음과 같은 몇가지 특징들을 가지고 있다. ① 세균의 내생포자는 영양세포에 비해 수분의 함량이 현저히 낮고 ② 영양세포에서는 볼 수 없는 dipicolinic acid 및 다량의 칼슘을 함유하여 염을 형성하고 있다. 내생포자의 중심부(core)에 위치해 있는 calcium dipicolinate는 주로 내생포자의 내열성에 중요한 역할을 하며 건조량의 약 10~15%를 차지하고 있다. ③ 최근 small acid-soluble spore proteins(SASP)이라 불리는 단백질이 내생포자에서 발견되어졌다. 이 단백질은 포자형성시에 만들어지며, 최소한 두 가지 기능을 가지고 있다. 첫째, SASP는 포자 중심부에 있는 DNA와 강하게 결합하여 자외선, 건조한 환경, 화학물질, 열 등으로부터 DNA가 손상되는 것을 막아준다. 둘째, SASP는 내생포자가 새로운 영양세포로 발아될 때 탄소원 및 에너지원으로 이용되기도 한다. 이들 내생포자는 굴절성이 뛰어나 광학현미경으로도 쉽게 관찰할 수 있다. 대부분의 염료는 내생포자를 투과할 수 없기 때문에 메틸렌 블루 등으로 처리된 세균의 내생포자는 무색으로 나타난다. 세포 내에서 내생포자는 중앙(central)과 한쪽 끝(terminal) 또는 중앙과 끝사이(subterminal)에 위치하고 있으며 구형(spherical), 난형(oval), 타원형(ellipsoid)의 모양을 하고 있다. 내생포자는 거의 대사활동도 없고 휴면상태(cryptobiosis)를 가지나 조건이 알맞게 되면 발아(germination)하여 영양세포로 증식을 하게된다.

내열성 및 내건조성의 다층구조의 내생포자를 형성하는 세균으로는 20여 속이 알려져 있지만 *Bacillus*속(간균), *Clostridium*속(간균), *Sporosarcina*속(구균) 그리고 *Heliobacterium* 속 (간균)이 가장 잘 연구되어 있다. 지금까지 연구된 내생포자를 형성하는 세균은 모두 그람-양성이며, 구균인 *Sporosarcina*를 제외한 대부분은 간균이다. 그람-양성 절대 호기성 또는 통성 혐기성 *Bacillus*속과 그람-양성 절대 혐기성 *Clostridium*속의 내생포자는 가장 연구가 많이 이루어진 대표적인 내생포자다. 내생포자를 형성하는 고세균(Archaea)은 아직 발견되지 않았다.

성숙포자는 기본적으로 spore coat(spore membrane), cortex, core(protoplast)로 구성되어 있다.

중심부(Core): 포자 원형질(spore protoplast)이라 부르기도 하는 중심부(core)는 염색체, liposome, 각종 효소 등의 주요 성분을 함유하고 있다. 중심부는 포자 발아 후 영양세포로 되는 부분이지만, 성숙한 내생포자의 중심부는 영양세포와는 크게 다르다. 상기에서 설명한

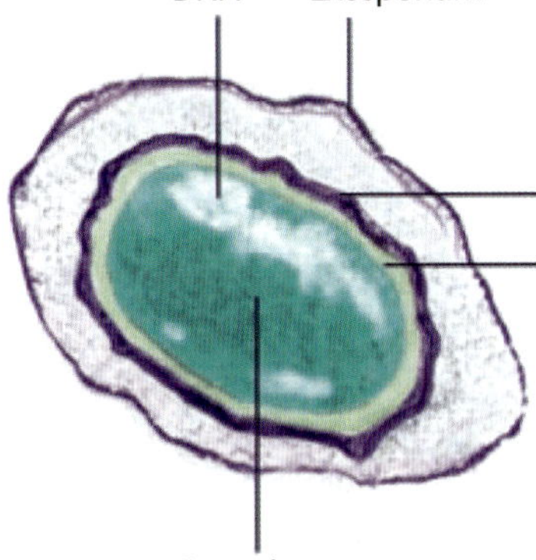

그림 2.12 *Bacillus*속 세균의 내생포자의 구조.

| 표 2.1 | 영양세포와 내생포자의 차이점

특징	영양세포	내생포자
칼슘 함량	낮음	높음
Dipicolinic acid	없음	있음
내열성	낮음	높음
수분함량	높음	낮음
Small acid-soluble proteins	없음	있음
방사선에 대한 내성	낮음	높음
화학제 및 산에 대한 내성	낮음	높음
세포질의 pH	약 pH7	약 pH 5.5~6.0
mRNA	있음	없음
효소활성	높음	낮음
현미경 관찰시 모습	굴절성 없음(Nonrefractile)	굴절성임(Refractile)

calcium dipicolinate 함량의 차이뿐만 아니라 성숙한 내생포자의 중심부는 영양세포 수분 함량의 10~25% 정도만 함유하고 있다. 중심부가 크게 탈수되면 내생포자의 내열성이 증가되고 hydrogen peroxide(H_2O_2)와 같은 화학제에 대한 내성을 갖게된다. 중심부 세포질(Core cytoplasm)의 pH는 영양세포의 pH보다 약 1정도 낮으며, small acid-soluble spore proteins(SASP)이라 불리는 중심부 특이적인 단백질(core-specific protein)을 다량 함유하고 있다.

포자 세포벽(Spore cell wall): 중심부(Core)와 피층(cortex) 사이에 존재하며 전자현미경으로 뚜렷하게 보이지 않는 경우가 많다. 이것은 포자 발아 후 각 영양세포의 세포벽으로 된다. 포자 세포벽은 펩티도글리칸(peptidoglycan)만으로 되어 있고 테이코산(teichoic acid)은 거의 함유하고 있지 않다.

피층(Cortex): 피층의 주성분은 세포벽과 마찬가지로 펩티도글리칸이다.

포자 외피(Spore coat): 균종에 따라 spore coat의 두께에 차이가 있는데, *Bacillus cereus* 등은 포자 외피가 얇은데 비해 *Bacillus subtilis* 등은 포자 외피가 두껍고 외층과 몇 층의 lamella 구조를 가진 내층으로 구별된다.

포자 외막(Exosporium): Spore coat 외측에 얇은 주머니 모양의 구조로 내외 2층으로 되어 있다. 주성분은 단백질이고 이외에 당류, 지질, 인산, 회분 등이 함유되어 있다.

2.9 세균의 세포질막

원핵세포와 진핵세포의 세포질(cytoplasm, cytoplasmic matrix)은 모두 세포질막(cytoplasmic membrane, plasma membrane)으로 둘러싸여 있다. 약 8 nm의 두께를 가지는 이 세포질막은 외부 환경과 세포의 내부(세포질)를 구획해 주는 중요한 장벽이다. 원핵세포와 진핵세포의 세포질막은 기본구조에 있어서 큰 차이는 없다. 생물의 세포질막은 기본적으로 지질과 단백질로 이루어져 있으며, 이들의 함량비는 생물의 종류에 따라 다르다. 세균 및 고세균의 세포질막은 일반적으로 진핵생물의 세포질막보다 단백질 함량이 높다. 이것은 세균 및 고세균의 세포질막은 진핵생물의 세포내 소기관(organelles)의 막 기능까지 담당해야 하기 때문인 것으로 보인다. 싱어(S. Jonathan Singer)와 니콜슨(Garth Nicolson)의 fluid mosaic model로 나타낸 것과 같이 막지질(주로 인지질)은 극성부분을 외측에 소수성의 지방산 잔기를 내측으로 향하게 하여 이중층(bilayer)을 형성하고 있으며, 막단백질은 지질 이중층(lipid bilayer)의 소수성 부분에 삽입되어져 그 삽입정도에 따라 integral(intrinsic) form 또는 peripheral(extrinsic) form으로 존재한다(그림 2.12). 내재성 막단백질(integral membrane protein)은 이온결합(ionic interaction)과 소수성결합(hydrophobic interaction)에 의해 지질 이중층 내에 깊숙히 삽입되어져 있기도 하고 막을 관통하여 존재하기도 한다. 반면에 표재성 막단백질(peripheral membrane protein)은 이온결합에 의하여 세포질막의

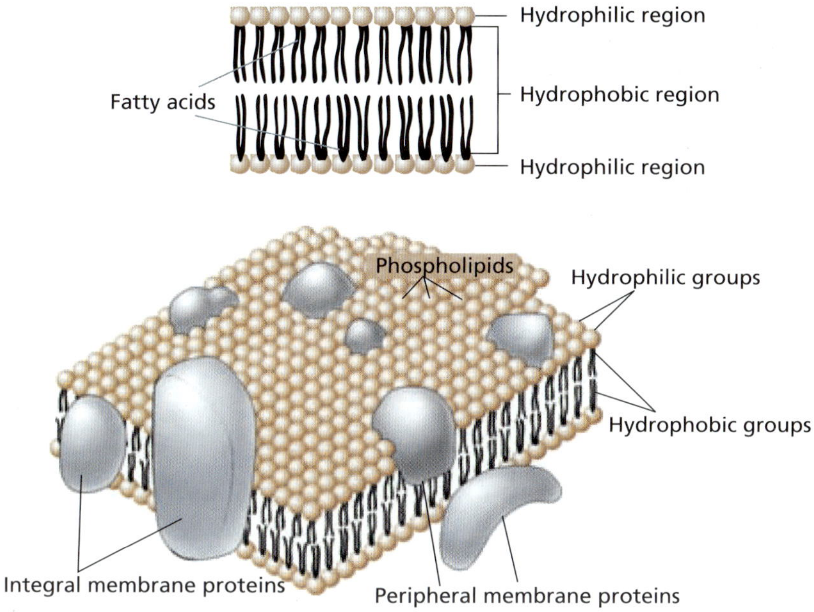

그림 2.13 지질 이중층(lipid bilayer)과 세포질막 구조.

내부나 외부 표면에 느슨하게 결합되어 있어 막으로부터 쉽게 분리할 수 있다. 전체적인 세포질막 구조는 이온결합과 소수성결합에 의해 안정화되어 있으며, 여기에 Mg^{2+}, Ca^{2+}와 같은 양이온들(membrane stabilizers)이 음전하를 띠고 있는 인지질과 이온결합을 통해 막을 안정화시키는 데 도움을 주고 있다. 세포질막은 매우 견고한 것처럼 보이지만, 실제로는 인지질과 막단백질들이 막 표면을 자유롭게 움직일 정도로 매우 유동적이다.

세포질막의 화학적 조성에 있어서 진핵세포와 원핵세포의 주요한 차이점 중의 하나는 진핵세포에 존재하는 콜레스테롤(cholesterol)과 같은 스테롤(sterol) 성분이 대부분의 원핵세포에는 없다는 점이다. 예외적으로 메탄영양세균(methanotroph)과 마이코플라즈마(mycoplasma)의 세포질막에는 스테롤(sterol)이 존재한다. 진핵세포의 세포질막은 세포의 종류에 따라 전체 지질함량 중 5~25% 정도의 스테롤을 함유하고 있다. 지방산은 유동성을 갖는 분자인데 비해, 스테롤은 견고하고 편평한 분자이다. 따라서 막내에서 스테롤은 막의 유동성을 감소시켜 막구조를 안정화시키는 역할을 한다. 즉, 스테롤은 세포막 강화제(membrane strengthening agent) 역할을 한다. 진핵 미생물인 균류(Fungi)의 세포질막에는 에르고스테롤(ergosterol)이라는 스테롤(sterol) 분자가 존재한다. 한편, 많은 세균의 세포질막에서 진핵생물의 스테롤(sterol)과 유사한 역할을 하는 것으로 추정되는 호파노이드(hopanoid)라고 하는 분자가 발견된다.

3장 식품 및 물을 매개로 전파되는 세균성 질병

우리나라도 경제성장과 함께 식품위생에 대한 관심이 크게 높아지고 있다. 특히, 외국으로부터 수입 식품이 증가 일로에 있고, 수입되는 식품 중에 대장균 O-157 및 리스테리아(*Listeria*)와 같은 식중독을 일으키는 세균이 종종 발견되어 사회적 관심을 모으고 있다. 식품 위생학에서는 식중독을 편의상 원인 물질별로 세균, 화학물질, 자연독에 의한 3가지로 분류하고 있다. 세균성 식중독은 병원성 세균에 오염된 식품 및 물을 섭취했을 때, 화학적 식중독은 유해한 화학물질이 함유된 식품을 섭취했을 때 각각 일어난다. 그리고 자연독에 의한 식중독은 독버섯인 광대버섯(*Amanita muscaria*)의 알칼로이드계(alkaloid) 독소인 무스카린(muscarine), 독버섯인 알광대버섯(*Amanita phalloides*)의 옥타펩타이드(octapeptide) 독소인 알파-아마니틴(α-Amanitin), 복어의 테트로도톡신(tetrodotoxin), 패독 등을 섭취했을 때 일어난다. 화학적 식중독은 원인물질의 종류가 방대하고 정확한 원인 규명이 어려워 식중독으로 보고되는 예가 드물고, 자연독에 의한 식중독은 채집이나 가공방법에 대한 경험이 부족한 사람이 그 식품을 오인하거나 잘못 다루어 발생하는 경우가 많다. 따라서 식중독의 가장 주된 원인은 세균에 의한 식중독이다.

식중독을 일으키는 세균은 섭취하는 식품 또는 물과 함께 위장관 내로 들어간다. 따라서, 식품을 매개로 하는 질병(foodborne diseases)뿐만 아니라 물을 매개로 하는 질병(waterborne diseases)도 주의해야 한다. 최근 수돗물의 불신과 더불어 지하수를 음용수로 사용하는 경우가 대부분이므로 병원성 세균으로 오염된 수질에 대한 대책도 시급하다.

3.1 *Staphylococcus aureus*

Staphylococcus aureus(포도상 구균)는 1880년 스코틀랜드의 외과의사 Alexander Ogston (1844~1929)에 의해 외과 종양(surgical abscess)의 고름(pus)에서 발견되었다. *S. aureus*는 조건부 혐기성(facaltative anaerobic) 그람-양성 구균(지름 0.8~1.0 μm)이다. 비운동성인 포도상구균은 보통 배지에서 쉽게 배양되며, 고체배지상에서 포도알 모양으로 배열하기 때문에 이 이름이 붙여졌다. 그러나 쌍구균 모양이나 짧은 사슬 모양으로 배열하는 것도 있다. 협막(capsule)은 보통 없지만 배양조건에 따라 형성되기도 한다. *S. aureus*(포도상구균)는 인구의 20%~50% 정도가 보균자이고[특히, 아토피 피부염 환자(atopic dermatitis patients)에 만연(prevalence)] 자연계에 널리 분포되어 있기 때문에 이 세균의 오염을 완전히 차단하는 것은 사실상 불가능하다. 포도상구균은 수십종이 있지만 그 중에서도 황색의 색소를 생산하는 황색포도상구균이 식중독을 일으키며 기타 포도상구균에 의한 식중독 발생 사례는 현재까지 없다. *S. aureus*(황색포도상구균)는 식중독뿐만 아니라 여드름(pimple), 부스름(boil or furuncle), 봉와조직염(cellulitis), 화상피부증후군(scalded skin syndrome), 종기(abscess; a collection of furuncles) 등과 같은 경미한 피부 감염(minor skin infection)으로부터 폐렴(pneumonia), 수막염(meningitis), 골수염(osteomyelitis), 심장내막염(endocarditis), 독성쇼크증후군(toxic shock syndrome), 패혈증(septicemia) 등과 같은 생명을 위협하는 질병(life-threatening disease)까지 다양한 질병을 일으킨다.

*S. aureus*는 조직 괴사와 용혈성이 강한 용혈독소(α, β, δ), 식중독 증상을 일으키는 장관독소(enterotoxin), toxic shock syndrome toxin 1(TSST-1), leucocidin, pyrogenic toxin, *S. aureus* C3 exoenzyme(C3stau1-3) 등을 생산하는 것으로 알려져 있다. 이 중 식중독의 원인 독소인 enterotoxin이 특히 중요하며, 오래전부터 많이 연구되어 왔다. 우리나라에서 발생하는 식중독의 대부분은 *Staphylococcus aureus*와 *Salmonella typhimurium*, *Salmonella enteritidis*를 비롯한 살모넬라속 세균 그리고 *Vibrio parahaemolyticus*에 의한 것으로 알려져 있다.

식중독의 원인 독소인 Staphylococcal enterotoxins(SEs)은 혈청반응에 따라 분류된 5가지 전통적인 SEA, SEB, SEC(C1, C2, C3), SED, SEE와 새로운 유형의 초항원(superantigens: stimulate non-specific T-cell proliferation) 활성을 갖는 SEG, SEH, SEI, SEJ, SEK, SEL, SEM, SEN, SEO, SEP, SEQ, SER, SES, SET, SEU가 알려져 있다. 황색포도상구균은 80℃에서 30분간 가열하면 죽지만 장관독소(enterotoxin)는 열에 매우 안정적이여서

120°C에서 20분간 가열하여도 파괴되지 않는다. 장관독소는 210°C에서 30분간의 가열로 파괴가 된다. 따라서 감염형 식중독과 달리 열처리한 식품을 섭취할 경우에도 식중독이 발생할 수 있다.

Staphylococcal food poisoning(staphylococcal intoxication)에 의한 증상은 심한 오심(nausea), 구토(vomiting), 복통(abdominal pain)을 일으키며, 설사는 환자의 약 30%에서만 일어난다. *S. aureus*의 장독소로 오염된 음식을 섭취한 후 증상은 대게 2~4시간 내에 일어나고 증상이 나타나기 시작한 때로부터 8시간 내에 가라앉기 시작하여 1~2일 지나면 완쾌된다. 매우 허약한 사람이나 유아, 노인, 환자 등을 제외하면 사망률은 매우 낮다.

참고

세균에 의한 식중독은 감염형과 독소형으로 구분되는데, 후자의 독소를 장관독소(enterotoxin)라고 한다. 장관독소는 독소의 활성이 사람이나 동물의 소장에 영향을 미치는 외독소로서 일반적으로 장의 내강에 다량의 체액을 분비시켜 오심(nausea), 구토(vomiting), 설사(diarrhea), 복통(abdominal pain) 등을 일으킨다. 장관독소는 *Staphylococcus aureus, Clostridium perfringens, Bacillus cereus, Vibrio cholerae, Escherichia coli, Salmonella enteritidis*를 포함하는 다양한 세균에 의해 생성된다.

3.2 *Salmonella*(Salmonellosis)

*Salmonella*속의 세균은 1885년 미국의 수의사(veterinary surgeon) Daniel Elmer Salmon (1850~1914)의 조수였던 Theobald Smith(1859~1934)에 의해 *Salmonella enterica* (formerly called *Salmonella cholerae-suis*)가 처음으로 발견되었다. *Salmonella*라는 이름은 D. E. Salmon의 이름을 본따 붙여진 것이다.

*Salmonella*속의 세균은 사람을 포함하는 포유류 및 조류에 분포되어 있는 장내세균들로서 사람에게 장열[enteric fever: 장티푸스(typhoid fever), 파라티푸스(paratyphoid fever)], 패혈증(septicemia), 위장염(gastroenteritis)을 일으키는 그람-음성 간균이다. 대게는 주모성 편모를 가지고 있지만 편모가 없는 것도 있다. 협막은 일반적으로 존재하지 않지만 Vi 항원이 있는 균은 협막구조를 가지고 있다. *Salmonella*는 3가지 세포 표면항원 O antigen(somatic antigen), H antigen(flagellar antigen), Vi antigen(outer polysaccharide layer antigen)에 의하여 면역학적으로 특성화되어진다. O 항원은 그람-음성 세균의 내열성 균체항원이라고 부른다. 이 항원의 특이성은 lipopolysaccharide의 *O*-polysaccharide의 구조에 기인한다. Vi 항원은 균체항원인 O 항원보다 더 외층에 존재하며 장티푸스균(*S. typhi*)과 파라티푸스균(*S. paratyphi* C)만 Vi 항원을 가지고 있다. *Salmonella*속에서 2,000여 종의 혈청형(serotype: 특이항체를 이용해서 세균표면항원의 상위를 검출하는 것에 의해 동종의 세균을 보다 상세히 분류할 때 이용되어지는 아형이다.) 이 O 항원과 H 항원에 의하여 특성화되어졌다.

장열을 일으키는 균은 장티푸스균(*S. typhi*), 파라티푸스균(*S. paratyphi* A, B, C)이 있으며 패혈증을 일으키는 균으로는 *S. cholerae-suis*가 있고 식중독을 일으키는 균은 거의 모든 *Salmonella* 균종이 관련되며, 특히 쥐티푸스균(*S. typhimurium*)과 장염균(*S. enteritidis*)에 의한 식중독 예가 많다. 사람에게 식중독(급성위장염, acute gastroenteritis)을 일으키는 *Salmonella*는 주로 오염된 식품의 섭취에 의하여 전달되어지고 복부경련(abdominal cramps), 발열(fever), 메스꺼움(nausea) 구토(vomiting), 오한(chill), 투통(headache)을 수반하며 설사를 일으킨다. 예방법으로는 오염된 음식물 섭취를 피하고, 치료에는 항생물질을 사용하지 않고 대증치료(질병의 겉으로 나타난 증상에 대하여만 행하는 치료법. 즉, 높은 열에는 해열제를 쓰고 얼음주머니를 대는 것과 같은 치료법)를 한다. 장티푸스와 파라티푸스는 오염된 물이나 이들 세균에 감염된 사람이 접촉한 음식물의 섭취에 의해 감염되어지며 위장염(gastroenteritis)과 균혈증(bacteremia)으로 특징지워진다. 경구적으로 침입한 균은 장관에 도달하여 장벽을 통하여 장간막(mesentery) 임파선 내에서 증식한다. 장간막 임파선 내에서 증식한 균은 곧 혈액 중으로 들어가서 균혈증이 된다. 따라서, 감염 초기에 혈액 중에 균이 발견되며 대소변 중에는 발열 2주 정도에서 균이 배설되기 시작하여 3주 이후에는 대소변에 균이 대량 배설된다. 발열, 두통, 복통, 무력감, 오한 등을 수반하며 피부에 장미진(a rash with rose-colored spots) 등의 증상이 나타난다. 예방법에는 오염된 음식 및 물을 피하고 부득이할 경우 잘 끓여 먹어야 한다. 또한 사균 백신으로 예방이 가능하다. 치료에는 chloramphenicol 및 tetracycline계 항생제를 사용한다. 장티푸스 및 파라티푸스를 극복한 사람은 면역이 성립되어 감염으로부터 재차 발병되는 일은 거의 없다.

3.3 *Escherichia coli*

대장균(*Escherichia coli*)은 독일-오스트리아 소아과의사(German-Austrian pediatrician)이자 뮌헨(munich), 그라즈(Graz), 빈(Vienna)에서 교수로 지냈던 Theodor Escherich (1857~1911)가 대변에서 최초로 분리하였으며(1885년), 1919년에 그의 이름을 따서 *Escherichia coli*로 명명되었다.

대장균(*E. coli*)은 조건부 혐기성 그람-음성 간균(직경 0.5 μm, 길이 2μm 정도)으로 주로 사람을 비롯한 동물의 장관내에 상주하지만 자연계에 널리 분포되어 있다. 특히, 하수에 많으며 수질오염의 지표가 된다. 편모는 주모성 배열을 취하고 있다. 대장균은 일반적으로 비병원성이며 장(intestine)내의 정상적인 균총(normal flora)으로 존재하면서 vitamin K_2를 생산하기도 하고 장(intestine)내의 병원성균의 서식을 억제하는 역할을 담당하기도 한다. 그러나 일부 대장균은 장염(enteritis), 요도감염증(urinary tract infections), 신생아 수막염(neonatalmeningitis), 용혈성 요독 증후군(hemolytic Uremic Syndrom) 등을 일으켜 사람에게 해를 줄 수 있는 종류들이 있다. 사람에게 장염(enteritis)을 유발할 수 있는 병원성 대장균은 혈청학적 특성과 병원성에 의해 5가지로 분류된다.

① 장관 독소원성 대장균(ETEC: Enterotoxigenic E. coli)

ETEC는 사람, 돼지, 양, 염소, 소, 개, 말의 소장 상부에 감염되어 콜레라와 같은 독소를 생산함으로써 복통 및 설사(열을 수반하지 않음)를 일으키는 균이다. ETEC는 소장(small intestine)의 enterocyte cell(십이지장과 상부 소장의 융모상피의 상층부와 중간층에 있는 상피세포)에 결합하기 위하여 fimbrial adhesin을 이용하며 2가지 유형의 단백질성 장관독소(proteinaceous enterotoxins)를 생산한다. 즉, 2종류의 heat labile enetrotoxin(LT enterotoxin)과 heat stable enterotoxin(ST enterotoxin)을 생산한다. LT enterotoxin은 구조와 기능에 있어서 cholera toxin과 유사하며, ST enterotoxin은 목표로 하는 세포(target cells)에 cGMP의 축적을 유발하여 장강(intestinal lumen) 속으로 액체와 전해질을 분비한다. ETEC는 비침투성(non-invasive)이며 장강(intestinal lumen)을 떠나지 않는다. ETEC는 개발도상국의 어린이들에게 설사(diarrhea)를 유발하는 주된 균일 뿐만 아니라 여행자 설사증(traveler's diarrhea)을 유발하는 가장 일반적인 균이다.

② 장관 병원성 대장균(EPEC: Enteropathogenic *E. coli*)

EPEC는 사람, 토끼, 개, 고양이, 말의 설사를 유발하는 균이다. EPEC는 ETEC와 같이 설사를 유발하지만 집락화(colonization)와 병인학(etiology)의 분자 메커니즘이 다르다. EPEC는 선모(fimbriae), ST toxin, LT toxin이 결여되어 있지만, 숙주의 장세포와 결합하기 위해서 intimin으로 알려진 adhesin을 이용한다. EPEC는 유아나 어린이들에게 설사를 유발하지만, 심각한 조직손상이나 독소 생산의 능력은 없다.

③ 장관 침투성 대장균(EIEC: Enteroinvasive *E. coli*)

EIEC는 사람만을 감염시킨다. EIEC는 대장에서 조직손상을 일으켜 심한 설사(profuse diarrhea)와 고열(high fever)을 수반하는 이질(Shigellosis)과 유사한 증상(syndrome)을 일으킨다.

④ 장관 출혈성 대장균(EHEC: Enterohaemorrhagic *E. coli*)

EHEC는 사람, 소, 염소를 감염시키며 가장 유명한 균주가 식중독을 일으키는 *E. coli* O157:H7이다. *E. coli* O157:H7(O refers to somatic antigen; H refers to flagellar antigen)의 명명은 somatic cell(O) antigen(157)과 flagella(H) antigen(7)으로부터 유래되었다. EHEC는 선모(fimbriae)를 이용하여 소장(small intestine) 세포에 부착한 후 베로독소(verotoxin)를 생산하며, 이 독소에 의해 열을 발생시키지 않는 출혈성 설사(bloody diarrhea or hemorrhagic diarrhea without fever) 및 급성 신부전(acute kidney failure)이 발생된다. 특히, 어린이와 노인에게 있어서 용혈성 요독 증후군(hemolytic Uremic Syndrom)을 일으키기도 한다. 베로독소(verotoxin)는 *Shigella dysenteriae*에서 생산되는 쉬가독소(Shiga toxin)와 유사하다. *E. coli* O157:H7는 비침투성(non-invasive) 균주로서 베로독소(verotoxin)는 생산하지만, heat labile enetrotoxin(LT enterotoxin)과 heat stable enterotoxin(ST enterotoxin)은 생산하지 않고 비용혈성(non-hemolytic)이다.

⑤ 장관 부착성 대장균(EAEC: Enteroaggregative *E. coli*)

EAEC는 사람만을 감염시키며 조직배양 세포(tissue culture cells)를 서로 집합(aggregation)시키는 선모(fimbriae)를 가지고 있기 때문에 붙여진 이름이다. EAEC는 장점막(intestinal nucosa)에 부착하여 열(fever)은 수반하지 않는 설사를 유발한다. EAEC는 비침투성(non-invasive)이며 hemolysin과 ETEC와 유사한 ST enetrotoxin을 생산한다.

참고 ▶ *E. coli* O157:H7의 의미

대장균이 가진 항원은 균체항원(somatic antigen, O antigen), 협막항원(capsular antigen, K antigen) 및 편모항원(flagella antigen, H antigen) 3종류로 분류되고 있다. O항원은 170여 종, K항원은 100여 종, H항원은 60여 종으로 알려져 있다. 대장균은 혈청형에 따라 다양한 성질을 지니고 있는데, 균체항원은 균체의 외막 성분인 lipopolysaccharide의 당 종류와 배열방법에 따른 분류로서 O157은 지금까지 발견된 173종류 중 157번째로 발견된 것이고, 편모항원은 편모부분에 존재하는 아미노산의 조성과 배열방법에 따른 분류로서 H7은 7번째로 발견되었다는 의미이다. 1982년 미국 오리건주(Oregon)와 미시건주(Michigan)에서 발생한 오염된 햄버거에 의한 집단 식중독 사건을 추적하던 중 환자의 분변으로부터 그 원인균을 발견하여 확인한 결과 *E. coli* O157:H7이라는 것이 판명된 것이 시초이다. 그 후 미국뿐만 아니라 세계 각지역에서 *E. coli* O157:H7에 의한 식중독 사건이 보고되고 있다.

3.4 *Campylobacter*

Twisted bacteria라는 뜻을 가진 *Campylobacter*는 1963년에 처음 발견된 균으로 미호기성(microaerophilic) 그람-음성 나선균이다. 편모는 1개(uni-) 또는 2개의 극성(bi-polar) 배열(arrangement)을 취하고 있다. 주요 병원성 *Campylobacter* 종(species)으로 *C. jejuni, C. coli, C. fetus*가 알려져 있다. *C. jejuni*와 *C. coli*는 매년 약 2백만 명에게 식중독에 의한 세균성 설사를 일으킨다. 반면에 *C. fetus*는 사람에게 기회병원체(opportunistic pathogen)일 뿐만 아니라 소와 양의 자연 유산을 유발하는 원인균이다. *C. jejuni*는 가금류(poultry)의 장관(intestinal tract)에서 정상적으로 생장하고 있다. 미국 농무부의 통계에 따르면 칠면조 고기의 90%, 닭고기의 88%, 돼지고기의 32%에서 *Campylobacter*가 발견되고 있다. 반면에 소고기는 거의 매개체 역할을 하지 않는 것으로 알려져 있다. *Campylobacter*에 의한 감염은 고열, 두통, 구토, 복부통증을 유발하며 때로는 피가 섞인 설사를 동반한다. 이러한 증상은 7~10시간이 지나면 저절로 가라앉는다. *Campylobacter*속 세균은 또한 *Actinomyces naeslundii*와 함께 치주염(periodontitis)을 일으키는 원인균이기도 하다.

3.5 *Listeria*

L. grayi, L. innocua, L. ivanovii, L. monocytogenes, L. seeligeri, L. welshimeri 6가지 종(species)이 포함되어 있는 *Listeria*속은 그람-양성 간균이다. *Listeria*속 중 *Listeria monocytogenes*는 사람에게 리스테리아증(listeriosis)을 일으키는 원인균으로 그리고 *Listeria ivanovii*는 반추동물(ruminants)의 병원균으로 보고되어 있다. *L. ivanovii*의 경우 반추동물에게는 질병을 일으키지만, 사람에게는 아주 드물게 질병을 일으키는 것으로 알려져 있다.

*L. monocytogenes*는 토양, 개울 물(stream water), 하수(sewage) 그리고 여러 동물에서 검출되며 인체 내의 감염은 오염된 식품을 섭취하거나 감염된 동물과의 직접적인 접촉에 의해 이루어진다. *L. monocytogenes*는 포자나 협막을 형성하지 않는 조건부 혐기성 내냉성(facultative anaerobic and psychrotolerant) 병원균이다. 실온에서 *L. monocytogenes*는 주모성 편모(peritrichous flagella)에 의해 아주 활발한 운동성을 보이지만, 체온인 37°C에서 편모를 합성하지 못한다. 내냉성 세균인 *L. monocytogenes*는 배지상에서 발육은 좋지 않지만 냉장고 온도인 4°C에서 집락을 형성할 수 있는 극소수의 병원균 중의 하나이다. *L. monocytogenes*는 오염된 음식물과 함께 위장관을 통해 인체 내로 들어온다. 식세포(phagocytes)가 *L. monocytogenes*를 흡수하게 되면 *L. monocytogenes*가 생장 및 증식하여 식세포를 용해시켜 주변 세포로 퍼져나간다. *L. monocytogenes*에 의한 리스테리아증(listeriosis)은 신생아, 나이든 사람, 면역결핍증 환자들이 걸릴 가능성이 높으며, 구토(vomiting), 오심(nausea), 위경련(stomach cramps), 설사(diarrhea), 심한 두통(severe headache), 지속적인 열(persistent fever), stiff neck, 발작(convulsions) 등의 증상(symptom)이 나타난다. 그리고 심한 리스테리아증(listeriosis)은 패혈증(septicemia), 수막염(meningitis), 뇌염(encephalitis), 각막궤양(corneal ulcer), 폐렴(pneumonia) 그리고 임산부(pregnant women)에게 자연유산(spontaneous abortion)을 유발하는 자궁감염(intrauterine infections) 등을 일으킨다. *L. monocytogenes*에 아주 흔하게 노출되어 있더라도 심한 리스테리아증(listeriosis)은 아주 드물다. 그러나 심한 리스테리아증(listeriosis)의 경우 사망률(mortality rate)이 약 20~30%에 이른다. 미국에서는 매년 2,500명이 *L. monocytogenes*에 감염되어 500명 정도(20%)가 사망한다. 리스테리아증(listeriosis)에 의한 사망률은 세균성 식중독에 의한 사망률 중 가장 높다. *Listeria* 종(species)에 효과적인 항생제에는 ampicillin, vancomycin, ciprofloxacin, linezolid, azithromycin 등이 있다.

3.6 *Bacillus cereus*

*Bacillus cereus*는 토양 및 수중에 널리 분포해 있는 조건부 혐기성 그람-양성 간균으로 β-hemolysis를 일으킨다. 대부분 편모를 가지고 있으며 포자 형성능도 있으나 협막은 없다. *B. cereus*는 penicillin G에 높은 내성을 보이며, 체외로 hemolysin, diarrheogenic enterotoxin, emetic toxin, neutral protease, phospholipase C 등을 분비한다. *B. cereus*로 오염된 식품을 섭취하게 되면 메스꺼움, 구토, 복부경련을 수반하고 설사를 일으키지만 발열은 동반되지 않는다. 미국에서 *B. cereus*에 의한 식중독은 드물게 보고되고 있지만 유럽 특히 헝가리에서 식중독의 주요 원인 중의 하나이다.

3.7 *Shigella*

*Shigella*는 그람-음성 간균으로 편모, 포자, 협막 모두 없다. *Shigella*는 영장류(primates)에만 질병을 일으키고 다른 포유동물에는 질병을 일으키지 않는다. 이질은 세균성 이질(bacterial dysentery, shigellosis), 원충성 이질(protozoan dysentery, 특히 amoebic dysentery), 바이러스성 이질(viral dysentery), 기타 이질성 질환으로 분류되는데, *Shigella*는 세균성 이질의 원인균이다. *Shigella* 종(species)은 4가지 혈청군(serogroup)으로 분류된다. 즉,

- Serogroup A: *S. dysenteriae* (12 serotypes)
- Serogroup B: *S. flexneri* (6 serotypes)
- Serogroup C: *S. boydii* (23 serotypes)
- Serogroup D: *S. sonnei* (1 serotype)

Group A, B, C는 생리적으로 유사하지만, group D의 *S. sonnei*는 이들과 차이가 있다. 세균성 이질을 일으키는 *Shigella*에는 3균이 알려져 있다. 1897년 일본의 물리학자이자 세균학자인 Kiyoshi Shiga(1871～1957)가 처음 발견한 *S. dysenteriae*를 포함하여 *S. flexneri*와 *S. sonnei*가 있는데, *S. flexneri*에 의한 이질의 발생빈도가 전 세계적으로 가장 높다. 세균성 이질을 일으키는 몇몇 *Shigella*속 세균은 enterotoxin과 Shiga toxin을 생산한다. Shiga toxin은 A-B_5형 독소이며, Shiga toxin의 B부분은 숙주세포 표면의 당지질(glycolipid)

인 globotriaosylceramide(Gb3)과 결합한다. 대부분의 AB형 독소와는 달리 Shiga toxin의 A부분은 ADP-ribosylation을 촉매하지는 않고 라이보솜과 결합하여 translation level에서 숙주세포의 단백질합성을 저해한다. Shiga toxin은 세포독소(cytotoxin)와 장관독소(enterotoxin)로 작용한다. 세균성 이질의 증상은 *Shigella*균이 대장의 점막세포에 침투, 증식하여 급성염증(acute inflammation) 및 궤양(bleeding ulceration)을 일으킨다. 증상으로 복통(abdominal pain)과 미열(fever)이 있으며, 혈액(blood)과 점액(mucus)이 섞인 심한 설사(diarrhea)를 자주 보게 되지만 구토증상은 없다. 장티푸스와는 달리 균이 혈액 중으로는 들어가지 않으며, 치유된 후에도 면역이 생기지 않고 재감염된다. 치료에는 chloramphenicol, ampicillin, tetracycline계 항생물질을 사용한다.

3.8 *Illness due to Vibrios*

주로 담수(freshwater) 또는 해수(seawater)에서 발견되는 *Vibrio*속 세균은 그람-음성 조건부 호기성균(Gram-negative facultative aerobe)이다. 형태는 대개 굽은 또는 콤마형의 간균(curved or comma-shaped rod)이나 실험실에서 배양될 경우 곧은 형태의 간균(straight rod)이 되기도 한다. *Vibrio cholerae*와 같은 전형적인 *Vibrio*속 세균은 단모성 편모(monotrichous flagellum)를 가지지만, *Vibrio parahaemolyticus* 및 *Vibrio alginolyticus*와 같은 몇몇 *Vibrio*속 세균은 단모성 편모(single polar flagellum, monotrichous flagellum)를 가지기도 하고 주모성 편모(peritrichous flagellum)를 가지기도 한다. 그리고 *Vibrio fischeri*와 같은 종은 속모성 편모(lophotrichous flagellum)를 가지고 있다. *Vibrio*속 중 사람에게 질병을 일으키는 것은 12종으로 알려져 있다. 즉, 콜레라의 원인균인 *V. cholerae*, 장염비브리오균인 *V. parahemolyticus*, 비브리오 패혈증을 일으키는 *V. vulnificus*, 이염(otitis)을 일으키는 *V. alginolyticus*를 비롯한 *V. mimicus, V. metschnikovii, V. cincinnatiensis, V. hollisae, V. damsela, V. fluvialis, V. furnissii, V. carchariae*가 알려져 있다.

Vibrio cholerae Pacini 1854

예전의 콜레라는 국지적으로 유행했던 질병이었지만 전 세계적인 유행병으로서의 콜레라는(First cholera pandemic; 1816~1826) 인도의 벵갈(bengal)지방에서 시작되어 1820년경

인도 전역으로 확산된 후 인도네시아, 중국 등의 동남아시아로 퍼져나갔다. 그리고 2차 콜레라 대유행시(Second cholera pandemic; 1829～1851)에는 러시아, 헝가리, 독일, 영국, 프랑스 등 전유럽으로 퍼져나갔다. 그 후 3차 콜레라 대유행(Third cholera pandemic; 1852～1860), 4차 콜레라 대유행(Fourth cholera pandemic; 1863～1875), 5차 콜레라 대유행(Fifth cholera pandemic; 1881～1896), 6차 콜레라 대유행(Sixth cholera pandemic; 1899～1923) 그리고 7차 콜레라 대유행(Seventh cholera pandemic; 1961～1970)을 거쳐 1990년대 후에도 콜레라가 전 세계적으로 창궐하였다.

*Vibrio cholerae*는 1854년 이탈리아의 해부학자(anatomist) 파치니(Filippo Pacini, 1812～1883)에 의해 당시 유행 중이던 콜레라로 사망한 환자로부터 처음 분리되었다. 그 후에도 Filippo Pacini는 콜레라와 관련된 연구를 계속하여 지속적으로 논문을 발표하였지만 그의 업적은 전 세계적으로 잘 알려지지 않았다. 30년 후 1883년 R. Koch는 이집트에서 콜레라가 유행할 때 *V. cholerae*의 분리·배양에 성공하여, 1884년 *V. cholerae*가 콜레라의 병원체임을 현미경으로 밝혔다. *Vibrio cholerae* Pacini 1854라는 명칭은 1965년 International Committee에서 Filippo Pacini의 업적을 기리기 위하여 채택한 것이다. 콜레라 백신의 개발을 처음 시도한 사람은 스페인의 세균학자 페란(Jaume Ferran i Clua, 1851～1929)이었다. 1884년에 그는 자신이 개발한 백신을 이용하여 스페인에서 유행하던 콜레라의 감염률을 크게 낮추는 데 성공하였다. 그러나 그는 백신 개발에 관한 정보제공의 거부로 인해 다른 학자들로부터 인정을 받지 못했다. 19세기말, 러시아 태생의 미생물학자 하프킨(Waldemar Mordecai Wolff Haffkine, 1860～1930)은 프랑스의 파스퇴르연구소에서 콜레라 백신을 최초로 개발하였다. 그는 자신이 개발한 콜레라 백신을 제일 먼저 자신에게 직접 투여했고, 1893년 인도의 캘커타(Calcutta)에서 콜레라가 유행하고 있을 때 자신이 개발한 백신을 사용하여 20～40%이던 사망률을 2%까지 낮추는 데 공헌하였다.

콜레라는 콜레라균(*V. cholerae*)에 의한 급성 설사 질환으로 잠복기는 24시간 이내에서 5일 정도이나 보통 1～2일이다. 그 후 급격한 물과 같은 설사로 시작되며 복통은 없다. 첫 설사 후에 구토가 나타나는데, 쌀뜨물 같은 액체가 아무 힘들이지 않고 넘어온다. 심한 경우 근육 경련까지 나타난다. 적절한 치료가 이루어지지 않으면, 수 시간 내에 몸의 수분이 급격히 빠져나가는 탈수현상과 이로 인한 쇼크로 사망할 수 있다. 적절한 수분과 전해질 및 테트라사이클린(tetracycline)과 같은 항생제를 사용하면 사망률을 1% 이하로 낮출 수 있다. 테트라사이클린(Tetracycline)은 전형적으로 콜레라 치료를 위해 사용되는 1차 항생제(primary antibiotic)이지만 이 약제에 대한 내성균도 존재한다. 따라서 co-trimoxazole (trimethoprim과 sulfamethoxazole을 1:5 비율로 혼합하여 만든 항생제), 에리쓰로마이신

(erythromycin), 독시사이클린(doxycycline), 클로로램페니콜(chloramphenicol), 푸라졸리돈(furazolidone), 노르플록사신(norfloxacin)과 같은 항생제가 사용되기도 한다. 콜레라로부터 치유된 사람은 면역이 성립되어 감염으로부터 재차 발병되는 일은 거의 없다.

콜레라 독소(Cholera toxin) 또는 콜레라겐(choleragen)이라 불리는 *V. cholerae*가 생산하는 장관독소(enterotoxin)는 5개의 B subunit와 1개의 A subunit로 이루어진 AB_5형 독소이다. 즉, 콜레라 독소는 5개의 작은 동일한 B subunit가 고리(ring)를 형성하고 그 중앙에 A subunit가 결합되어 있는 형태를 취하고 있다. B subunit 각각의 분자량은 11,677 Da이고, A subunit의 분자량은 27,234 Da이다. 그리고 holotoxin AB_5의 전체 분자량은 85,620 Da이다. B subunit는 장 표피세포(intestinal epithelial cell)의 막에 존재하는 수용체(receptor)인 ganglioside GM_1에 결합한다. A subunit는 disulfide linkage로 결합되어 있는 A1 fragment(Mr = 21,826)와 A2 fragment(Mr = 5,407)로 구성되어 있다. A1 fragment는 막과 결합되어 있는 heterotrimeric G protein의 Gs alpha subunit에 ADP-ribosylation을 촉매하는 효소 단백질이다. 반면에 A2 fragment는 A subunit가 B subunit ring의 중앙 구멍(central pore)에 안착하도록 extended alpha helix를 형성한다. 환원에 의해 A1과 A2가 분리되면, A1 fragment는 NAD^+와 결합하여 adenylate cyclase와 결합되어 있는 GTP-binding regulatory protein인 $G_{S\alpha}$의 ADP-ribosylation을 촉매한다. 이 결과로 숙주세포 내의 cAMP의 농도가 증가된다. 이로 인해 작은창자의 내강(lumen) 속으로 H_2O, Na^+, K^+, Cl^-, 그리고 HCO_3^-의 분비가 이루어져 급격한 탈수(rapid dehydration) 및 심한 설사가 일어나 전해질의 불균형, shock, 죽음으로 이르게 된다.

장염비브리오균이라 불리는 *V. parahaemolyticus*는 생육을 위하여 NaCl이 요구하는 호염성 세균이다. 따라서 *V. parahaemolyticus*에 의한 위장염은 오염된 해산식품(seafood)을 섭취했을 때 일어난다. 증상은 섭취후 약 12시간 정도 지나면 복통, 오심(메스꺼움, nausea), 구토로 시작하여 물과 같은 설사를 하며 때로는 이질과 같이 점액성 혈변을 보기도 한다. 발열은 비교적 없고 대개 2~3일 지나면 경쾌해진다. 치료는 대증요법을 하며 항생제로 chloramphenicol과 tetracycline을 사용한다.

4장 미생물의 영양과 생장

미생물을 비롯한 생물이 세포 구성성분의 합성과 에너지 생성을 위하여 이용하는 물질을 영양분(nutrient)이라 한다. 모든 생물은 생장을 위해 탄소, 수소, 산소, 질소, 황, 인 그리고 여러 무기질을 필요로 하며 그밖에 하나 이상의 생장인자(growth factor)를 더 필요로 하는 생물도 있다. 이 장에서는 미생물이 필요로 하는 영양물질을 알아보고 미생물의 생장과정의 특성과 생장에 미치는 환경요인 그리고 특별한 미생물의 생리적 성질에 관해 살펴보기로 한다.

4.1 일반적인 필수영양소

탄소(C), 수소(H), 산소(O), 질소(N), 황(S), 인(P), 칼륨(K), 칼슘(Ca), 마그네슘(Mg), 철(Fe) 등의 원소는 미생물 세포 건조중량의 95% 이상을 차지한다. 이와 같은 미생물의 생장에 많은 양으로 필요로 하는 원소를 대량원소(macroelement) 또는 대량영양소(macronutrient)라 한다. 반면에, 미생물을 비롯한 생물의 생육에 미량으로 또는 극소량으로 요구되는 원소인 망간(Mn), 아연(Zn), 코발트(Co), 몰리브덴(Mo), 니켈(Ni), 구리(Cu), 붕소(B) 등을 미량원소(trace element) 또는 미량영양소(micronutrient)라 한다. 대량원소 중 탄소(C), 산소(O), 수소(H), 질소(N), 황(S), 인(P)은 탄수화물, 지질, 단백질, 핵산의 구성성분이고, 칼륨(K), 칼슘(Ca), 마그네슘(Mg), 철(Fe)은 양이온의 형태로 존재하며 세포 내에서 여러 가지 역할을 한다. 모든 세포는 탄소의 공급원으로 유기물(organic compound) 또는 이산화탄소(CO_2)를 필요로 하며, 전형적인 세포는 건조중량의 약 50%를 탄소(carbon)가 차지하고 있다. 탄소 다음으로 세포에 가장 많이 함유되어 있는 원소는 질소이다. 전형적인 세균세포는 건조중량의 약 12%를 질소가 차지하고 있다. 질소(Nitrogen)는 아미노산, 핵산 등의 세포 구성성분에 포함되어 있다. 질소는 자연계에서 유기물과 무기물 두 가지 형태로 존재하지만 미생물이 이용할 수 있는 대부분의 질소는 암모니아(NH_3), 질산염(NO_3^-) 또는 질소(N_2)와 같은 무기 형태이다. 인(Phosphorus)은 자연계에서 유기 및 무기인(PO_4^-)의 형태로 존재하며 세포에서 주로 핵산과 인지질의 합성에 이용된다. 황(sulfur)은 유기 및 무기 형태로 자연계에 존재하지만 대부분의 세포는 황산염(sulfate, SO_4^{2-}), 황화수소(sulfide, HS^-)와 같은 무기 형태의 황을 이용한다. 또한 황은 아미노산인 cysteine과 methionine뿐만 아니라 여러 종류의 바이타민(vitamins)의 구성성분이다. 철(Iron)은 호흡쇄(respiratory chain)에 존재하는 사이토크롬(cytochrome)과 철-황 단백질(iron-sulfur proteins)의 주요 성분으로 전자 전달에 주된 역할을 한다.

미량원소는 일반적으로 효소와 공동인자(cofactor)의 일부로 존재하면서 단백질의 구조 유지에 도움을 주고 생화학반응을 촉매한다. 그러나 실험실에서 미생물의 배양을 위하여 배지에 미량원소를 첨가할 필요는 없다. 왜냐하면 이들 원소는 물이나 그 밖의 배지성분에 불순물로 섞여 있는 양만으로도 미생물의 성장을 위해 충분하기 때문이다.

대부분의 생물체는 생장과 생존에 필요한 세포 구성성분의 합성에 필수적인 효소와 합성경로를 모두 갖고 있지만, 필수적인 효소가 하나 이상 결핍되어 있는 미생물도 상당수 존재한다. 이들은 필수적인 세포 구성성분을 모두 합성할 수 없기 때문에 특정한 성분이나 그 전구체를 외부로부터 흡수해야 한다. 이와 같이 필수적인 세포 구성성분이거나 이런 성분의 전구체로서 생장과 생존에 반드시 필요하지만 생물체가 합성하지 못하는 물질을 생장인자(growth factor)라 한다. 생장인자에는 아미노산(amino acids), 퓨린과 피리미딘(purines and pyrimidines), 바이타민(vitamins) 등 3가지가 있다.

4.2 생장에 관련된 용어 정의

하나의 세포가 2개로 분열되는 것을 세대(generation)라 하고, 이때 소요되는 시간을 세대시간(generation time)이라고 한다. 세포주기(cell cycle) 또는 세포분열주기(cell division cycle)는 영양세포가 무성적으로 성장하여 하나의 세포로부터 2개의 세포가 형성되는 것을 되풀이하는 과정으로 정의된다. 따라서 세포주기란 세대가 반복되는 과정이다. 생장속도

(growth rate)란 단위시간당 세포수 또는 세포질량의 변화이다. 세포의 생장속도가 빠르다는 것은 『세포가 짧은 세대시간을 가지고 있다. 또는 세포주기가 짧다』는 의미와 같다. 세포분열주기(cell division cycle) 동안, 세포의 모든 구성요소가 2배로 되기 때문에 세포의 질량(mass)도 2배가 된다. 세대시간은 세포집단(cell population)이 2배로 되는 데 걸리는 시간이기도 하며, 이러한 이유로 해서 세대시간(generation time)을 배가시간(doubling time)이라 부르기도 한다. 미생물에서 한 세대가 일어나는 데 필요한 시간(세대시간)은 매우 다양하며, 일반적으로 대부분의 원핵생물은 대부분의 진핵생물보다 짧은 최소 세대시간을 갖는다. 생물체의 세대시간은 생장 배지나 배양 조건에 따라 많이 다르다. 많은 세균들은 최적 생장조건하에서 1~3시간 정도의 최소 세대시간을 갖는다. 그러나 해양세균 *Vibrio natriegens*를 비롯한 일부 세균은 생장속도가 매우 빨라 10분 이하의 세대시간을 갖는 것도 있고 일부 미생물은 생장속도가 느려 세대시간이 수십 시간 또는 수일이 되는 경우도 있다. 최적 생육조건하에서 대장균과 *Vibrio cholerae*는 20분, *Bacillus subtilis*는 30분, 결핵균은 14시간 마다 1회 분열한다. 분열속도가 빠른 *Vibrio natriegens*는 배양온도 37℃, 1.5% 해수를 포함한 뇌·심장 추출액을 이용한 배지에서 세대시간이 9.8분인 반면에, 분열속도가 느린 남조류 *Anabaena cylindrica*와 원생동물 *Amoeba proteus*는 세대시간이 24시간이나 된다.

4.3 생장곡선(생장주기)

생장곡선(Growth curve)을 분석하면 미생물 집단의 생장과정을 알아 볼 수 있다. 미생물을 액체배지에서 배양할 때 보통 회분배양(batch culture)을 한다. 회분배양(batch culture)이란 일정한 부피의 배양액이 담긴 배양용기에서 폐쇄적으로 미생물을 배양하는 방법이다. 회분배양에서는 미생물이 생장함에 따라 대사활성에 의해 끊임없이 배지조성이 바뀌게 된다. 즉, 회분배양과 같은 폐쇄계(closed system)에서 미생물을 배양하면 새로운 영양분이 첨가되지 않기 때문에 영양물질은 감소되고 노폐물의 양이 증가한다. 그림 7.2는 세균의 지수적 생장곡선을 나타낸 그래프이다. 시험관이나 플라스크 등의 밀폐된 용기에서 배양하는 회분배양의 경우 지수생장이 끊임없이 일어날 수가 없다. 따라서 그림 4.1과 같은 전형적인 생장곡선이 얻어진다. 생장곡선은 보통 생균수에 대수를 취해 배양시간에 따라 그래프로 나타낸다. 생장곡선은 유도기 또는 지체기(lag phase), 지수기 또는 대수기(exponential phase,

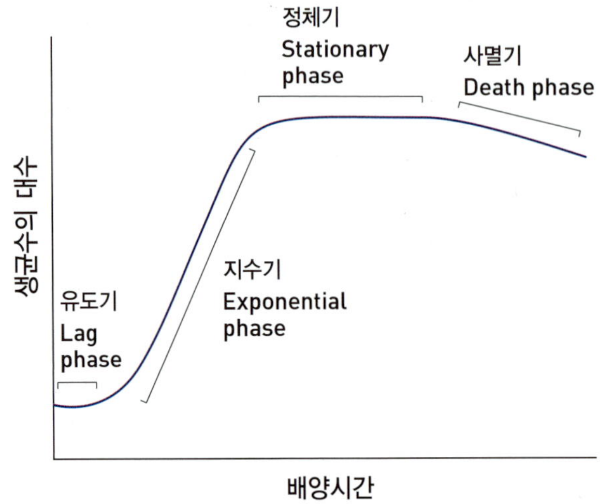

그림 4.1 회분배양에서 미생물의 생장곡선. 생장곡선은 4단계로 구분되며 상세한 설명은 본문 참조.

log phase), 정체기 또는 정지기(stationary phase) 및 사멸기(death phase)를 포함한 4개의 시기로 구분된다.

4.3.1 유도기(지체기)

일반적으로 미생물 군집을 처음 새로운 배지에 접종하면 바로 세포분열이 일어나지 않고 유도기 또는 지체기(lag phase)라고 불리는 일정한 시간이 지난 후에 세포분열이 시작된다. 유도기는 세포가 새로운 환경에서 생장에 필요한 새로운 구성성분 및 각종 효소를 합성하는 시기이며, 미생물의 상태나 배양조건 등에 따라 길어질 수도 있고 짧아질 수도 있다. 즉, 유도기는 새로운 환경에 대한 세포의 적응기이다. 새로운 배지에 접종된 세포는 주로 ATP, 라이보솜, 필수 공동인자(essential cofactors) 등이 부족하다. 따라서 생장을 시작하려면 세포는 이러한 성분을 먼저 합성해야 한다. 또한 배지성분이 다를 경우에 세포는 다른 영양분을 사용하기 위하여 필요한 새로운 효소를 합성해야 한다. 만약 지수기의 세포를 영양환경이 같은 배지에 이식하면 유도기가 아주 짧거나 유도기 없이 바로 지수적으로 생장한다. 다음은 미생물의 배양시 유도기가 나타나는 예를 열거한 것이다. ① 정체기의 세포를 동일한 배지에 접종하면 대개 유도기가 나타난다. ② 열, 자외선 조사, 독성 화합물 등에 의한 손상 입은 세포를 접종할 때에도 손상으로부터 회복 시간이 필요하기 때문에 유도기가 나타난다. ③ 영양분이 풍부한 배지에서 배양된 세포를 영양분이 빈약한 배지로 접종한 경우와 같이 배지의 화학적 조성이 달라진 경우에도 유도기가 관찰된다. ④ 접종시 냉장보관된 접종체(inoculum)을 사용한 경우에도 유도기가 나타난다.

4.3.2 지수기(대수기)

유도기에서 새로운 환경에 대한 적응을 마치면 생장속도가 가속화되어 세포는 지수적으로 생장하기 시작한다. 지수기(exponential phase)는 대수기(log phase)라고도 불리는데, 지수기동안 생장속도는 일정하게 나타나서 일정한 시간 간격으로 세포수가 2배로 증가한다. 지수생장동안 세포는 최적 조건하에서 분열할 수 있는 최고의 속도로 성장하고 분열한다. 지수생장기의 세포들은 생화학적·생리적 특성이 가장 균일하고 건강한 상태의 세포들이다. 따라서 생화학적·생리적 연구를 수행함에 있어서 지수기의 중간에 있는 세포들을 이용하는 경우가 많다. 미생물의 지수생장의 속도는 매우 다양하다. 지수생장의 속도를 지배하는 인자는 종의 유전적인 특성뿐만 아니라 온도, 산소 분압, pH, 배지 조성 등과 같은 환경인자이다. 일반적으로 원핵생물은 진핵미생물보다 생장속도가 더 빠르고, 크기가 작은 진핵생물은 큰 것보다 더 빨리 자란다. 이와 같이 작은 세포들이 큰 세포들보다 생장속도가 빠른 이유는 부피에 대한 표면적이 커서 영양분을 더 빨리 섭취할 수 있고 배설물을 더 빨리 내보낼 수 있는 대사적 특성을 갖고 있기 때문이다.

4.3.3 정체기(정지기)

시험관이나 플라스크 등의 회분배양(batch culture)에서 지수생장은 제한적으로 일어난다. 즉, 배양액 내에 세포수가 최대에 도달하면 영양분의 고갈, 독성 대사산물의 축적, 산소공급의 제한, pH의 변화 등으로 인해 세포집단의 생육은 제한된다. 이 결과 세포의 생장속도는 감소되고 마침내 생장이 정지상태로 된다. 미생물 집단의 생장이 멈추면 생장곡선은 수평을 이룬다. 이 시기를 정체기(stationary phase)라 한다. 정체기는 보통 세균의 경우 1 ml당 10^9 세포가 되면 나타나지만 대부분의 다른 미생물은 세균처럼 높은 집단 밀도에 이르지 않는다. 원생동물이나 조류는 1 ml당 10^6 세포가 되면 정체기에 도달한다. 정체기에서 총세포수의 크기는 영양분이나 배양방식 등 그밖의 다른 요인에 따라 다르지만 총생균수는 일정하다. 정체기의 생균수가 일정한 것은 세포가 휴지상태, 즉 세포가 대사적인 활성을 유지한 채로 단순히 분열을 멈춘 경우와 세포의 분열과 세포의 사멸이 평형을 이루어 두 가지의 세포수가 동일한 상태일 경우(사멸 세포수 = 생장 세포수)에 나타난다. 전자의 경우는 총균수(total cell number)와 생균수(viable cell count)가 일치하며, 후자의 경우는 생균수는 일정하지만 총균수는 증가한다.

정체기의 세포들은 지수기의 세포들과 화학적 조성이 다르며 불리한 물리적 요인(열, 저온, 방사선)과 화학적인 요인에 대해 보다 저항력이 강하다. 내생포자를 형성하는 세포는 일반적으로 이 시기에 포자를 형성하며, 세포외 효소(extracellular enzyme)의 분비도 지수기말부터 정체기에 걸쳐 일어나는 경우가 많다.

4.3.4 사멸기

생장하지 않는 상태에 있는 세포는 결국 사멸하게 된다. 이러한 단계에서 세포집단은 생균수가 줄어드는 사멸기(death phase)에 이른다. 사멸의 원인과 사멸속도(death rate)는 균의 종류 또는 배양조건에 따라 다르다. 사멸속도의 예로서 장내세균은 서서히 사멸하고, 어떤 *Bacillus*속의 영양세포는 빨리 사멸한다. 세포의 사멸원인은 세포 내에 저장된 에너지의 고갈, 각종 유발효소에 의한 세포구조의 파괴(예, 핵산분해효소에 의한 핵산 분해, 단백질분해효소에 의한 단백질분해, 세포벽분해효소에 의한 세포벽 분해 등), 효소 단백질의 변성실활 등을 들 수 있다. 어떤 경우에는 세포의 사멸 후에 실질적인 세포의 용해(lysis)가 일어난다. 생장에서와 같이 사멸도 지수적으로 진행되기 때문에 사멸기의 생균수는 시간이 경과함에 따라 직선적으로 감소한다. 따라서 생장주기에서 사멸기 역시 지수함수 곡선을 보여준다. 그러나 전형적인 세포의 사멸속도는 지수생장속도에 비해 훨씬 느리다.

4.4 미생물의 생장에 영향을 주는 환경적 요인

미생물의 생장 및 생리적 성질은 미생물을 둘러싸고 있는 주변의 환경적 요인에 의해 크게 영향을 받는다. 미생물의 생장에 영향을 미치는 환경적 요인을 이해하면 자연계에서 미생물의 생태적 분포를 이해하는 데 도움이 되며, 미생물의 활동을 억제시키거나 배가시키는 방법을 고안할 수 있다. 미생물의 생장에 영향을 미치는 가장 중요한 인자는 온도, 산소, pH, 용질과 수분 활성, 압력과 방사선과 같은 것들이라 볼 수 있다. 따라서 이절에서는 미생물의 생장에 영향을 미치는 중요한 인자인 온도, 산소, pH, 용질과 수분 활성 등을 논하기로 한다.

4.4.1 온도

온도는 미생물의 생장과 생존에 가장 큰 영향을 미치는 중요한 환경요인 중의 하나이다. 미생물은 보통 단세포이기 때문에 외부 온도의 변화에 특히 민감하다. 생육이 가능한 최저 및 최고온도는 미생물의 종에 따라 상당히 다르며 대개 미생물의 서식지 온도범위를 반영하는 경우가 많다. 미생물의 생장에 영향을 미치는 온도는 그 이하에서는 생장이 일어나지 않는 최저온도(minimum temperature), 생장이 가장 왕성한 최적온도(optimum temperature), 그 이상에서는 생장이 일어나지 않는 최고온도(maximum temperature)로 구분한다. 온도에 따른 생장곡선의 모양은 미생물 종에 따라 다르지만 최적온도는 항상 최저온도보다 최고온도 쪽에 가깝다. 이 세 가지 온도를 기본생장온도(cardinal temperatures)라 한다. 기본생장온도는 일반적으로 각 미생물 종의 특징이지만 생장배지의 조성 등 다른 환경요인에 의해 달라지기 때문에 항상 일정하지는 않다. 예를 들면 합성배지 보다는 복합배지에서 배양할 때 최고온도는 더 높고 최저온도는 더 낮아진다.

미생물은 생장 최적온도에 따라 5개의 군으로 구분된다. 0℃에서도 잘 자라고, 생장을 위한 최적온도가 15℃ 이하 그리고 최고온도가 20℃ 이하인 균을 ① 호냉성균(psychrophile) 또는 저온균이라 한다. 호냉성균은 주로 심해(ocean depth)나 극지방(남극과 북극)에서 서식하며, 저온에서 잘 적응할 수 있는 대사계를 가지고 있다. 호냉성균의 세포질막은 불포화 지방산을 많이 함유하고 있어서 추운 환경에서도 막의 유동성과 기능이 잘 유지된다. 호냉성균 가운데 20℃만 넘어도 세포질막이 용해되어 세포질 성분이 유출되기 시작하는 것들이 많다. 생장 최적온도가 20~30℃ 그리고 최고온도가 35℃이지만 0~7℃에서도 자랄 수 있는 균을 ② 내냉성균(psychrotolerant) 또는 조건부 호냉성균(facultative psychrophile)이라 한다. 내냉성균은 호냉성균보다 더 광범위하게 분포되어 있으며 주로 냉장보관된 식품을 변질시키는 주요 생물이다. 내냉성균은 0℃에서도 생장할 수 있지만 생장속도가 매우 느리다. 배지 중에서 눈으로 식별될 정도의 생장을 얻기 위해서는 몇 주일 이상이 소요된다. 내냉성균은 세균(*Listeria monocytogenes, Yersinia enterocolitica*), 조류, 균류 그리고 원생동물의 여러 속을 포함한다. 생장 최저온도는 15~20℃이고 최적온도가 20~45℃인 ③ 호중온성균(mesophile)은 생장 최고온도가 대략 45℃ 이하이다. 대부분의 미생물이 여기에 속하며, 사람에게 질병을 일으키는 균은 거의 호중온성균이다. ④ 호열성균(thermophile)은 55℃ 이상에서 생장이 가능한 균으로 생육 최저온도는 보통 45℃ 정도이고 최적온도는 55~65℃ 정도인 경우가 많다. 이들은 퇴비, 온수관, 온천 등의 지역에서 서식하고 있다. 호열성균의 대사계는 높은 온도에서도 잘 작동될 수 있도록 진화되어 있다.

호열성균의 효소를 비롯한 단백질에는 아미노산간의 이온결합이 많고 내부에 소수성 아미노산들로 고밀집화되어 있으며 프로린과 같은 유연성이 적은 아미노산이 많이 존재한다. 호열성균의 막지질 또한 열에 강하다. 막지질은 포화지방산의 함량이 많고 가지 달린 자방산 사슬을 포함하며 열에 강한 이써결합(ether linkage)으로 연결되어 있다. 막을 이루고 있는 지질이 견고한 안정한 단일층으로 이루어진 호열성 고세균도 존재한다. 호열성균 가운데서 90℃ 이상에서도 자랄 수 있고 심지어 100℃가 넘는 곳에서도 자라는 균을 ⑤ 극호열성균(hyperthermophiles)이라 하며 생장 최적온도가 80~113℃ 정도이다. 이들은 보통 55℃ 이하에서는 생존하지 못한다.

4.4.2 산소

다세포 동물과 식물은 호흡을 위하여 산소를 절대적으로 필요로 하지만 미생물은 그렇지가 않다. 미생물은 그 종류에 따라 산소에 대한 요구도와 내성이 서로 다르다. 미생물의 생장에 산소를 필수적으로 요구하는 균을 절대(편성) 호기성균(obligate aerobe 또는 strick aerobe)이라 한다. 절대 호기성균은 대기의 산소분압(21% 산소)하에서 생장할 수 있으며, 많은 절대 호기성균은 산소분압이 대기보다 높아도 잘 견딜 수 있다. 산소는 산소호흡의 전자전달계에서 최종 전자수용체로 작용하며, 호기성 진핵생물에서 스테롤과 불포화지방산을 합성하는 데 이용되기도 한다. 일종의 호기성 미생물인 미호기성균(microaerophiles)은 정상적인 산소분압(21% 산소)하에서는 견디지 못하고, 산소가 대기수준보다 낮을 때(2~10% 범위) 즉 미호기적 조건(microoxic condition)에서만 산소를 이용한다. 이는 호흡능력의 한계 및 산소에 민감한 효소와 생체분자들을 가지고 있기 때문이다. 곰팡이, 산막효모, 대부분의 *Bacillus*속 세균 등이 절대 호기성균에 속하며, 미호기성균에는 *Campylobacter*속, *Helicobacter pylori, Spirillium volutans* 등이 있다. 한편, 유리산소의 존재가 오히려 생장을 저해하기 때문에 산소가 없는 환경에서만 자라는 균을 절대(편성) 혐기성균(obligate anaerobe 또는 strick anaerobe)이라 한다. 절대 혐기성 미생물은 *Clostridium*속, *Bacteroides*속, 고세균인 *Methanococcus*속 등을 포함하는 원핵생물과 몇몇 균류(fungi), 몇몇 원생동물의 세 군만 알려져 있다. *Bacteroides gingivalis*는 입속의 치아 근처의 산소가 없는 틈에서 자란다. 산소의 존재 유무에 관계없이 생장하는 미생물을 조건부(통성) 혐기성균(facultative anaerobe)이라 하며, 이 경우는 산소가 없는 환경보다 산소가 존재하는 환경에서 생장이 더 양호하다. 대부분의 효모와 세균이 조건부 혐기성균에 속한다. 내기 혐기성균(aerotolerant anaerobe)은 비록 산소를 이용하지는 못하지만 산소에 대해 내성을 가지고 산소의 존재하에서도 생장이 가능한 균이다. 내기 혐기성균에는 젖산세균(lactic acid bacteria), *Streptococcus pyogenes, Streptococcus pneumonia* 등이 있다.

절대 혐기성균을 배양하려면 배지로부터 산소를 배제시켜야 한다. 산소는 공기나 물 중에 항상 존재하기 때문에 절대 혐기성균을 배양하기 위하여 특별한 방법이 필요하다. 즉, 미생물의 생장과 산소의 요구도를 측정하기 위한 실험에서 티오글리콜산(thioglycolate)이나 cysteine과 같은 환원제를 배지에 첨가하여 사용한다. Thioglycolate 등의 환원제가 배지 중의 산소를 물로 환원시키면 산소는 공기와 접촉할 수 있는 배지의 가장 위쪽에만 공급된다. 따라서 절대 호기성균은 산소가 표면으로부터 멀리 침투할 수 없기 때문에 산소가 풍부한 시험관의 가장 위쪽에서만 생장하는 반면, 절대 혐기성균은 산소에 민감하기 때문에 산소가 접근할 수 없는 시험관의 바닥 부근에서만 생장한다. 조건부 혐기성균은 시험관에 고르게 퍼져 있지만 위쪽에서 가장 잘 자라며, 미호기성균은 산소가 가장 많은 곳을 벗어나 자란다. 내기 혐기성균은 시험관의 어디서나 생장이 가능하다.

4.4.3 pH

pH도 미생물의 생장과 생존에 큰 영향을 미치는 중요한 환경요인 중의 하나이다. 각 미생물은 주어진 pH 범위 내에서만 생장할 수 있고 생장하기에 가장 좋은 최적 pH가 있다. 자연계에서 pH 5~9 범위의 생육 최적 pH를 갖는 미생물이 가장 흔하며, pH 2 이하 또는 9 이상의 환경에서 생장하는 미생물의 종류는 그다지 많지 않다. 낮은 pH에서 가장 잘 자라는 미생물을 호산성균(acidophiles)이라 하며, 생육 최적 pH는 0~5.5이다. 호중성균(neutrophile)은 생육 최적 pH가 5.5~8.0이며, 호염기성균(alkalophile)은 pH 8.5~11.5 범위에서 가장 잘 자란다. *Bacillus firmus*는 호염기성균이지만 비정상적으로 넓은 생장 pH 범위(7.5~11)를 갖는다. 호염기성균 중 생육 최적 pH가 10 이상인 미생물을 극호염기성균(extreme alkalophile)이라고 한다. 일반적으로 균류(곰팡이 및 효모)는 세균보다 더 산성인 조건에서 자란다. 많은 균류는 pH 5 이하에서 생장하며 어떤 균류는 pH 2 정도의 낮은 환경에서도 잘 자란다. 대부분의 세균과 원생동물은 호중성이다. 그러나 세균 중 중성 pH에서 생장하지 못하는 호산성 종이 다수 있다. 즉, 생장가능 pH 범위가 pH 2~4인 *Acidithiobacillus*속의 여러 종과 알려진 미생물 중 가장 호산성인 고온성 고세균 *Thermoplasma*속, *Ferroplasma*속, *Picrophilus*속이 있다. *Ferroplasma acidarmanus*와 *Picrophilus oshimae*는 pH가 0이거나 0에 매우 근접한 산도에서 생장이 가능하다. 호산성을 결정하는 중요한 인자는 세포질막의 안정성인데, pH가 상승하면 극호산성 세균의 세포질막은 파괴되고 세포가 용해된다. 예를 들면, *Ferroplasma acidarmanus*와 *Picrophilus oshimae* 세포는 pH 값이 4 이상 되면 저절로 용해된다.

생장에 필요한 최적 pH는 세포외부(extracelluar) 환경의 pH를 뜻한다. 세포질의 pH가 급변하면 효소를 비롯한 세포 내 각종 단백질과 막수송단백질의 기능이 저해되어 세포가 손상을 입는다. 따라서 세포 안에서 산성이나 알칼리성에 약한 생체분자들의 파괴를 막기 위하여 세포 내부의 pH는 대략 중성에 가깝게 유지되어야 한다. 대다수 미생물의 세포 내부 pH는 중성에 가까운 pH를 갖지만, 호산성이나 호알칼리성의 경우는 이와 다를 수 있다. 예를 들어, 호산성인 *Picrophilus oshimae*의 경우는 세포 내부의 pH가 4.6으로 측정되었으며, 극호염기성균의 경우는 세포 내부의 pH가 9.5까지 측정되었다. 원핵세포가 세포 내부의 pH를 조절하는 몇 가지 방법이 알려져 있는데 다음과 같다. 첫째, H^+은 세포질막을 투과하지 못하기 때문에 호중성균은 역수송계를 이용하여 H^+과 K^+을 교환한다. 또한 호염기성균의 경우 내부의 Na^+을 외부의 H^+과 교환하여 세포 내부의 pH를 조절한다. 이런 역수송계에 의한 pH 조절은 pH 변화가 적을 때 보정 역할을 한다. 둘째, pH가 강산으로 변할 시 세포는 H^+ translocating ATPase에 의한 H^+의 외부방출과 산충격 단백질(acid shock proteins)이나 열충격 단백질(heat shock proteins)의 합성과 같은 방법으로 pH 변화에 적응한다.

4.4.4 수분

미생물의 영양세포는 75~85%의 수분으로 구성되어 있다. 따라서 미생물의 생육에 미치는 수분의 영향은 대단히 크다. 수분은 탄수화물, 단백질, 핵산 등의 용질과 수소결합되어 있는 결합수와 열역학적 운동이 자유로운 자유수로 구분되며, 미생물이 이용할 수 있는 수분은 오직 자유수뿐이다. 수분의 가용성(water availability)은 환경이 보유하고 있는 물의 양뿐만 아니라 물에 용해되어 있는 용질의 농도에 의해 결정된다. 이는 물에 녹아 있는 물체는 물에 대한 친화력이 있어서 물체와 결합해 있는 물(결합수)을 미생물이 쉽게 이용할 수 없기 때문이다. 서식처의 삼투농도는 미생물에 많은 영향을 주기 때문에 수분의 가용성(water availability) 정도를 정량적으로 나타낼 필요가 있다. 수분의 가용성(water availability)은 물리학적 용어인 수분 활성도(water activity, a_w)로 표시된다. 수분활성도(a_w)는 순수한 물의 증기압(P_{water})에 대한 용액이나 고체와 평형상태에 있는(용액이나 고체와 접촉하고 있는) 공기 중의 증기압(P)의 비율로 표시한다. 즉, $a_w = P/P_{water}$. a_w의 값은 0과 1 사이로 표시된다. 용액이나 고체의 수분활성도(a_w)는 밀폐된 공간에서 공기와 평행상태에 도달했을 때의 상대습도(RH = a_w × 100)를 측정하여 구할 수 있다. 밀폐된 공간에 시료를 두었을 때 밀실의 상대습도가 80%라는 것은 같은 온도에서 순수한 물을 넣어두었을 때 공기 중에 포함된 수분의 함량을 100으로 보고 이것의 80%를 포함하고 있다는 것을 뜻한다. 이때 시료의 수분활성도는 0.8이 된다. 수분활성도는 삼투압에 반비례하기 때문에 용액의 삼투압이 높으면(용질의 농도가 높으면) 수분활성도는 낮다. 물은 물의 농도가 높은(용질은 농도가 낮은) 곳에서 낮은(용질의 농도가 높은) 곳으로 삼투(osmosis)라는 과정에 의해 확산된다. 대부분의 경우 세포의 세포질은 환경보다 용질의 농도가 높기 때문에 물이 세포 속으로 확산된다. 그러나 세포가 낮은 수분활성도의 환경에 처하면 물이 세포 밖으로 빠져나오게 된다. 수분활성도가 낮은 서식처에서 적응하는 미생물의 능력은 종에 따라 상당히 다르다. 미생물이 수분활성도가 낮은 서식처에서 생존하려면 세포 내부의 용질의 농도를 증가시켜야만 환경으로부터 물을 들여올 수 있다. 세포 내부의 수분 활성도를 조절하는 역할을 하며, 세포 내에 고농도로 존재하더라도 대사와 생장에 영향을 주지 않고 공존하는 용질을 호환성 용질(compatible solutes)이라고 한다. 미생물에서 몇몇 호환성 용질들이 알려져 있다. 호환성 용질로 프롤린(proline), 글라이신 비테인(glycine betaine), 글루탐산(glutamic acid) 글리세롤(glycerol), 콜린(cholin) 등이 알려져 있다. 호환성 용질은 미생물에 의해 직접 생합성되거나 외부환경으로부터 흡수하여 내부의 삼투농도를 유지한다. 비호염성, 내염성, 호염성, 그리고 극호염성 미생물들은 유전적으로 호환성 용질을 합성하거나 축적할 수 있는 능력에 의해 대부분 결정된다. *Staphylococcus*속의 그람-양성 세균은 잘 알려진 내염성 세균으로 아미노산인 프롤린(proline)을 호환성 용질로 이용한다. 아미노산 글라이신의 유도체인 글라이신 비테인은 널리 분포되어 있는 호환성 용질로, 특히 호염성 세균과 cyanobacteria 등에 많다. 어떤 극호염성 세균은 호환성 용질로 아미노산 아스파트산(aspartate)의 고리형태 유도체인 ectoine(액토인)을 생산한다. 내건성인 효모와 호염성인 녹조류는 호환성 용질로 주로 글리세롤을 생산한다. 위에서 설명한 바와 같이, 수분활성도가 낮은 환경에서 잘 견디는 미생물을 내삼투성(osmotolerant) 미생물이라 하며, 이들은 광범위한 수분활성도 범위에서 잘 자란다. 대부분의 미생물은 수분활성도가 0.98 정도의 물에서만 잘 자라기 때문에 식품을 말리거나 소금 또는 설탕을 많이 첨가하면 식품이 잘 변질되지 않는다. 곰팡이류에는 내삼투성인 것이 많아서 가염식품이나 건조식품이 변질되기도 한다.

자연계에서 염분의 농도가 높은 환경에서는 주로 삼투효과가 중요하다. 바닷물은 3.5%(수분활성도 0.98)의 NaCl과 다른 많은 종류의 무기물질, 그리고 여러 종류의 원소를 함유하고 있다. 바다에서 서식하는 미생물(해양 미생물)의 대부분은 바닷물의 수분활성도에서 최적의 생장을 보일 뿐만 아니라, Na^+을 특이적으로 요구한다. 호염성균들은 생장을 위해 NaCl을 일정 양 이상 필요로 하지만, 개체마다 필요로 하는 양은 다르다. 호염성균(halophiles)은 최적생장을 위하여 Na^+을 필요로 하며 Na^+이 풍부한 서식지에서 살고 있는 생물로 정의된다. 일반적으로 대부분의 호염성균은 생장에 필요한 최적 NaCl이 없으면 잘 자라지 못한다. 호염성 미생물의 분류는 생장에 필요한 NaCl의 농도에 의해 이루어진다. Larsen(1962)은 2% 이하의 NaCl을 함유하고 있는 배지에서 가장 잘 자라는 미생물을 비호염성균(nonhalophiles), 2~5% NaCl을 함유하고 있는 배지에서 가장 잘 자라는 미생물을 저호염성균(slight halophiles), 5~20% NaCl을 함유하고 있는 배지에서 가장 잘 자라는 미생물을 중호염성균(moderate halophiles), 20~30% NaCl을 함유하고 있는 배지에서 가장 잘 자라는 미생물을 극호염성균(extreme halophiles)로 각각 정의하였다. 그 후, Kushner(1978)는 Larsen의 정의에 『borderline extreme halophiles』을 첨가하여 호염성 미생물을 재분류하였다. 즉, Kushner는 0.2 M(약 1.2%) 이하의 NaCl을 함유하고 있는 배지에서 가장 잘 자라는 미생물을 비호염성균(nonhalophiles), 0.2~0.5 M(약 2.9%) NaCl을 함유하고 있는 배지에서 가장 잘 자라는 미생물을 저호염성균(slight halophiles), 0.5~2.5 M(약 14.6%) NaCl을 함유하고 있는 배지에서 가장 잘 자라는 미생물을 중호염성균(moderate halophiles), 1.5(약 8.8%)~4.0(약 23.4%) M NaCl을 함유하고 있는 배지에서 가장 잘 자라는 미생물을 경계-극호염성균(borderline-extreme halophiles), 그리고 2.5(약 14.6%)~5.2(약 30.4%) M NaCl을 함유하고 있는 배지에서 가장 잘 자라는 미생물을 극호염성균(extreme halophiles)으로 각각 정의하였다. 생물은 수분활성도가 매우 낮은 환경에서는 견디지 못하고 죽거나 탈수가 되어 휴면상태로 들어간다. 내염성균(halotolerant)은 그들의 환경에서 수분활성도의 감소를 웬만큼 견디어 낼 수 있으나 첨가된 용질이 없을 때 최적 생장을 보인다. 이와는 반대로 극호염성균(extreme halophiles)은 수분활성도가 매우 낮은 곳에서 잘 번성한다. 호염성균과 같이 수분활성도가 낮은 환경, 즉 삼투농도가 높은 환경에서 서식하는 미생물을 호삼투성균(osmophiles)이라고 하며, 매우 건조한 환경에서 생장할 수 있는 미생물은 내건성균(xerophiles)이라고 한다.

5장 균류

식품에 있어서 균류(Fungi)는 세균과 비교하여 관련성이 적지만 균류가 생산하는 효소류(enzymes)와 식품의 부패를 이해하는 데 있어서 매우 중요하다.

전통적으로 진핵미생물은 균류(fungi), 원생동물(protozoa) 그리고 조류(algae)로 크게 구분되었다. 그러나 최근 초미세구조적(ultrastructural), 생화학적, 분자생물학적 기술의 진보와 함께 생물학자들은 진핵미생물을 Protozoa(원생동물계), Chromista, Fungi(균계) 세 그룹으로 재분류를 시도하고 있다. 이 분류법에서는 조류(algae)를 원생동물(protozoa), chromista 그리고 식물계에 분산시켜 정리하고 있다. 진핵미생물은 원핵미생물에 비하여 보다 더 진화된 위치에 있기 때문에 세포구조가 더 복잡하다. 즉, 진핵미생물은 핵막이 존재하며 마이토콘드리아, 골지체, 엽록체 등의 막계가 잘 발달되어 있다. 그러나 진핵미생물 중에는 이와 같은 막으로 둘러싸여진 세포내 소기관(organelle)이 결여된 것들도 발견된다.

이 장에서는 균류(Fungi)를 중심으로 진핵미생물을 상술하기로 한다. 균류(fungi)는 곰팡이(mold), 효모(yeast), 버섯(mushroom) 3군으로 나누어진다. 사상균(filamentous fungi)인 곰팡이는 균사(hypha, 복수 hyphae)라 불리는 분지된 구조(branching structure)를 형성하고 포자를 만들어 번식하는 다세포 미생물을 총칭한다. 균사는 격막(septa, cross wall, 단수 septum)이 없는 다핵성 원형질괴(coenocyte)를 이루는 것과 격막에 의해 대나무와 같이 각각의 칸으로 나누어지는 것이 있다. 격막은 접합균류를 비롯한 몇몇 균류를 제외한 모든 균류의 균사에서 볼 수 있으며, 격막의 중앙부에는 격막공(septal pore)이 있어 세포질과 세포질이 이 구멍을 통하여 서로 연결되어 있다. 균사 중 표면에 밀착해서 넓게 퍼지는 것을 기질균사(substrate hyphae, 기저균사라 부르기도 한다)라 부르고, 공기 중에 연장된 것을 기균사(aerial hypha)라 한다. 곰팡이는 균사와 균사가 모인 균사체(mycelium: integrated masses of hypha)와 균사체의 선단 또는 균사체에 가지를 쳐서 포자를 갖게 되는 자실체

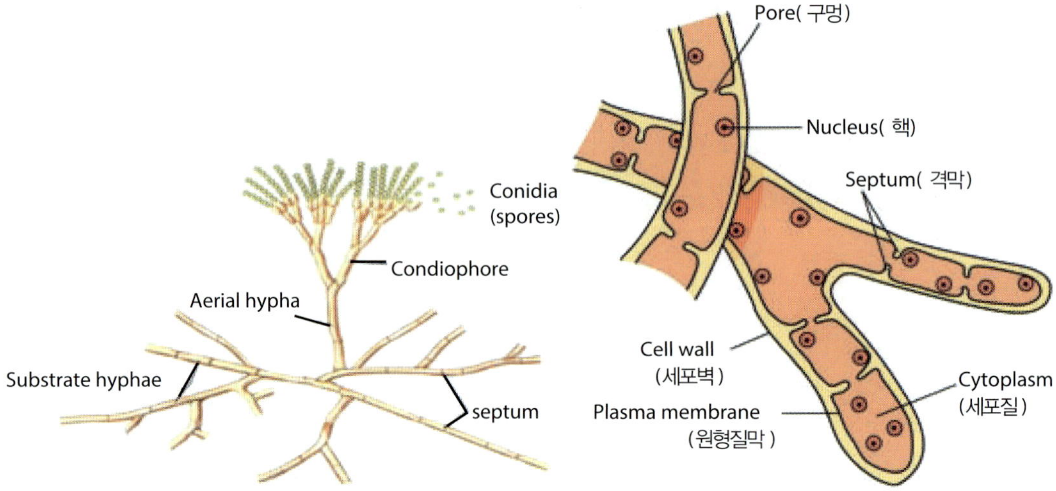

그림 5.1 곰팡이의 구조.

(fruiting body)로 구성되어 있다. 효모는 균류 가운데 단세포생물을 지칭한다. 효모는 유성포자를 만들며 대부분 자낭균류에 포함된다. 유성의 담자포자를 형성하는 군은 담자균류에 속하며 무포자효모(asporogenous yeast)는 불완전균류에 포함된다. 버섯은 식용부분인 자실체를 형성하는 사상균(filamentous fungi)이다. 버섯은 담자포자(basidiospore)라 불리는 유성포자를 생성하며, 이 포자는 공기를 통하여 분산된다.

5.1 균류의 특성 및 생장

균류는 다른 생물과 비교하여 다음과 같은 뚜렷한 특징을 가지고 있다. 첫째, 엽록소 및 기타 광합성색소를 갖지 않고 종속영양(heterotrophic)을 하는 진핵미생물이다. 이러한 점에서 광합성에 의한 독립영양형(autotrophic)의 조류 및 식물과는 구별이 된다. 영양분을 획득하는 수단으로 균류는 일반적으로 죽은 식물 및 동물체를 분해하는 부생성(saprophytic, 사물기생)을 나타내지만 일부는 살아있는 식물 및 동물체에 기생(활물기생, parasite)을 하기도 한다. 둘째, 세포벽은 다른 생물의 세포벽과는 달리 지질이나 단백질외에 몇몇 예외를 제외하고 카이틴(chitin) 또는 베타-글루칸(β-glucan)을 함유하고 있다. 일부 원시 균류의 세포벽은 섬유소(cellulose; β-1,4 결합의 포도당 중합체)를 함유하고 있는 경우도 있지만,

균류의 세포벽은 섬유소를 풍부하게 갖고 있지 않다는 점에서 식물과 구별된다. 셋째, 균류는 유성생식과 무성생식을 하며 최종산물(end-product)로 포자를 생성한다. 넷째, 균류의 생장과정은 오직 선단에서만 생장하는 정단생장(apical growth)을 나타낸다. 효모의 생장은 정단생장에 의하여 출아부위로 생장이 국한되나 사상균은 무한히 뻗어난다. 고정된 세포에 있어서 수용성 양분의 확산속도는 항상 생장 제한요인으로 작용하지만, 균류(특히, 사상균)는 정단생장을 통하여 이를 극복한다. 균사의 정단(apex)은 뒤쪽에 있는 원형질체에 공급될 새로운 기질쪽으로 끊임없이 뻗어 간다. 그래서 균류는 새로운 기질쪽으로 원형질체를 계속 이동시키고 오래된 지역에서 떠난다. 다섯째, 균류는 전형적으로 반수체 핵(haploid nuclei)을 가지고 있다. 이것은 거의 모든 다른 진핵생물들과 비교하여 중요한 차이점이다. 그러나 균류의 균사는 종종 각 균사의 구획 내에 수개의 핵을 가지고 있으며, 많은 출아효모는 배수체(diploid)이다.

균류에는 3가지 주요 생장형이 있다. ① 대부분의 균류는 균사로 이루어진 균사체로 생육한다. 균사는 기질 속에 파고들어 영양분을 흡수하기도 하고 번식을 위한 특별한 조직으로 분화되기도 한다. ② 호상균류 등의 일부 하등균류는 하나의 원형 세포 및 세포가 가지 모양으로 분지하여 끝이 점차 가늘어진 가근(rhizoid)에 의하여 기질에 부착한다. ③ 일부 균류는 단세포의 효모로 자라고 출아법(*Saccharomyces cerevisiae*) 또는 이분법(*Saccharomyces pombe*)으로 딸세포를 만든다.

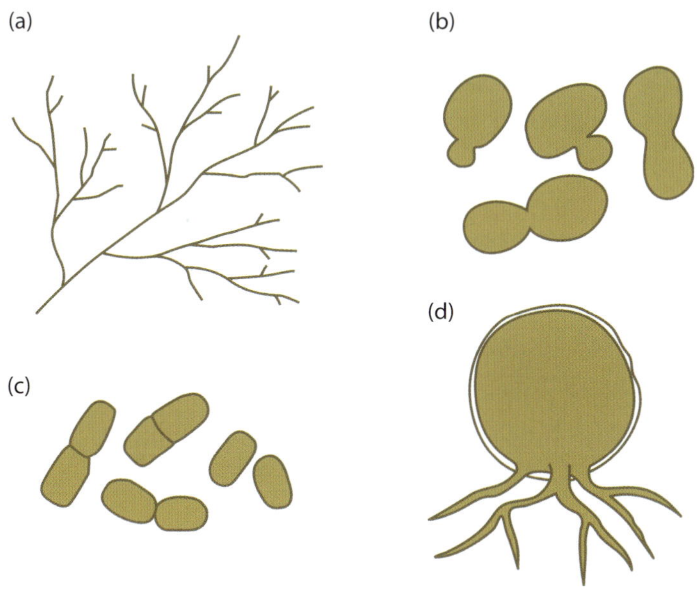

그림 5.2 균류의 생장형. (a) 균사상 (b) 출아효모 (c) 분열효모 (d) 가근이 있는 호상균형

그러나 몇몇 균류는 생육조건에 따라 효모와 같이 단세포성으로 자라기도 하고 사상균과 같이 다세포성으로 자라기도 한다. 이와 같이 균의 형태가 환경조건에 따라 균사형 또는 효모형으로 달라지고 양형태의 상호변환이 가역적으로 인정되는 성상을 동종이형성(dimorphism)이라고 한다. 1955년 Ainsworth는 부생형태가 균사형으로 그리고 기생형태가 효모형으로 나타나는 병원성 진균을 동종이형성 균류(dimorphic fungi)라고 정의하였으나, 후일 일반배지에서는 균사형으로 자라고 감염병소 또는 특수한 배양조건하에서는 효모형으로 자라는 균을 동종이형성균이라 부르게 되었다.

5.2 균류의 분류체계

진균류의 분류는 식물 분류 명명법의 국제규칙에 따른다. 즉, 어미를 다음과 같이 표시한다.

Domain	: Eukaryota
Kingdom(界)	: Fungi
Phylum(Division, 門)	: *-mycota* (*-phyta*)
Subphylum(Subdivision, 亞門)	: *-mycotina*
Classes(綱)	: *-mycetes*
Subclasses(亞綱)	: *-mycetidae*
Orders(目)	: *-ales*
Family(科)	: *-aceae*

Genera : have no standard endings
Species : have no standard endings

최근 초미세구조적(ultrastructural), 생화학적, 분자생물학적 기술의 진보와 함께 Hawksworth(1995) 등은 『Dictionary of the fungi』 제 8판에서 종래의 균류들을 진핵미생물인 Chromista계, Fungi계, Protozoa계에 분산시켜야 한다고 주장하고 자낭균문(Ascomycota), 담자균문(Basidiomycota), 호상균문(Chytridiomycota), 접합균문(Zygomycota) 4문(phyla)만 종래의 Fungi로 인정하고 있다. 따라서 몇몇 균학자들은 종래의 Fungi와 새로운 계(Kingdom)의 이름인 Fungi와 혼동을 피하기 위하여 Fungi 대신에 계의 이름으로서

Eumycota를 사용하기도 한다. 『Dictionary of the fungi』 제8판에서는 또한 종래의 불완전균아문(Deuteromycotina)도 공식적인 분류범주에서 제외시켜 자낭균문(Ascomycota)과 담자균문(Basidiomycota)에 통합시키려 시도하였다. 몇몇 학자들은 Chromista와 Protozoa를 Protoctista로 통합하여 분류하기도 하지만 아직 분자생물학적, 생화학적 증거들이 불충분하여 지지를 받지못하고 있다. 이제 바야흐로 균류들은 다원발생적(polyphyletic)으로 분류되어지기 시작하고 있는 것이다.

균류의 분류는 아직 통일되지 않고 유동적인 상태이기 때문에 본장에서는 잠정적으로 균류(Fungi)를 진균계(Eumycota, Kingdom Fungi)와 스트라미니필라계(Kingdom Straminipila) 그리고 유연관계가 확실치 않은 유사균류(fungus-like organisms of uncertain affinity)로 대별하였다.

진균계(Kingdom Mycota, Eumycota)는 최근까지 Chytridiomycota(병꼴균문), Zygomycota(접합균문), Ascomycota(자낭균문), Basidomycota(담자균문) 4 門(phylum)으로 구분되었으나, 2001년에 5번째 문으로 Glomeromycota(글로메로균문)가 채택되었다. 이 균은 원래 접합균문에 속해 있었다.

스트라미니필라계(Kingdom Straminipila)는 크로미스타계(Kingdom Chromista)에 속하며 비광합성 크로미스타(nonphotosynthetic chromista)인 난균문(Oomycota), 역모병꼴균문(Hyphochytridiomycota), Labyrinthulomycota를 포함하는 3문으로 이루어져 있다.

유연관계가 확실치 않은 유사균류(fungus-like organisms)는 Myxomycota(plasmodial slime moulds), Plasmodiophoromycota(plasmodiophorids), Dictyosteliomycota(dictyostelid slime moulds), Acrasiomycota(acrasid slime moulds)를 포함하는 4문으로 이루어져 있다.

5.3 진균계(Kingdom Mycota, Eumycota)

상기에서 언급한 바와 같이, 5문으로 구성된 진균계는 원생동물의 일종인 깃편모류(choanoflagellate) 조상에서 유래되었을 것으로 추정된다. 전통적으로 1개의 후편모(a single posterior flagellum)를 가진 운동성 세포를 기준으로 분류된 Chytridiomycota는 최근에 small subunit(SSU) rRNA를 암호화는 핵유전자(18S rDNA)의 염기서열 분석에 의해 재분류되었다. 즉, 이전에 Zygomycota에 속해 있던 몇몇 비운동성 균류(예; *Basidiobolus ranarum*)가 Chytridiomycota에 가깝다는 것이 밝혀져 재분류되었다. Glomeromycota가 제외된 현재의 Zygomycota는 분류상의 위치가 아직 명확치 않다. 한편, 서로 많은 공통적인 특징을 지니고 있는 Ascomycota와 Basidiomycota는 명확히 공통조상으로부터 유래되었을 것으로 판단된다.

5.3.1 Chytridiomycota(병꼴균문)

호상균문이라고도 불리는 하등균류인 병꼴균문은 전형적으로 단세포 및 세포가 가지 모양으로 분지하여 끝이 점차 가늘어진 가근(rhizoid)에 의해 기질에 부착한다. 통상 반수체이지만 일부(예, *Allomyces*)는 반수체와 배수체의 단계를 번갈아 형성한다. 세포벽은 카이틴(chitin)과 글루칸(glucan)으로 되어있다. 유성생식은 보통 운동성이 있는 웅성배우자와 자성배우자의 융합에 의하지만 때로는 웅성배우자만이 운동성일 때도 있다. 그러나 이 그룹의 대부분은 유성생식이 자세히 알려져 있지 않다. 무성생식은 유주포자낭(zoosporangium) 내의 세포질 분할에 의하며 운동성의 단편모 유주포자(uniflagellate zoospore)를 생성한다. 유주포자의 편모는 그 형상에 따라 회초리모양편모(미형편모, whiplash flagellum; 표면이 매끄러운 편모)와 깃모양편모(우형편모, tinsel flagellum; 중축으로부터 미세한 섬유상의 부속물이 측생한 형태의 편모)로 대별되어지는데, 병꼴균문의 유주포자는 후단에 1개의 회초리모양편모를 형성한다. 병꼴균문에서 균체 전부가 유주포자낭으로 변하기도 하고(예, *Rhizophlyctis*), 유주포자낭이 균체의 일부에 형성(예, *Allomyces*)되기도 하는데, 영양체(균체)에서 생식기관이 생성되는 과정에서 영양체 전체가 그대로 생식기관으로 전환하는 경우를 전실성(holocarpic), 영양체의 일부분이 생식기관으로 분화한다든지 영양체로부터 새롭게 생식기관이 형성되는 경우를 분실성(eucarpic)이라 한다. 대다수의 균류는 분실성 균체를 가진다. 그리고, 1개체에 단 1개의 유주포자낭이 형성되는 것을 단심성(monocentric)이라 하고 가근이 확산하여 1개체에 복수의 유주포자낭이 형성되는 것을 다심성(polycentric)이라 한다. 병꼴균류는 운동성 편모를 가진 유주포자(zoospore)를 만드는 유일한 진균이지만 어떤 균류는 편모를 가지고 있지 않다. 즉, 최근 18S rRNA 분석 결과에 따라 접합균문에서 병꼴균문으로 옮겨진 *Basidiobolus ranarum*이 그 예이다. 병꼴균류는 유주포자의 미세구조에 근거하여 호상균목(Chytridiales), 후벽낭균목(Blastocladiales), 모노블레파리드균目(Monoblepharidales), 네오칼리마스티그균目(Neocallimastigales), 스피젤로균目(Spizellomycetales) 5목으로 구분된다. 5목 중에서 Neocallimastigales는 독특하게 혐기성 절대기생체이다. 최근 이균류는 에너지 형성을 위해 하이드로게노솜(hydrogenosome)을 지니고 있는 것으로 밝혀졌다.

5.3.2 Zygomycota(접합균문)

병꼴균문과 더불어 하등균류에 속하는 접합균문은 *Zygomycetes*강과 *Trichomycetes*강으로 구성되어 있다. *Zygomycetes*강은 주로 부생성 균류(saprophyte; 사물에 기생하는 균)를 포함하며 기생성을 나타내는 균종의 경우에는 숙주의 조직 내로 균사가 침입한다. 대부분의 균사체는 백색 또는 회색의 격막이 없는 다핵성 원형질괴(coenocyte)로 되어 있다(coenocytic mycelia). 그러나 소수의 균종에서는 매우 한정된 크기로 뚜렷한 간격의 격막이 있는 균사체를 가지기도 한다. 세포벽은 주로 chitosan-chitin 그리고 다포도당산(polyglucuronic acid)의 혼합으로 구성되어 있다. *Trichomycetes* 강은 거의 대부분이 절족동물의 몸표면이나 장관내벽에 착생하여 장관 내의 영양분을 섭취하여 생활을 영위하며 균사는 숙주의 조직 내로 침투하지 않는다. *Trichomycetes*강의 무성생식은 포자낭포자 및 특수한 형태의 포자인 trichospore, 분절포자(arthrospore), 엽상체 내에서의 아메바상의 내생포자를 형성한다. *Zygomycetes*강의 무성생식은 몇몇 종에서는 후막포자를 생성하지만 주로 균사의 특이한 부위에서 분화된 포자낭포자(sporangiospore)를 함유하고 있는 포자낭(sporangia, 단수 sporangium)을 형성함으로서 시작된다. 전형적인 포자낭은 잘 분화된 포자낭병(sporangiophore)상에서 형성되며 내부에 다수의 포자낭포자를 가진다. 포자낭포자의 분화에 있어서 통상 포자낭과 포자낭병을 구분하는 격벽이 dome 모양의 중축(columella)을 형성한다. 털곰팡이목(Mucorales)의 일부의 균종은 1개 또는 소수의 포자를 가진 포자낭의 일종인 소포자낭(sporangiolum, sporangiole, 복수 sporangiola)을 형성하기도 한다. 소포자낭이 있는 구조는 대개 중축이 존재하지 않는다. 균종에 따라서는 소포자낭만을 형성하는 것도 있지만, 포자낭과 소포자낭 양쪽을 함께 형성하는 것도 있다. *Chaetocladium*와 같은 접합균류에서 소포자낭은 포자벽(spore wall)과 포자낭벽(sporangial wall)이 다른 단 1개의 포자를 함유하기도 하고, *Cunninghamella*과 같은 접합균류에서는 포자벽과 포자낭벽이 명확히 구분되지 않는 포자를 형성하기도 한다. 이런 경우는 진정 분생포자(true conidia)로 간주되어진다. 따라서 많은 균학자들은 소포자낭을 포자낭과 분생포자간의 진화적 중간체로 간주하고 있다. 접합균류의 유성생식은 서로 인접해 있는 두 균사가 서로 접합하여 배우자낭(gametangia, 단수 gametangium)을 형성하고 두 배우자낭 사이의 세포벽이 효소에 의해 용해되고 양쪽의 원형질이 융합되어 접합자(zygote 또는

Zygosporangium; 접합포자낭)가 형성된다. 접합자 내부에는 단 1개의 접합포자(zygospore)가 존재한다. 실험실 조건하에서 접합균류의 일종인 *Rhizopus stolonifer*의 포자는 21℃에서 약 1~3개월 내에 발아된다.

대표적인 접합균류에는 *Mucor*속, *Rhizopus*속, *Absidia*속 등이 있다. *Mucor*속(털곰팡이 속)은 떡, 빵 등의 식품과 토양, 과일, 퇴비 등 자연계에 널리 분포되어 있으며 육안으로는 솜털 모양으로 보인다. *Mucor rouxii*는 동남아시아에서 누룩의 일종인 Ragi로부터 분리되었는데 amylase 생성력이 강하며 알코올 발효력도 있기 때문에 전분으로부터 ethanol을 제조하는 amylo법에 이용되기도 한다. *Mucor pusillus*는 치즈의 응유효소(chymosin; 종전에는 rennin이라 불렀다)를 강하게 생성하므로 microbial rennet의 공업적 생산에 이용되고 있다. 이전에는 치즈의 제조시 송아지의 제4위로부터 얻어진 rennet가 사용되었지만, 최근에는 *Mucor pusillus*에 의한 대용 rennet를 이용한 치즈의 제조가 전 세계에서 생산되고 있는 치즈의 약 60%를 차지하고 있다. *Rhizopus*속(거미줄곰팡이 속)은 *Mucor*속의 특징과 유사하나 균사가 포복지(stolon; 두 균의 가근을 서로 연결하는 균사)로 되어 있고 가근(rhizoid)을 형성하며 가근 부위에 1~수개의 포자낭병을 형성한다. 동물에 병원성을 가진 것과 과실의 부패를 일으키는 균종도 있지만 amylase와 유기산의 생산력이 높아서 이용성이 높다. *Rhizopus nigricans*는 야채, 과일, 곡물에 번식하여 부패를 일으키기도 하지만 fumaric acid와 같은 유기산의 생산력이 강하여 공업적으로 이용되기도 한다. *Rhizopus delemar*는 중국곡자에서 분리된 균으로 전분의 당화력이 강하여 알코올을 제조하는 amylo법에 이용되기도 한다. *Absidia*속(활털곰팡이속)은 *Rhizopus*속과 유사하나 포복지의 절간부의 중앙으로부터 가근이 생성된다는 점이 다르다. 공업적으로 중요한 균종은 적다. 접합균문의 일반적인 특징을 정리해 보면 다음과 같다.

① 세포벽이 키토산(chitosan), 카이틴(chitin) 그리고 다포도당산(polyglucuronic acid)의 혼합체로 구성되어 있다.

② 접합균문의 균사(hyphae)는 대부분 격막(cross wall)이 결여되어 있어 모든 핵이 하나의 세포질 내에 존재하는 다핵균사(coenocytic mycelium)이다.

③ 두꺼운 세포벽을 가진 휴면포자(resting spore)인 접합포자(zygospore)를 형성한다. 유성생식에 의해 형성되는 접합포자는 서로 인접해 있는 두 균사가 서로 접합하여 배우자낭(gametangia)을 형성하고 두 배우자낭 사이의 세포벽이 효소에 의해 용해되고 양쪽의 원형질이 융합되어 접합자(zygote, diploid cell)가 형성된다. 접합자 내부에는 단 한 개의 접합포자(zygospore)가 존재한다.

④ 포자낭(sporangium) 안에서 세포질의 분할에 의해 무성포자인 포자낭포자(sporangiospore)를 형성한다.
⑤ 반수체 유전체를 가지고 있다(haploid genome).

5.3.3 Ascomycota(자낭균문)

자낭균문은 효모류(yeast)와 곰팡이류로 대별된다. 자낭균문은 대부분이 부생성이지만 상당수는 동물, 식물, 곤충 등에 기생성을 나타내기도 한다. 담자균문와 더불어 고등균류에 속하는 자낭균문의 영양세포는 격막(cross wall)이 있는 균사체 혹은 효모의 형태를 나타낸다. 균사벽은 cellulose를 함유하고 있는 극소수의 균종이 보고되어 있지만 자낭균문의 균사벽은 일반적으로 다량의 chitin이 함유되어 있다. 일반적으로 자낭균류는 생활환(life cycle) 중에 완전세대라 불려지는 유성생식기(자낭형성시기)와 불완전세대라 불려지는 무성생식기(분생자형성시기)를 동시에 가지는 경우가 많다. 그러나 일부의 자낭균문에서는 무성생식기 또는 유성생식기 어느 한쪽이 결여되어 있는 경우도 있다. 무성생식기가 결여되어 있는 경우라도 자낭균문의 분류는 유성생식기에 근거를 두고 있기 때문에 그 분류에는 문제될 것이 전혀 없다. 그리고 유성생식기가 결여되어 있는 자낭균문은 이들의 무성생식 기관이 전형적인 자낭균류의 것과 매우 유사하기 때문에 불완전균문으로 분류하지는 않는다. 이런 사실들로 미루어 볼 때 상당수의 불완전균문은 진화과정에서 자낭균문의 유성생식이 결손된 것이거나 혹은 유성생식이 발견되지 못한 것으로 생각된다. 자낭균문의 무성생식은 자낭균 효모에서 보여지는 출아와 분열에 의한 증식이 있으나 주로 특수하게 분화된 균사, 즉 분생자병(conidiophore)상에 형성되어지는 분생포자(conidia)에 의한다. 유성생식은 공모양으로 팽대한 특수한 포자낭인 자낭(ascus)을 만들고 그 속에 2~8개의 자낭포자(ascospore)를 형성하는 것이 특징이다. 효모는 균체 자신의 세포가 곧 자낭이 되어 포자를 형성하게 된다. 곰팡이는 인접한 두 균사가 접합하고 그 부위가 균사로 싸여져 팽대하여지게 되는데, 이러한 상태를 자낭과(ascocarp)라 하며 그 내부에 여러 개의 자낭(ascus)이 만들어진다. Ainsworth는 자낭균문을 그들이 형성하는 자낭과의 형태에 기초를 두고 Hemiascomycetes(반자낭균강), Plectomycetes(부정자낭균강), Pyrenomycetes(핵균강), Discomycetes(반균강), Laboulbeniomycetes(충생자낭균강), Loculoascomycetes(소방자낭균강)의 6개의 강으로 분류하였다. 자낭과는 그 형태에 따라 폐자낭각(폐자기, cleistothecium), 자낭각(피자기, perithecium), 자낭반(나자기, apothecium), 자낭자좌(ascostroma) 등으로 나누어진다.

5.3.4 Basidiomycota(담자균문)

담자균문(Basidiomycota)은 Kirk 등(2001)에 의하면 약 3만 종이 알려져 있는데, 이것은 전체 진균의 37%에 달한다. 담자균문에는 일반적인 식용버섯(mushrooms), 깜부기균(smuts), 녹균(rusts), 목이버섯(jelly fungi), 말불버섯(puffballs), shelf fungi, stinkhorns, bird's nest fungi 등이 포함되어 있다. 담자균문은 유성생식시 특수하게 분화된 담자기(basidium)상에 담자포자(basidiospore)를 생성하는 점에서 다른 모든 균류와 구별된다. 담자포자는 일반적으로 1핵의 단상체이며 자낭포자와 마찬가지로 원형질융합, 담자기 내에서의 핵융합, 감수분열의 결과로 생성된다. 담자균류의 균사체는 유연공격막(dolipore septum)이라 불리는 매우 독특한 격막구조를 가지고 있다. 녹균류 및 깜부기균 등 일부 담자균류의 균사는 자낭균류에서 보여지는 것과 같은 일반적인 격막공이 있는 격막을 형성하지만 대부분의 담자균류의 균사는 보다 복잡한 구조의 유연공격막(dolipore septum)을 가지고 있다. 담자균류에서 보여지는 무성증식의 대표적인 양식은 출아(담자균문의 효모균류), 분생자, 후막포자, 아자(oidium) 등을 들 수 있다.

5.3.5 Glomeromycota(글로메로균문)

글로메로균문에 속해 있던 균류들은 원래 접합균문에 속해 있던 균류들로 SSU rRNA 염기서열을 기초로 한 정밀 분석결과, 이들 균류는 다른 모든 주요한 균류들과 확실히 다르다는 것이 밝혀졌다. 이로써 2001년에 이들 균류들은 새로운 문(phylum)인 Glomeromycota로 재분류되었다. 이 문에 속해 있는 주요 균류인 수지상균근균(arbuscular mycorrhizal fungi, AM fungi)은 다음과 같은 특성들을 가지고 있다.

① 수지상균근균은 많은 식물의 뿌리에서 자라며, 숙주식물 없이는 자라지 못한다. 즉, 수지상균근균은 숙주세포를 죽이지 않고 살아있는 숙주로부터 서로 이득을 주며 영양공급관계를 형성(공생관계)하는 생체영양성생물(biotrophs)이다. 따라서 탄소와 에너지원을 전적으로 식물에 의존하는 것으로 판단된다.

② 수지상균근균의 균사는 각각의 뿌리 피층 세포(root cortical cell)를 침투하여 얽히면서 분지된 나뭇가지와 같은 구조인 수지상체(arbuscules)를 만든다. 이때 항상 그렇지는 않지만 대게 영양 저장고 기능을 하는 것으로 믿어지는 크게 부푼 구낭(large swollen vesicles)을 형성한다.

영국 스코틀랜드의 라이니 처트(Rhynie Chert) 퇴적물에서 나온 식물화석(약 4억년 전 데본기 화석)에서 오늘날 가장 일반적인 균근균(mycorrhizal fungi)인 수지상균근균(arbuscular mycorrhizal fungi)과 유사한 구조를 갖고 있는 균이 발견되었다. 이것은 초기의 육상식물 중 일부는 이미 균근 관계를 갖고 있었고, 아마 이들 균류는 식물의 육상 정착에 결정적인 역할을 했을 것으로 보인다.

5.4 균류의 생식(Fungal reproduction)

균류의 생식방법은 무성생식과 유성생식의 두 가지 방법이 있다. 무성생식은 생식기관(gametangium)이나 생식세포(gamate)가 관여하지 않고 체세포나 무성포자에 의한 증식법이다. 유성생식은 성을 달리하는 단상(n)의 핵을 가진 웅과 자의 배우자(gamate)가 합체(원형질융합 및 핵융합)를 행하여 복상(2n)의 핵을 가진 세포인 접합자(zygote)를 생성하는 생식양식이다.

5.4.1 무성생식(asexual reproduction)

무성생식의 가장 단순한 형태로는 효모의 출아나 분열 및 균사상 균류에서 보여지는 것과 같은 균사의 분절을 들 수 있다. 담자균류에서 무성생식은 출아(budding), 분생포자(단수 conidium, 복수 conidia, conidiospore), 분절형 분생자(arthroconidium, arthrospore), 아자(oidium)의 생산에 의해 일어난다. 이외에 무성생식은 포자낭포자(sporangiospore), 후막포자(chlamydospore), 출아포자(blastospore), trichospore, 유주포자(zoospore) 등과 같은 무성포자에 의한다.

포자낭포자(sporangiospore): 접합균류에서 볼 수 있는 포자로서 균사에서 위로 곧게 가지를 친 포자낭병(sporangiophore)의 끝이 원형 또는 타원형으로 부풀어 커져 형성된 포자낭(sporangium) 안에 여러 개의 포자낭포자가 내생한다. 포자낭과 포자낭병을 구분짓는 격벽은 dome 모양의 중축(columella)을 형성한다.

분생포자(분생자): 자낭균류의 전부와 불완전균류의 일부에서 볼 수 있는 포자로서 균사에서 공중으로 신장한 분생자병(conidiophore)이라는 지지체를 형성하며 그 위에 경자

(sterigma)를 만들고 이 경자 위에 분생포자가 외생한다. *Aspergillus*속 등은 분생자병의 선단이 팽대되어 정낭(vesicle)이라는 구조가 형성되고 그 위에 경자가 만들어진다.

후막포자(Chlamydospore): 불완전균류 중의 *Scopulariopsis*속의 균류와 몇몇 접합균류에서 볼 수 있는 포자로서 균사의 선단 또는 중간부위에 원형질이 모여 농축 팽대하고 이것이 세포벽에 의해 격리되면서 생성된다. 내구성을 가지는 휴면성 후막포자는 보통 균사에 여러 개가 동시에 생겨 흡사 염주와 같은 모양을 형성하며 적당한 조건만 되면 발아하여 균사가 된다.

분절 포자(arthrospore): 분절형 분생자(arthroconidium)라고도 하며, 균사가 횡격막에 의하여 분단되어 형성된 포자(fragmented hyphae)이다. 내구적 성질이 없고 통상 휴면기간 없이 그대로 발아하는 특징이 있다.

芽子(단수 Oidium, 복수 Oidia): 얇은 벽으로 된 포자(thin-walled spores)인 아자는 특별한 짧은 균사분지(special and short hyphal branches), 즉 아자병(oidiophores)에 의해 생성되며, 아자병의 선단으로부터 연속적으로 아자가 절단된다.

출아포자(blastospore): 자낭균류 및 불완전균류의 효모에서 보여지는 출아에 의해 생성되는 포자이다.

유주포자(유주자라고도 함): 1～2개의 편모를 가지는 운동성 무성포자를 유주포자라 한다. 유주포자는 형성과정에 있어서 포자낭포자와 동일하며, 유주포자낭은 포자낭과 상동기관으로 간주된다.

5.4.2 유성생식(Sexual reproduction)

균류의 유성생식은 기본적으로 원형질융합(plasmogamy), 핵융합(karyogamy), 감수분열(meiosis)에 의하여 형성되어지는 유성포자의 생성에 의한다. 유성포자에는 접합포자(zygospore), 난포자(oospore), 자낭포자(ascospore), 담자포자(basidiospore)의 4종류가 있다. 균류의 유성생식 기관은 배우자낭(gametangium)인데, 형태적으로 동일한 배우자낭을 동형 배우자낭, 형태적으로 서로 다른 배우자낭을 이형 배우자낭이라 부른다. 이형 배우자낭에 있어서 웅성의 배우자낭은 조정기(antheridium), 자성의 배우자낭은 조난기(oogonium)라 부른다.

접합포자: 접합균류에서 볼 수 있는 유성포자로서, 서로 인접한 2개의 균사가 접합하여 그 부위가 팽대해져 배우자낭(gametangia)이 형성된다. 차후 두 배우자낭 사이의 세포벽이 효소에 의하여 융해되고 양쪽의 원형질이 융합되어 接合子(zygote)가 형성된다. 접합자의 내부에는 단 1개의 접합포자가 존재한다.

자낭포자: 자낭균류에서 볼 수 있는 유성포자로서 균사는 유성생식의 결과 공모양으로 팽대한 자낭(ascus) 속에 수 개의 자낭포자가 들어 있다. 효모는 균체 자신의 세포가 곧 자낭이 되어 포자를 형성하게 된다. 곰팡이는 인접된 두 균사가 접합하고 그 부위가 균사로 싸여져 팽대하여지게 되는데, 이러한 상태를 자낭과(ascocarp)라 하며 그 내부에 여러 개의 자낭(ascus)이 만들어진다. 이 자낭과는 그 형태에 따라 폐자낭각(cleistothecium), 자낭각(perithecium), 자낭반(apothecium) 등으로 나누어진다.

담자포자: 담자포자는 담자균의 균사 상호간에 접합이 일어나고 이 부위가 팽대됨과 동시에 약간 신장하여 담자기(basidium)가 된다. 이 담자기 위에 보통 4개의 경자를 형성하며 1개의 경자 위에 1개의 담자포자를 형성한다. 이 포자는 유성포자이면서도 외생포자(exospore)다.

5.5 효모(Yeast)

효모라는 용어는 형태학적, 생리학적 용어이며 분류학적 용어는 아니다. 전형적인 효모는 탄수화물을 발효하며 무성생식은 주로 출아에 의존하는 균사의 형성능이 상실된 단세포 생물군으로 정의된다. 그러나 효모를 엄밀하게 정의하는 것은 어렵고 그 범위는 연구자에 따라 다소 차이가 있다. 예를 들면, 어떤 효모는 무성적으로 세균과 같이 2분열법(binary fission)에 의하여 증식하기도 하고 위균사(pseudomycelium) 또는 진균사(true mycelium)를 형성하기도 한다. 그리고 *Lipomyces* spp와 *Hansenula wingei*는 비발효성이다. 또한 『The Yeasts』에서는 생활환의 한 시기가 효모 모양을 하는 균류인 *Tremella*속을 효모로서 취급하고 있으나, 효모와 곰팡이와의 중간적인 성질을 나타내는 *Endomyces*속이나 *Geotrichum*속은 효모에서 제외하고 있다. 그러나 어떤 학자들은 *Endomyces*속이나 *Geotrichum*속을 효모로서 취급하기도 한다. 분류학적으로 유성포자를 만드는 효모는 대부분 자낭균류에 포함되나, 담자포자를 형성하는 담자균류에 속하는 것도 있다. 무포자효모(asporogenous yeast)는 불완전균류에 포함된다.

5.5.1 효모세포의 구조 및 형태

효모세포의 외각은 세포벽(cell wall)으로 둘러 싸여 있고, 세포벽 바로 안쪽에 세포질막(cytoplasmic membrane)이 세포질(cytoplasm)을 둘러 싸고 있다. 세포질 중에는 핵(nucleus), 액포 (vacuole), 지방입(lipid granule), 소포체, 미토콘드리아 등이 있다. 세포벽은 glucan, mannan, chitin 등의 다당류, 단백질, 지질 등으로 구성되어 있다. 세포벽의 표면에는 모세포(mother cell)로부터 분리할때 생긴 탄생흔(birth scar)과 출아할 때 생긴 낭세포(daughter cell)가 부착되었던 출아흔(bud scar)이 있다. 효모의 형태는 종류에 따라 다르며 같은 효모일지라도 배지의 종류나 세포의 연령 또는 배양온도 등에 따라 다소의 변화가 생기며 그 기본형태는 다음과 같다.

난형(Cerevisiae form): 영국의 맥주공장에서 분리된 균으로서 *Saccharomyces cerevisiae*가 대표적인 효모다. 이 균은 맥주, 청주, 빵 등의 발효에 이용된다. 유용 효모는 대부분 이 형태를 갖는다.

타원형(Ellipsoideus form): 포도주 효모인 *Saccharomyces ellipsoideus*가 대표적인 효모이다.

정구형(Torula form): 내염성균으로 간장의 후숙에 관여하며, 맛과 향기를 부여하는 균인 *Torulopsis versatilis*가 대표적인 효모이다.

Sousage형(Pastorianus form): 맥주양조에서 불쾌한 냄새를 내는 유해한 야생 효모인 *Saccharomyces pastorianus*가 대표적인 효모이다.

Lemon형(Apiculatus form): *Hanseniaspora*속(대표균주 *Hanseniaspora valbyensis*)과 *Saccharomyces apiculatus*가 대표적인 효모이다.

위균사형(Candida form): *Candida*속 등의 효모가 속하며, 위균사(Pseudomycelium)는 세포의 끝과 끝을 연결시켜 긴 사슬을 형성하여 마치 곰팡이의 균사와 같이 된 효모의 한 형태이다.

5.5.2 효모의 분류

효모의 분류체계는 연구자에 따라 다소 상이한 분류체계를 세우고 있으나 "The Yeasts, a Taxanomic Study" (제3판, 1984년)에 채용된 분류가 일반적으로 널리 통용되고 있다. "The Yeasts"에서는 효모를 자낭균효모(Ascosporogenous yeasts) 33속, 담자균효모(Basidiosporogenous yeasts) 10속, 불완전균효모(Imperfect yeasts) 17속, 총 60속 500종으로 분류하고 있다. 효모는 또한 실용적인 면에서 상면효모(Top yeast)와 하면효모(Bottom yeast), 그리고 산막효모(Film yeast)와 비산막효모로 나누고 있다.

상면발효 효모: ① 전형적인 상면발효 효모로서 영국의 맥주공장에서 분리된 *Saccharomyces cerevisiae*는 맥주, 청주, 빵 등의 발효에 이용되어진다. ② 형태는 대게 원형이며 발효시 세포는 액면으로 부상하므로 발효액이 혼탁된다. ③ 발효작용이 빠르며 다량의 glycogen을 함유하고 있다. ④ Raffinose와 melibiose를 발효하지 않는다. ⑤ 균체가 균막을 형성한다. ⑥ 증류수로 건조 효모에서 cozymase[무기인산, thiamin diphosphate(thiamin pyrophosphate, cocarboxylase), NAD의 혼합물이다]를 침출하는 것이 불가능하다. ⑦ 최적온도는 10~25℃이다.

하면발효 효모: ① 맥주의 하면발효 효모인 *Saccharomyces carlsbergensis*는 독일의 맥주공업에 이용되어지며, *Saccharomyces cerevisiae*와 생리적 성질이 유사하다. ② 형태는 난형 또는 타원형이며 발효시 세포는 주로 발효액의 밑에 침전하므로 발효액이 투명하다. ③ 발효작용이 느리고 소량의 glycogen을 함유하고 있다. ④ Raffinose와 melibiose를 발효한다. ⑤ 균체가 균막을 형성하지 않는다. ⑥ 증류수로 건조 효모에서 cozymase를 쉽게 침출할 수 있다. ⑦ 최적온도는 5~10℃이다.

산막효모: ① 액체 배양했을 때 액면에 피막상의 균체를 형성하는 효모. ② 산소를 요구하며 산화력이 강하다. ③ 산막효모에는 *Hansenula*속, *Pichia*속, *Debaryomyces*속 등이 있다.

비산막효모: ① 배양시 액체 내부에서 발육하는 효모. ② 산소를 요구도가 적으며 발효력이 강하다. ③ 비산막효모에는 *Saccharomyces*속, *Schizosaccharomyces*속 등이 있다.

5.5.3 효모의 생식

효모의 생식은 무성생식과 유성생식 두 가지가 있다.

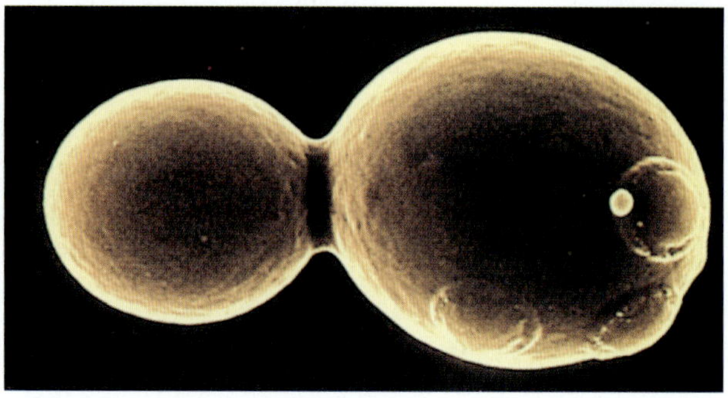

그림 5.3 효모의 출아 모습. 오른쪽 세포의 표면에서 이전 출아 부위를 나타내는 원형의 출아흔을 볼 수 있다.

무성생식

출아법(budding): 효모의 증식은 일부를 제외하고 거의 대부분이 출아법에 의하여 일어난다. 모세포 세포벽의 한 부위에서 작은 돌기가 생겨 이것이 점차 커져 아세포(bud cell)가 된다. 아세포는 모세포와 같은 크기로 커져서 모세포와의 사이에 새로운 세포벽이 형성되면 모세포로부터 분리된다. 이렇게하여 새롭게 분리된 젊은 세포인 낭세포(daughter cell)에는 탄생흔(birth scar)을 남기게 되고 모세포(mother cell)의 표면에는 출아흔(bud scar)을 남기게 된다. 이 출아흔 부위에서는 다시 출아하지는 못한다. 보통 1개의 효모세포는 여러 번 출아할 수 있고, *Saccharomyces cerevisiae*의 경우 9~43회 출아한 출아흔을 전자현미경으로 관찰한 기록이 있으며 평균 24회 출아한다고 한다. 그러나 같은 균이라도 저온에서는 2~3회 밖에 출아하지 못한다.

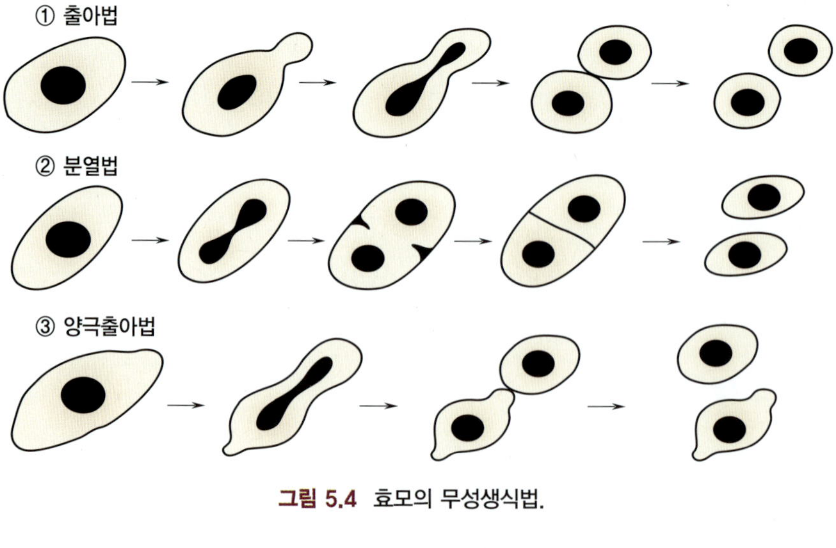

그림 5.4 효모의 무성생식법.

분열법(Fission): 일부의 효모 *Schizosaccharomyces*속은 세균과 같이 2분열법(Fission)에 의하여 증식한다. 즉, 세포의 중간에 격막이 생겨 동시에 2개의 새로운 세포로 증식하는 방법이다.

양극출아 및 다극출아법(Dipolar budding): Lemon형 및 Sousage형과 같은 소수의 효모에서의 볼 수 있는 증식방법이다. 예는 양극출아법이다.

유성생식

유성생식을 하는 효모는 포자생성 능력이 있으며 유포자효모는 예외없이 유성세대를 가지고 있다. 유포자효모류는 영양세포(vegetative cell)에 반수체(haploid)와 배수체(diploid) 두 가지 형이 있다. 다음은 효모의 대표적인 유성생식 유형 3가지를 설명한 것이다.

***Saccharomyces*형:** *Saccharomyces cerevisiae*를 비롯한 일반적인 효모의 영양세포는 배수체이지만 자낭포자 형성 직전에 감수분열(Meiosis, reductive division)을 2회 행하여 통상 4개의 반수체의 자낭포자를 세포 내에 만든다. 이 자낭포자는 그대로 발아하여 반수체의 영양세포가 된다. 이 반수체의 영양세포는 서로 접합하여 원형질융합, 핵융합을 거쳐 다시 배수체의 영양세포가 된다.

***Saccharomycodes*형:** *Saccharomycodes*속에서 볼 수 있는 방법이다. 배수체의 영양세포는 자낭포자 형성 직전에 감수분열을 행하여 4개의 반수체의 자낭포자를 형성한다. *Saccharomyces*형과는 달리 자낭 안에서 2개의 자낭포자가 서로 접합하여 핵융합에 의하여 배수체로 된 다음 발아하여 바로 영양세포가 된다.

***Schizosaccharomyces*형:** 일반적인 환경 하에서 영양세포가 반수체인 *Schizosaccharomyces*와 *Saccharomyces elegans*와 같은 효모는 포자형성 이전에 영양세포가 접합하여 접합관(Conjugation tube)을 형성하고, 양쪽의 세포핵이 융합하여 감수분열을 일으켜 핵은 세포 내로 이동한 후 포자를 형성한다. 따라서 배수기는 접합자에만 존재한다.

6장 바이러스와 프라이온

바이러스(virus)와 프라이온(prion)은 세균이나 균류에 비해 식품에 미치는 영향이 매우 제한적이지만 이들에 의한 식중독이나 질병을 이해하는 차원에서 이들의 실체를 꼭 알아두어야 한다.

라틴어 바이러스는 원래 뱀의 독과 같은 독성물질을 뜻하는 용어였지만 후에 전염성 질병유발인자라는 의미로 사용되었다. 20세기에 이르러 바이러스라는 용어는 조금 더 새롭고 특별한 의미를 가지게 되었다. 오늘날 바이러스는 생명체의 모든 세포 형태와는 달리 세포질이나 그들 자신의 대사기능을 가지고 있지 않는 캡시드라는 단백질 성분으로 둘러싸인 전염성 핵산(DNA 또는 RNA)을 함유한 유전단위를 의미한다. DNA 또는 RNA 한 종류의 핵산만을 자신의 유전체로 갖는 바이러스(DNA virus 또는 RNA virus)는 숙주세포 내에서 염색체와는 독립적으로 복제되는 유전요소이지만, 증식과정은 숙주세포에 의존한다. 바이러스는 플라스미드와 같은 유전요소와 달리 세포외 형태(extracellular form)를 가지고 있기 때문에 숙주의 외부에서 상당한 기간동안 생존이 가능하며, 한 숙주에서 다른 숙주로 전파되기도 한다.

6.1 바이러스의 발견과 바이러스학의 발전사

레이우엔훅(Leeuwenhoek)이 단순현미경을 이용하여 세균을 처음 발견하였을 때와는 달리, 바이러스의 발견은 이 작은 물체를 관찰할 수 있는 유일한 도구인 전자현미경의 출현

(1940년대) 전인 19세기경의 일이었다. 이러한 바이러스에 의한 질병이 한 숙주로부터 다른 숙주로 전파된다는 사실을 처음 증명한 것은 1884년 파스퇴르(L. Pasteur)의 광견병 연구와 1883년 아돌프 마이어(Adolf Mayer)의 담배 모자이크병에 관한 연구였다. 그러나 당시에는 그러한 전염병의 원인물질이 바이러스라는 것을 실험을 통하여 규명하지 못하였다. 파스퇴르(L. Pasteur)의 공동연구자이자 고압멸균기(autoclave)를 발명한 프랑스의 샤를 샹베르랑(Charles Chamberland, 1851~1908)이 1884년 세균여과기(bacterial filter)을 발명한 후 바이러스학(virology)의 실질적인 발전이 이루어지기 시작했다. 1887년 러시아 상트 페테르부르그(University of Saint Petersburg) 대학의 의학도인 디미트리 이바노프스키(Dimitri Ivanovski)는 크리미아(Crimea) 반도의 담배농장에서 담배모자이크병(tobacco mosaic disease)으로 인한 피해가 극심하다는 말을 듣고 담배모자이크병에 관한 연구를 착수하였다. 담배 모자이크병은 담배잎의 표면에 녹색 반점이 나타나며, 잎의 형태가 어긋나는 병으로 예전부터 알려져 왔지만 그 원인을 찾지 못하였다. 1892년 이바노프스키(Ivanovski)는 담배모자이크병에 걸린 담배잎의 즙을 세균이 통과할 수 없는 여과기(세균여과기)로 여과하여 그 여과액에 병원성이 있다는 것을 발견해 냈다. 이것이 여과성 병원체, 즉 바이러스의 존재를 나타낸 최초의 실험이다. 이것을 건강한 담배잎에 접종하면 모자이크병을 일으킨다는 사실을 확인한 이바노프스키(Ivanovski)는 이 전염성 물질을 여과성 바이러스(filterable virus)라고 하였다. 한편, 1898년 네덜란드의 마루티누스 베이제린크(Martinus Beijerinck)는 담배모자이크병을 일으키는 인자는 생명체의 특성을 많이 소유하고 있다는 강력한 증거를 제시하고 그 인자를 "contagious living liquid"라 불렀다. 그는 담배모자이크병을 일으키는 인자는 증식중인 식물조직에서만 증식하는 것을 관찰한 후에 담배모자이크병을 일으키는 인자의 증식은 세포 내에서만 일어나며 숙주세포의 활발한 대사에 의존하고 있다는 결론을 내렸다. 이 가정은 현재 우리들이 알고 있는 바이러스의 증식에 관한 지식과 매우 유사하다. 같은 해에 Robert Koch(1843~1910)의 제자인 독일의 프리드리히 뢰플러(Friedrich Loeffler: 1852~1915)와 파울 프로쉬(Paul Frosch: 1860-1928)는 가축전염병인 구제역 바이러스(foot-and-mouth disease)를 발견했다. 이들은 구제역 병원체가 세균여과기(bacterial filter)를 통과하는 현미경으로는 볼 수 없는 물체이지만 스스로 증식할 수 있는 새로운 유형의 병원미생물이라 규정하고 천연두(smallpox), 우두(cowpox), 홍역(measles)과 같은 전염성 질병도 구제역과 유사한 여과성 물질(filterable agent)일 것으로 제안하였다. 이들의 발견은 동물 바이러스학의 분야를 개척한 셈이 되었다. 1915년에 프레데릭 트워트(Frederick Twort)와 1917년 펠릭스 데렐(Félix d'Herelle)은 각각 독자적으로 세균바이러스(bacteriophage: from bacteria and Greek *phagein* meaning “to eat”)가 세균에 전염된다는 것을 발견하였으며, 1935년 미국의 웬들 스탠리(Wendell M. Stanley)는 담배의 모자이크 바이러스(tobacco mosaic virus, TMV)를 순수 분리· 정제· 결정화하여 바이러스의 본체를 확인하였다. 1949년 미국의 엔더(J. F. Ender), 로빈스(F. C. Robbins) 및 웰러(T. H. Weller) 등은 원숭이의 신장을 조직배양하고 거기에 소아마비 바이러스를 인공배양 하는 데 성공함으로써 소크(Salk), 세이빈(Sabin) 및 코프로프스키(Koprowski) 등에 의한 백신 조제의 기초를 마련하였다. 이러한 바이러스는 이후 거듭된 연구결과로 다음과 같은 특성을 가지고 있음이 밝혀졌다. ① 바이러스는 질병의 감염원이다. ② 바이러스는 광학현미경으로 볼 수 없으며 대부분의 세균이 통과할 수 없는 여과막을 통과할 수 있다. ③ 바이러스는 독립적인 대사기능이 결여되어 있기 때문에 생세포 내에서만 증식이 가능하며 핵산의 복제에 의하여 자기증식을 한다. ④ 바이러스의 게놈은 RNA 혹은 DNA의 어느 한쪽의 핵산만으로 구성되어 있다.

오늘날과 같은 바이러스학의 발전은 1940년대 전자현미경의 출현 및 초고속원심법, 조직배양법 등의 발전에 힘입은 바 크다.

6.2 바이러스의 구조 및 구성성분

박테리오파아지(Bacteriophage) ΦX174와 같은 가장 작은 바이러스는 직경이 약 27nm이며, 가장 큰 바이러스인 폭스바이러스(poxvirus)도 직경이 약 300nm이다. 폭스바이러스(Poxvirus)는 동물바이러스 가운데 크기가 가장 큰 바이러스로 위상차현미경을 사용하거나 염색하면 광학현미경으로도 볼 수 있다. 그러나 대부분의 바이러스는 크기가 너무 작아 광학현미경으로는 볼 수 없으며 전자현미경으로만 관찰할 수 있다. 바이러스의 구조는 크기, 형태, 화학적 조성에서 다양하다. 바이러스의 구조에 관한 연구는 전자현미경의 발명에 힘입어 입자의 전체적인 크기 및 형태를 조사하는 차원에서 이루어졌으나 최근에는 바이러스의 내부 구조에 관한 연구도 활발히 이루어지고 있다. 가장 단순한 감염성 바이러스 입자는 중심부에 핵산부분과 이 핵산을 둘러싸고 있는 단백질 껍질(protein coat, capsid)로 되어 있다. 이 양자를 합쳐서 핵단백질(nucleoprotein)이라고 한다. 바이러스의 유형에 따라 capsid의 외부를 둘러싸고 있는 피막(envelope)이라 부르는 막층(membrane layer)을 가지는 바이러스도 있다.

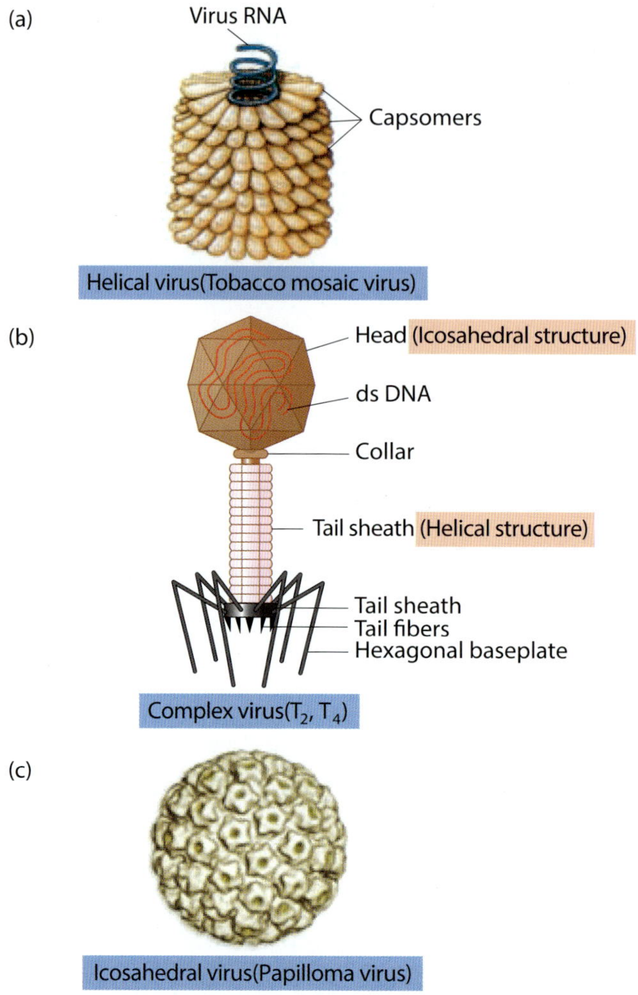

그림 6.1 바이러스 캡시드의 3 가지 모형. (a) 담배 모자이크 바이러스(helical symmetry), (b) bacteriophage(complex symmetry), (c) Icosahedral virus

캡시드(Capsid): 바이러스의 핵산은 항상 캡시드(capsid)라 불리는 단백질 껍질(protein coat)로 둘러싸여진 입자 내에 위치해 있다. 캡시드는 캡소머(capsomer) 또는 캡소미어(capsomere)라고 하는 단백질 소단위(protein subunit)의 집합체이며 간단한 바이러스에서 캡시드는 한 종류의 단백질로 되어 있는 반면 복잡한 바이러스에서는 몇 가지 종류의 단백질로 이루어져 있다. 이러한 캡시드는 그 배열상태에 따라 입방대칭(isometric symmetry or icosahedral symmetry) 및 나선대칭(helical symmetry)으로 구분된다. 간상 바이러스(rod shaped virus)는 나선대칭을 가지며 구형 바이러스(spherical virus)는 입방대칭을 가진다. 그림 6.1에서 보듯이, 나선대칭의 tobacco mosaic virus(TMV)는 동일한 단백질 소단위(capsomer)가 2130개 모여 막대 모양을 하고 있으며 단백질 소단위는 껍질(capsid)을 형성하고 single stranded RNA의 핵산은 단백질 소단위 속에 파묻혀 있다. 이 단백질 껍질은 나선구조로 나선 1회전당 16½개의 단백질 소단위가 소요되며 간상의 총 길이는 약 18×300 nm이다. 입방대칭인 다면체 바이러스의 캡소머는 5개(pentamer), 6개(hexamer) 혹은 그 이상의 단백질 소단위로 구성된 다단위체 단백질이다. 가장 간단한 경우의 캡시드 단백질은 오합체(pentamer)로 응집(aggregation)된 캡소머 12개가 캡시드를 형성하고 있다. 반면에 보다 복잡한 구조의 캡시드는 12개의 오합체(pentamer)와 많은 육합체(hexamer) 캡소머가 서로 결합한 형태를 취하고 있다. Adenovirus의 경우 각 모서리(edge)에 4개의 hexamer와 각 면(face)에 6개의 hexamer, 각 정점(vertex)에 1개의 pentamer를 가지고 있다. 정 20면체(icosahedron)의 아데노바이러스(adenovirus)는 20개의 면과 30개의 모서리(edge)와 12개의 정점(vertex)을 가지고 있기 때문에 아데노바이러스(adenovirus)는 12개의 오합체(pentamer)와 240개(6 × 20 + 4 × 30)의 오합체(hexamer)로 이루어져

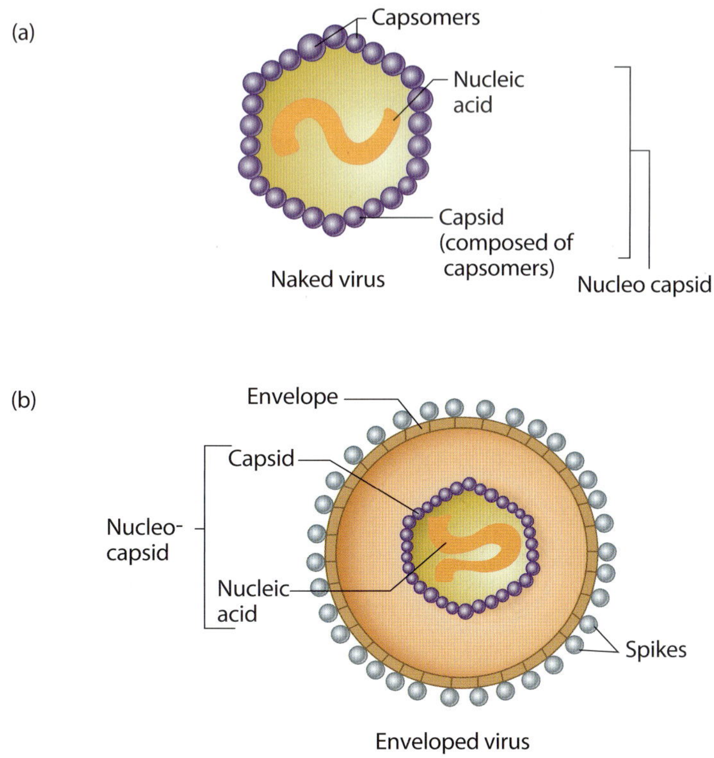

그림 6.2 (a) 노출 바이러스(Naked viruse)와 (b) 피막 바이러스(enveloped virus)의 일반적인 구조.

있다. 정20면체를 구성하고 있는 켑소머의 배열상태와 수는 각 바이러스에 특징적이다. 이외에 어떤 박테리오파지(bacteriophage)는 입방대칭이고 어떤 것은 나선대칭인가 하면 머리는 입방대칭이고 꼬리는 나선대칭 구조를 가진 복합대칭(complex symmetry)의 T-even bacteriophage(phage T_2, T_4, T_6)와 같은 것도 있다. 머리와 꼬리를 갖는 복합형 세균바이러스는 이대칭성(binalsymmetry)을 가졌다고도 표현하는데, 이는 이들 바이러스가 정20면체(머리)와 나선형(꼬리)을 모두 갖고 있기 때문이다.

바이러스 단백질(Viral proteins): 바이러스를 구성하고 있는 단백질은 상기에서 설명한 바이러스의 genome을 보호하는 캡시드 단백질과 감염과정에서 역할하는 효소 단백질로 크게 구분할 수 있다. 바이러스의 세포외 감염형태(extracellular infectious form)인 virion은 대사반응을 수행하지 못하기 때문에 숙주세포 외부에서는 대사적으로 불활성이다. 그러나 몇몇 virion은 감염과정에서 중요한 역할을 하는 효소를 함유하고 있는 경우도 있다. ① 많은 바이러스들은 감염 후 바이러스 핵산이 messenger RNA로 전사되는 자체 핵산 중합효소(nucleic acid polymerase)를 함유하고 있다. RNA virus인 retrovirus의 경우에는 reverse transcriptase라 불리는 RNA-dependent DNA polymerase를 함유하고 있다. ② Influenza virus의 neuraminidase(sialidase)는 숙주세포의 세포질막에 존재하는 neuraminic acid의 유도체인 sialic acid 성분을 파괴하여 숙주세포의 표면으로부터 virion의 방출에 기여한다. ③ 몇몇 세균을 감염시키는 virion은 lysozyme이라 불리는 효소를 함유하고 있는데, 이 효소는 세균의 세포벽에 작은 구멍을 만들어 바이러스의 핵산을 숙주세포 안으로 들어가게 하거나 성숙된 virion의 방출을 돕는다.

게놈(Genome): 바이러스는 유전물질로서 DNA를 가지느냐 또는 RNA를 가지느냐에 따라 두 종류로 나누어진다. DNA 바이러스의 DNA 분자는 이중가닥(double stranded) 또는 단일가닥(single stranded DNA)으로 되어 있다. 대부분의 DNA 바이러스는 이중가닥 염색체를 가지나 동물바이러스인 parvovirus는 단일가닥 선상 DNA(single stranded linear DNA)로 되어 있으며 단일가닥 환상 DNA(single stranded circular DNA)을 갖는 것도 있다. 대부분의 RNA 바이러스는 단일가닥 선상 RNA(single stranded linear RNA)로 되어 있고, reovirus와 같은 극소수의 RNA 바이러스만이 이중가닥 RNA(double stranded RNA)를 가지고 있다. 현재로서는 피막(envelope)을 가진 single strand DNA 바이러스는 존재하지 않으며, double strand RNA로 피막(envelope)을 가진 것은 세균바이러스인 Cystoviridae(시스토 바이러스과)만이 알려져 있다.

피막(Envelope): 캡시드(Capsid)의 외부를 둘러싸고 있는 피막(envelope)이라 부르는 막층

(membrane layer)을 가지는 피막 바이러스는 인플루엔자 바이러스(influenza virus)와 같은 동물바이러스에서 일반적이지만 몇몇 박테리오파아지나 식물바이러스 중에도 존재한다. 바이러스의 피막(envelope)은 생세포의 막처럼 물질의 흐름을 조절하는 등의 생리적 활성을 나타내지 않는다. 그러나 바이러스 입자를 둘러싸고 있는 피막은 외래물질을 인지하여 파괴하는 숙주 방어 기작(host defense mechanism: the immune system)에 의한 인지를 변경시킬 수 있다. 이러한 바이러스 피막은 단백질이 삽입되어져 있는 지질 이중층(lipid bilayer)으로 이루어져 있다. 즉, 주로 인지질(phospholipid)과 당단백질(glycoprotein)로 구성되어 있다. 피막의 당단백질의 합성은 viral genome에 의해 명령되어지며, glycosylation의 당부위(carbohydrate portion)와 지질성분은 숙주세포로부터 얻어진다. Virus가 숙주세포를 떠날 때 숙주세포의 핵막이나 세포질막을 취하여 viral capsid를 둘러싸서 피막의 지질부분을 형성한다.

바이러스 지질(Viral lipids): 바이러스의 지질은 상기에서 설명한 피막을 구성하고 있는 주성분이다. 이러한 지질을 함유하고 있는 바이러스는 ether나 기타 유기용매에 용해된다. 일반적으로 ether에 대한 감수성에 의해 바이러스가 지질을 함유하고 있는 피막을 소유하고 있는 지를 구별할 수 있다. Ether에 의해 감염성이 실활되는 바이러스는 Herpesvirus, Retrovirus, Paramyxovirus, Coronavirus, Arenavirus 등이 알려져 있는 반면에 ether에 저항성을 나타내는 바이러스는 Adenovirus, Piconavirus, Reovirus, Parvovirus 등이 있다.

6.3 바이러스의 분류

오늘날 바이러스의 분류는 바이러스 구조의 물리화학적 해명이 진보되어 비리온(virion)의 성상, 즉 핵산의 종류(DNA인가 RNA인가), capsid의 대칭성, 피막(envelope)의 유무 등 구조적 차이에 기반을 두고 있다. 그리고 비리온의 다른 특징인 염색체의 구조(환상인가 선상인가 또는 단일가닥인가 이중가닥인가) 및 숙주와 바이러스의 상호작용 등에 의해 바이러스의 분류는 더욱 세분화된다. 이와 같은 바이러스의 분류를 위하여 1966년에 International Committee on Nomenclature of Viruses(ICNV)가 설립되었고, 1973년에 International Committee on Taxonomy of Viruses(ICIV)로 개칭되어 현재에 이르고 있다. 여기에서는 척추동물바이러스, 무척추동물바이러스, 식물바이러스, 세균바이러스, 진균

바이러스의 각 부회가 새로이 발견된 바이러스와 지금까지 미분류된 바이러스를 검토·토의한 후 정식 승인을 받는 형태를 취하고 있다. 분류의 체계(hierarchy)는 과(family, 어미,-viridae), 속(genus,어미, -virus), 종(species)으로 하며, 필요에 따라 아과(subfamily, 어미, -virinae)로 두고 있다. 동물, 식물, 세균류의 바이러스는 종종 따로 분류하는데 동물바이러스는 과, 속, 종으로 분류하며 라틴어명과 영어명을 사용한다. 세균바이러스는 라틴어 과(family)명을 사용한 분류방법을 택하기도 하지만 거의 사용되지 않고 있다. 식물바이러스는 영어명의 분류방식을 따르며 과, 속, 종으로 분류하지 않고 형(모양), 구조, 핵산의 성질, 전파기구 그리고 항원성을 기초로 하여 서로 밀접한 관계가 있는 바이러스는 군(group)으로 나누고 있다. 예를 들면, 담배 모자이크바이러스와 밀접한 관계가 있는 바이러스군을 tobacco-virus group이라 부른다. 현재로서는 피막(envelope)을 가진 single stranded DNA 바이러스는 존재하지 않는다. Double stranded RNA virus로 피막(envelope)을 가진 것은 세균바이러스인 Cystoviridae(시스토 바이러스과)만이 알려져 있다.

6.4 식중독을 유발하는 노로 바이러스(Norovirus)

분류학적으로 보면 노로 바이러스는 단일가닥 양성-센스 RNA 바이러스(single-stranded positive-sense RNA virus)이자 비피막 바이러스(non-enveloped virus)이다.

미국에서 겨울철 구토 병(winter vomiting bug)으로 불리는 노로 바이러스(norovirus)는 위장염(gastroenteritis)의 가장 흔한 원인이다. 감염이 되면 증상으로 설사, 구토, 위통을 유발하며 경우에 따라 열과 두통을 수반하기도 한다. 잘 치료된 경우 1~3일 안에 회복된다. 노로 바이러스는 대게 분변-구강 경로(fecaloral route)에 의해 전염되는데, 이는 오염된 식품(또는 물), 사람 대 사람 접촉 때문일 수 있다. 일반적인 식중독은 기온이 높은 여름철에 주로 발생하는 것에 비해 노로 바이러스는 낮은 온도에서 잘 견디는 특성 때문에 이에 의한 식중독은 추운 겨울철에 활동이 왕성하다. 또한, 면역력이 상대적으로 낮은 어린아이들이 더욱 쉽게 감염될 수 있다.

노로 바이러스에 의한 식중독 예방은 손 씻기, 오염된 표면의 소독, 익혀 먹기와 끓여 먹기 생활화 등으로 이루어지며 알코올을 기반으로 하는 손 세척제는 효과가 떨어지는 것으로 알려져 있다. 백신은 개발되어 있지 않으며 특별한 치료법도 없다. 단지 충분한 수분 섭취와 안정으로 증상을 호전시킬 수 있다.

6.5 프라이온(Prions)

1983년에 발견된 prion은 자신의 단백질을 코드(code)하는 핵산을 함유하고 있지 않은 전염성 단백질체이다. 프라이온(Prion)이란 용어는 단백질(protein)과 비리온(virion)의 합성어로 바이러스처럼 전염력을 가진 단백질 입자라는 뜻을 내포하고 있다. 이러한 일반적인 생물의 특성과는 상이한 프라이온의 성질은 프라이온이 처음 발견되었을 당시에는 많은 논란의 여지가 있었다. 즉, 핵산이 결여된 단백질로만 이루어져 있는 프라이온이 어떻게 복제되느냐 하는 것이었다. 프라이온의 단백질을 코드하고 있는 유전자가 숙주세포 내에서 발견되어진 후에도 프라이온이 어떻게 복제되어지며 어떻게 전파되어지는 지 여전히 확실치 않다. 프라이온은 인체를 비롯한 모든 동물의 신체 조직에서 발견되는 단백질이며 보통 때엔 별 해를 끼치지 않고 곧바로 분해되어 문제가 되지 않는다. 그러나 프라이온의 모양이 바뀌어 독성을 지닌 채 분해되지 않고 뇌에 쌓여 신경세포를 파괴하면 인축(human and animal)을 치명적인 상태로 만든다. 질병 프라이온은 정상 프라이온을 변화시켜 자신의 영역을 넓혀나가며 섭씨 100°C 이상 가열하여도 죽지 않는다. 왜 프라이온의 모양이 바뀌는 지 정확한 원인은 밝혀지지 않았지만 과학자들은 유전자 돌연변이를 원인으로 추정하고 있다. 인축의 질병원으로 알려져 있는 프라이온은 양의 스크래피(scrapie)의 원인을 연구하던 중에 발견되었다. 양의 스크래피(scrapie) 이외에도 소의 광우병(bovine spongiform encephalopathy, mad cow disease), 사슴의 광록병, 인간의 질병인 퇴행성 신경질환인 크로이츠펠트-야콥병(Creutzfeldt-Jakob disease, CJD)과 식인종이 어느날 갑자기 경련을 알으키고 사지가 마비돼 숨지는 쿠루(kuru)병 등이 프라이온에 의한 질병으로 알려져 있다. 흥미있는 것 중의 하나는 프라이온은 다른 종(species)의 동물로는 옮겨지지 않았지만 소의 광우병을 일으키는 프라이온이 인간에게도 전염된다는 연구결과가 1996년 영국에서 나왔다. 광우병은 1985년 영국에서 처음 발견되어졌는데, 초식동물인 소에게 단백질 보충제로 양이나 소의 뼈, 근육, 뇌 등을 포함하는 동물사료(육골분)를 먹이면서 발생한 것으로 보고 있다. 그 당시 영국에서 도축하고 남은 소나 양의 뼈와 내장의 처리 비용이 비싸니까 갈아서 사료(육골분)로 만들었다. 2~3년 소에게 실험적으로 먹여보니 칼슘섭취도 늘어나고 체중이 늘어 그 후 소에게 육골분을 마구 갖다 먹였던 것이다. 인간 광우병이라 불리는 변종 크로이츠펠트-야콥병(vCJD, a variant of CJD)은 광우병에 걸린 동물, 특히 소의 고기를 인간이 섭취했을 때 전염되는 것으로 과학자들은 추정하고 있다. 50~60대의 사람에게 증상이 나타나는 CJD는 심한 우울증으로 행동이 느려지고 기억력이 흐려지다가 갑자기 경련

Stanley B. Prusiner(1942. 5. 28~)

을 일으키고 팔다리가 마비되어 숨지는 반면에 vCJD는 증세가 서서히 진행되는 것이 특징이다. vCJD는 아직 사람끼리의 신체적 접촉, 성관계, 수혈 등으로 전염되었다는 보고는 없다. 미국의 샌프란시스코 캘리포니아주립대(UCSF) 신경외과의사 스탠리 B. 프루시너(Stanley B. Prusiner)는 프라이온이 크로이츠펠트-야콥병(Creutzfeldt-Jakob disease, CJD)뿐만 아니라 알츠하이머병(Alzheimer's disease) 등에서 중요한 역할을 한다는 것을 밝혀냈고 이 공로로 1997년 노벨 생리의학상을 단독 수상했다. 이 상을 1명이 단독 수상한 것은 1987년 이래 처음이며, 지난 50년 이래 10번째이다.

7장 미생물과 식품산업

네덜란드의 상인 안토니 판 레이우엔훅(Antonie van Leeuwenhoek, 1632~1723)이 육안으로는 보이지 않는 미생물의 세계를 발견한 후 인류는 미생물을 이용하는 산업을 발달시켜 그 혜택을 마음껏 누리고 있다. 미생물을 이용하는 산업은 양조업과 함께 시작되어, 항생제와 같은 의약품, 아미노산과 같은 식품첨가제, 효소, 유기산 등의 생산으로 이어져 오고 있다. 특히 미생물산업은 유전공학 기술이 발전되어 유전공학이라는 개념이 도입된 후 눈부신 발전을 거듭하고 있다.

산업적으로 이용되는 미생물의 중요한 산물은 다음과 같이 세 가지 형태로 구분된다. 첫째, 미생물 세포 그 자체를 생산하여 이용하는 경우로 제빵용 효모, 식용 버섯, 폐수처리용 미생물 등이 그 예이다. 둘째, 산업적으로 유용한 효소를 대량생산하여 이용하는 경우로 전분분해효소인 아밀레이스(amylase), 포도당을 과당으로 이성화시키는 글루코오스 아이소머레이스(glucose isomerase), 단백질분해효소인 프로티에이스(protease), 지방분해효소인 에스터레이스(esterase) 및 라이페이스(lipase) 등이 그 예이다. 셋째, 미생물이 대사과정에서 생산되는 산물이 산업적으로 이용되는 경우인데, 에탄올과 같은 알코올류, 아세트산과 같은 유기산류, 항생제와 같은 의약품류 등이 그 예이다. 산업적으로 이용되는 미생물은 다른 미생물과는 달리 특이적이고 고수율로 산물을 생산해야 하기 때문에 변이나 유전자 재조합 등의 방법으로 균주를 개량하여 사용하고 있다.

이 장에서는 미생물을 이용한 여러 산업 중 효소산업을 중심으로 서술하고자 하며 더불어 산업적으로 유용한 미생물과 그 이용에 관해서도 간략히 언급하기로 한다. 효소가 산업적으로 중요한 의미를 갖기 시작한 것은 19세기 중엽부터라고 한다. 1894년 일본인 타카미네(Takamine)는 코지(Koji) 배양법에 의해 아스퍼질러스 오라이지(*Aspergillus oryzae*)로부터 소화제 타카다이어스테이스(Takadiastase: amylase의 일종)를 상업화하면서 미생물을 이용한 효소의 대량생산이 가능하게 되었다. 이후 20세기에 들면서 섬유공업 및 피혁공업에의 효소이용, 소화제 및 소염제 등을 비롯한 의약품에의 효소이용, 세제용 효소, 조미료 제조 및 주정공업을 비롯한 발효식품산업의 효소이용 등 효소의 산업적 수요가 확대됨에 따라 이에 따른 막대한 연구투자가 이루어져 비로소 효소산업이 태동하게 되었다. 이와 같이 효소는 여러 분야에서 다양하게 이용되어지고 있지만, 여기서는 우리 실생활과 밀접한 관련이 있는 효소 아밀레이스(amylase), 글루코오스 아이소머레이스(glucose isomerase), 프로티에이스(protease), 에스터레이스(esterase) 및 라이페이스(lipase)에 국한시켜 서술하기로 한다.

7.1 아밀레이스(Amylase)

감미료 생산의 식품산업 및 소화제의 의약품산업 등에 이용되고 있는 아밀레이스(amylase)는 전분을 포함한 다당류를 가수분해하는 효소로서 가수분해 기작에 따라 다음과 같이 분류되고 있다. 비환원성 말단으로부터 전분을 가수분해하여 나가는 엑소형(exo-type)과 거의 무작위(random)에 가까운 분해양식을 갖는 엔도형(endo-type)으로 나누어진다. 엑소형 아밀레이스(Exo-type amylase)의 예로서 전분을 비환원성 말단으로부터 가수분해하여 최종 생성물(end product)로서 글루코오스(glucose)를 생성하는 글루코아밀레이스(glucoamylase), 말토오스 단위(maltose unit)를 생성하는 베타-아밀레이스(β-amylase), 말토트리오스(maltotriose)를 생성하는 exo-maltotriohydrolase 등이 있다. 엔도형(Endo-type)의 분해양식을 갖는 것으로는 전분의 $\alpha(1\rightarrow4)$ 글라이코사이드결합을 가수분해하는 알파-아밀레이스(α-amylase)와 $\alpha(1\rightarrow6)$ 글라이코사이드결합만을 선택적으로 가수분해하는 가지제거 효소(debranching enzyme)인 아이소아밀레이스(isoamylase)와 풀룰라네이스(pullulanase)가 있다. 아이소아밀레이스는 효모에서 처음 발견되었으나, 에어로박터(*Aerobacter*), 슈도모나스(*Pseudomonas*), 스트렙토마이시즈(*Streptomyces*) 등의 세균과 감자 등의 식물에도 존재한다. 아이소아밀레이스(Isoamylase)는 아밀로펙틴(amylopectin), 덱스트린(dextrin) 등의 알파-1,6 글라이코사이드결합을 가수분해하여 직쇄(linear chain)의 알파-1,4-글루칸(α-1,4-glucan)을 생산한다. 식물의 아이소아밀레이스(isoamylase)는 아밀로펙틴(amylopectin)에만 작용하고 글라이코젠(glycogen)에는 작용하지 않는다. 에어로박터 에어라제니즈(*Aerobacter aerogenes*)가 생산하는 풀룰라네이스(pullulanase)는 풀루란

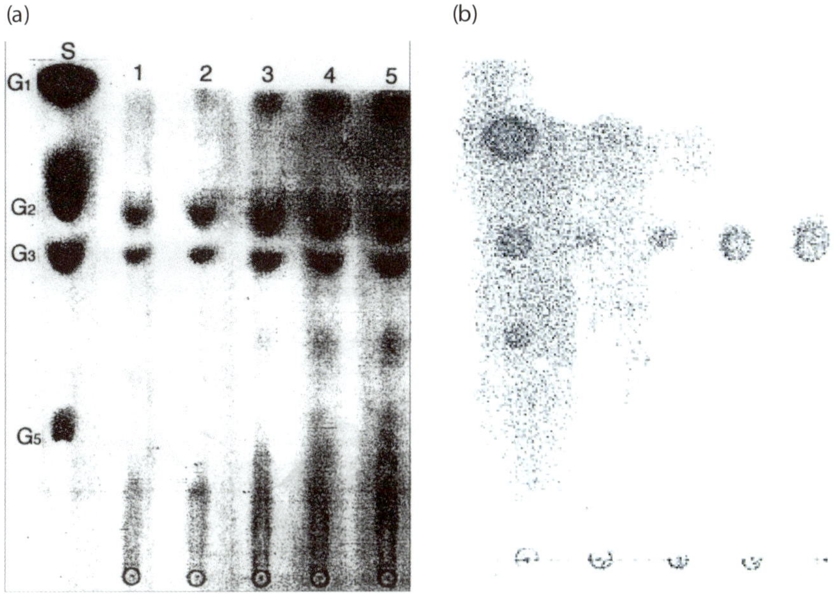

그림 7.1 Thin layer chromatography(TLC)상에서 α-amylase와 β-amylase에 의한 전분의 가수분해 산물들의 비교분석. (A) 비브리오 알지노라이티커스(*Vibrio alginolyticus*)의 α-amylase와 (B) *Bacillus* sp.의 β-amylase가 이용되었다. (A) Thin layer chromatography(TLC)를 이용하여 체외 분비 알파-아밀레이스(extracellular α-amylase)에 의한 가용성 전분(soluble starch)의 가수분해 산물을 분석하면 최종 생성물(end product)로서 글루코오스(glucose), 말토오스(maltose), 말토트리오스(maltotriose)가 생성됨을 확인할 수 있다. 또한, 반응 시간이 길어질수록 글루코오스, 말토오스, 말토트리오스의 양이 크게 증가됨을 알 수 있다. 따라서 *V. alginolyticus*가 생산하는 extracellular α-amylase는 당화형임을 알 수 있다. (B) *Bacillus* sp. KYJ 963의 베타-아밀레이스(β-amylase)는 최종 생성물로서 말토오스만을 생성한다.

(pullulan), 아밀로펙틴(amylopectin), 덱스트린(dextrin) 등의 알파-1,6 글라이코사이드결합을 가수분해한다. 풀룰라네이스(Pullulanase)는 풀루란(pullulan)으로부터 말토트리오스(maltotriose)를 그 이외의 기질로부터 직쇄(linear chain)의 알파-1,4-글루칸(α-1,4-glucan)을 생산한다. 알파-아밀레이스(α-Amylase)는 상기에서 설명한 바와 같이 엔도엔자임(endoenzyme)으로서 전분의 α(1→4) 글라이코사이드결합을 분해하여 글루코오스(glucose)와 올리고당(oligosaccharide)을 생산하며 동물, 식물, 미생물에 걸쳐 광범위하게 존재한다. 세균 유래의 알파-아밀레이스 중에 *Bacillus subtilis, B. amyloliquefaciens, B. licheniformis, B. stearothermophilus, B. coagulans*의 알파-아밀레이스가 잘 연구되어 있다. 알파-아밀레이스는 전분의 분해능에 따라 액화형(liquefying-type)과 당화형(saccharifying-type) 아밀레이스(amylase)로 구분된다. 액화형 아밀레이스는 전분을 가수분해하여 G4~G6 범위의 maltooligosaccharide를 생산하는 반면에 당화형 아밀레이스의 주된 가수분해

산물은 glucose(G1), maltose(G2), maltotriose(G3)이다. 알파-아밀레이스는 분자구조에 칼슘을 함유하고 있는 것이 많으며, 칼슘은 효소의 활성과 안정성에 필요하다. 칼슘을 제거한 알파-아밀레이스는 단백질분해효소(protease)에 의해 쉽게 분해된다. 따라서, 효소를 사용할 때에는 칼슘을 반응계에 1mM 이상의 농도가 되도록 첨가한다. 일반적으로 알파-아밀레이스의 최적 pH는 5.0~7.5 범위 내이나 최적 pH가 9.2~10.5인 알칼리성 알파-아밀레이스도 있다. 베타-아밀레이스(β-Almylase)는 엑소엔자임(exoenzyme)으로서 전분의 α(1→4) 글라이코사이드결합을 가수분해하여 비환원성 말단으로부터 말토오스 단위(maltose unit)를 생산하며 식물 및 미생물 유래의 것이 알려져 있다. 세균 유래의 베타-아밀레이스 중에 *B. cereus, B. circulans, B. megaterium, B. polymyxa, Clostridium thermosulfurogenes* 등과 같은 세균들이 생산하는 베타-아밀레이스가 정제되어 그 특성이 알려져 있다. 알파-아밀레이스와는 대조적으로 세균의 베타-아밀레이스는 효소의 안정화와 활성에 Ca^{+2}를 필요로 하지 않는다. 베타-아밀레이스를 단독으로 전분에 작용시키면 말토오스의 수율은 40% 전후에서 끝난다. 알파-아밀레이스와 베타-아밀레이스는 α(1→4) 글라이코사이드결합은 가수분해할 수 있지만 α(1→6) 글라이코사이드결합은 가수분해하지 못한다. 한편, 전분의 비환원성 말단에서 글루코오스 단위(glucose unit)로 끊는 당화형 아밀레이스인 글루코아밀레이스(glucoamylase)는 전분의 α(1→4) 글라이코사이드결합과 α(1→6) 글라이코사이드결합을 모두 분해하여 전분을 거의 완전히 포도당 단위로 가수분해하기 때문에 포도당의 조제에 공업적으로 널리 이용되어지고 있다. 글루코아밀레이스(Glucoamylase)는 전분을 실제로 100% 분해하는 것과 70~80%에서 분해가 정지되는 2가지 형태가 있다. 현재 이용되고 있는 글루코아밀레이스는 라이조퍼스(*Rhizopus*)나 아스퍼질러스(*Aspergillus*) 등의 곰팡이 유래의 것이 주를 이루고 있다.

7.1.1 전분의 액화 및 당화

전분은 여러 가지 가공식품 및 공업제품의 원료로서 이용되는 물질이기 때문에 이것을 분해하는 아밀레이스는 현재 가장 광범위한 용도로 활용되고 있는 효소이다. 일반적으로 천연 상태의 생전분은 아밀레이스의 작용에 의해 쉽게 분해되지 않기 때문에 물과 같이 가열하여 호화시켜 효소의 작용을 받게 한다. 알파-아밀레이스는 고분자 전분을 가수분해하여 덱스트린(dextrin)이라 불리는 짧은 사슬의 중합체를 만들어 호화된 전분의 점도를 낮춘다. 이러한 액화(liquefaction)의 목적은 전분 입자를 가능한 완전히 가용화하는 것이다. 액화된 생성물은 그 다음 당화 공정으로 넘어간다. 글루코아밀레이스(Glucoamylase)는 짧아진 전분 사슬의 비환원 말단으로부터 작용하여 단량체인 포도당을 생산하는데 이 반응을 당화(saccharification)라고 한다.

실질적인 전분의 가수분해 공정에서는 고농도(30~35% w/w)의 전분 유액에 알파-아밀레이스를 가한 후 이것을 가열하여 전분 입자의 팽윤 및 호화와 알파-아밀레이스에 의한 액화를 동시에 행한다. 따라서 전분의 호화 온도는 전분의 가수분해 반응에 매우 중요하다. 전분의 가수분해 공정에서 가열하여도 잘 팽윤되지 않고, 효소에 의해 소화되지 않는 난용성 전분이 잔존하는 경우가 있다. 이는 여과 및 정제 공정에 치명적인 장애를 초래하며 가열 조건에 따라 난용성 전분이 증가하는 수가 있다.

참고

액화(liquefaction): 고분자인 다당류에 알파-아밀레이스(α-amylase)를 작용시켜 다당류의 사슬 길이를 줄이면서 점도를 낮추는 과정을 말한다.

당화(saccharification): 다당류가 산(acid) 또는 효소(주로 glucoamylase)에 의해 가수분해되어 글루코오스를 포함하는 환원당으로 변화되는 과정을 말한다.

7.1.2 아밀레이스의 산업적 이용

아밀레이스(Amylase)는 소화제로 이용되는 의약품산업, 양조산업, 식품산업뿐만 아니라 섬유공업에서도 이용되어진다. 면, 인견 등을 직조할 때 실에 장력을 주고 마찰에 의한 실의 절단 방지를 위하여 실에 녹말을 이용하여 풀을 메긴다. 이 다음에 원포로부터 풀을 제거하기 위하여 아밀레이스를 이용하여 풀빼기를 한다. 원포로부터 풀빼기는 원포를 아밀레이스 용액 중에 담구어 두는 방법도 있지만 연속적인 방법도 있다. 아밀레이스의 최적 온도인 65~70℃에서 수초간이면 풀빼기가 이루어진다. 이 풀은 최근에 접착제로서 폴리비닐 알코올(polyvinyl alcohol, PVA)을 사용하기도 한다. 아세테이트(Acetate), 레이온(rayon) 등은 직조 과정에서 젤라틴(gelatin)이 사용되므로 프로티에이스(protease)로 풀빼기를 한다.

7.2 글루코오스 아이소머레이스(Glucose isomerase)

1964년경에 타카하시(Takahashi) 등은 균체 내에서 글루코오스 아이소머레이스(glucose isomerase, 포도당 이성화효소)를 다량 생산하는 방선균 스트렙토마이시즈 알버스(*Streptomyces albus*)를 발견하여 과당 제조법의 기초를 확립하였다. 글루코오스 아이소머레이스(Glucose isomerase)는 포도당(glucose)을 과당(fructose)으로 이성화시키는 효소이며, 이 반응은 가역적이어서 포도당과 과당의 혼합물을 생성한다. 혼합물의 비율은 효소와 반응조건에 의존한다. 과당은 포도당의 약 2.5배의 감미를 가지며 감미도가 당류 중 가장 높기 때문에 이 효소의 상업적 가치가 점차 높아지고 있다. 또한, 우리나라와 같이 설탕의 원료가 없거나 부족한 나라에서 포도당에서 과당을 제조하는 공업이 행해지고 있다. 글루코오스 아이소머레이스(Glucose isomerase)에 의해 생산된 포도당과 과당의 혼합물은 현재 식품, 음료, 아이스크림 산업 등에 널리 이용되고 있다. 상업적으로 중요한 글루코오스 아이소머레이스(glucose isomerase)를 생산하는 대표적인 균주로 *Bacillus coagulans*(Sweetzyme^R, Novo), *Streptomyces rubiginosus*(Optisweet^R, Miles-Kali), *Actinoplanes missouriensis* (Ketozyme^R, Universal Oil Product; Maxazyme^R, Gist Brocades), *Flavobacterium arborescens*(Taka-Sweet^R, Miles laboratories) 등이 알려져 있다.

참고 과당(fruit sugar)

과당이라는 용어는 과일(fruits)에서 유래되었으며, 과당은 과일과 꿀(honey) 등에 다량 존재한다. 환원당인 과당은 설탕보다 당도가 약 1.73배 더 높으며 당류중 당도가 가장 높아 비만 예방에 유익하다. 즉, 설탕보다 적게 먹어도 일정 수준의 단맛을 느낄 수 있기 때문이다. 그리고 순수한 포도당(100)을 기준으로 하였을 때, 과당의 당지수(GI, glycemic index)는 19로 당지수가 65인 설탕보다 더 낮다. 따라서 과당은 당뇨병과 비만 등 가장 흔한 성인병 예방을 위한 GI 수치가 낮은 식품 개발에 이용되고 있다. 즉, 당뇨병 환자용 식품, 저열량 제품 등 전 세계적으로 제빵, 음료, 씨리얼, 유제품, 후식류, 잼 등에 널리 사용되고 있다.

7.3 프로티에이스(Protease)

프로티에이스(Protease, peptide hydrolase) 또는 단백질가수분해효소는 단백질 및 펩타이드 내에 존재하는 펩타이드결합을 가수분해하는 효소이다. 초기에 프로티에이스(protease)는 분자의 크기, 전하 또는 기질 특이성에 따라 분류되어졌지만, 지금은 활성부위, 작용기작 그리고 3차원 구조를 기초로 하여 분류하고 있다. 프로티에이스(Protease)를 작용기작에 따라 분류하면, 펩타이드 중의 내부결합을 분해하는 엔도펩티데이스(endopeptidase, 종래의 proteinase)와 말단 펩타이드결합, 즉 amino- 또는 carboxyl-terminus의 펩타이드결합(peptide bond)을 가수분해하는 엑소펩티데이스(exopeptidase, 종래의 peptidase)로 구분할 수 있다. 엔도펩티데이스(Endopeptidase)에는 펩신(pepsin), 트립신(trypsin), 카이모트립신(chymotrypsin), 미생물 기원의 프로티에이스(protease) 등이 있으며, 엑소펩티데이스(exopeptidase)에는 아미노펩티데이스(aminopeptidase)와 카복시펩티데이스(carboxypeptidase)가 있다. 국제 생화학연합(the International Union of Biochemistry)은 활성부위, 작용기작, 3차원 구조의 비교에 입각하여 프로티에이스(protease)를 세린 프로티에이스(Serine proteases), 시스테인 프로티에이스(Cysteine proteases, Thiol proteases), 아스파틱 프로티에이스(Aspartic proteases, Acdic proteases), 메탈로-프로티에이스(Metallo-proteases)로 분류하고 있다. 그러나 많은 학자들은 프로티에이스(protease)를 최적 pH에 따라 산성 프로티에이스(acidic proteases), 중성 프로티에이스(neutral proteases), 알카리 프로티에이스(alkaline proteases)로 분류하기도 하지만 어느 것도 만족할 만한 분류법은 아니다. 세린 프로티에이스(Serine proteases)는 활성부위에 serine, histidine, aspartic acid를 가지고 있으며 이 부류의 대표적인 효소로 trypsin, chymotrypsin, elastase, subtilisin 등이 포함된다. 한편, 미생물에서 생산되는 serine protease는 trypsin 유사 protease(trypsin like protease), alkaline protease(subtilisin and subtilisin like protease), α-lytic protease(용균효소)로 구분된다. Trypsin like protease는 방선균(*Streptomyces griseus, S. fradiae*)에 의해 생산되며 trypsin의 특이적인 저해제인 docyl-L-lysine chloromethylketone이나 대두의 trypsin inhibitor에 의해 저해된다. Alkaline protease는 *Bacillus subtilis*에 의해 생산되는 subtilisin과 *Bacillus licheniformis, Streptomyces griseus, S. fradiae, Aspergillus oryzae, Penicillium chrysogenum* 등에서 생산되는 subtilisin like protease 등을 포함한다. Alkaline protease는 알칼리에서 최고 활성을 나타내며, EDTA에 의해서는 저해되지 않지만 DFP(diisopropyl fluorophosphate)에 의해서는 저해된다. 이 alkaline protease는 세제

용 효소로 이용되기 때문에 상업적으로 아주 중요하다. 시스테인 프로티에이스(Cysteine proteases)는 활성부위에 cystein, histidine, aspartic acid를 가지고 있으며, 한때 thiol protease로 불려지기도 하였다. 이 효소는 환원제에 의해 활성화되고 산화제에 의해 저해된다. Mammalian lysosomal cathepsins, cytosolic calcium activated proteases(calpains), plant proteases papain and actinidin 등이 cysteine protease에 포함된다. 아스파틱 프로티에이스(Aspartic proteases)는 활성부위에 aspartic acid를 가지고 있으며 최적 pH가 2~4 범위이다. 한때 acid protease 또는 carboxyl protease로 불려지기도 했던 aspartic acid는 대표적인 효소로 bacterial penicillopepsin, mammalian pepsin, renin, chymosin, certain fungal proteases 등을 포함한다. 메탈로-프로티에이스(Metallo-proteases)는 촉매기작에 금속이온이 관여하고 chelating agent에 의해 그 활성이 저해되며, 최적 pH에 따라 neutral metallo-protease와 alkaline metallo-protease로 분류된다. Neutral metallo-protease는 pH 7.0, 45℃ 부근에서 최적활성을 나타내며, 최대활성을 내기 위해서는 Zn^{2+}가 첨가되어야 하고, 안정제로 Ca^{2+}가 필요하다. 또한 alkaline protease에 의해 빨리 불활성화된다. 반면에, alkaline metallo-protease는 pH 7~9에서 최적활성을 나타낸다. EDTA에 대한 민감도에 있어서 neutral metallo-protease는 1 mM 농도에서 저해되는 반면에 alkaline metallo-protease는 10 mM 농도에서 실활되어져 EDTA에 대해 덜 민감하다. 일반적으로 미생물의 protease는 작용하는 pH에 따라 acidic protease, neutral protease, alkaline protease로 분류하고 있다. 미생물의 protease는 생성되는 양식에 따라 균체외(분비) 효소와 균체내 효소로 나누어진다.

7.3.1 프로티에이스의 기질 특이성

프로티에이스(Protease)는 그 유형에 따라 펩타이드 결합을 형성하고 있는 아미노산 잔기나 이들과 인접한 아미노산 잔기에 따라 엄밀한 특이성을 보인다. 즉, 트립신(trypsin)은 인접한 아미노산(next amino acid)이 프로린(proline)이 아닐 때 아저닌(arginine) 또는 라이신(lysine) 잔기의 carboxyl side 펩타이드결합을 가수분해한다. *Staphylococcus aureus*의 V8 protease는 aspartate나 glutamate의 carboxyl side 펩타이드 결합을 가수분해한다. 그리고 carboxypeptidase A는 arginine, lysine, proline을 제외한 모든 아미노산의 carboxyl terminal amino acid를 가수분해하고, carboxypeptidase B는 carboxyl terminal lysine 또는 arginine만 가수분해한다. Carboxypeptidase A와 B는 마지막 또는 끝에서 두 번째(last or penultimate) 아미노산이 프로린(proline)일 때는 작용하지 않는다. 카이모트

립신(Chymotrypsin), 써모라이신(thermolysine), 펩신(pepsin)은 상기의 효소들 보다 덜 특이적인 가수분해작용(less specific cleavage)을 행한다. 인접한 아미노산(next amino acid)이 프로린(proline)이 아닐 때 카이모트립신(chymotrypsin)은 주로 페닐알라닌(phenylalanine), 타이로신(tyrosine), 트립토판(tryptophan)과 같은 방향족 아미노산의 carboxyl side 펩타이드결합을 가수분해하지만, 때때로 메싸이오닌(methionine), 아스파라진(asparagine), 루신(leucine) 등의 carboxyl side 펩타이드결합을 가수분해하기도 한다. 써모라이신(Thermolysin)은 카이모트립신(chymotrypsin)과 같은 방향족 아미노산의 amino side 펩타이드결합을 가수분해한다.

7.3.2 프로티에이스의 산업적 이용

프로티에이스(Protease)에 관한 연구는 1825년 슈만(Schwann)에 의해 위벽으로부터 한 효소가 분리되어져 펩신(pepsin)이라는 이름이 지어졌고(1836), 노쓰롭(Northrop, 1936)에 의해 결정화되면서부터 시작되어졌다. 그후 트립신(trypsin), 알파-카이모트립신(α-chymotrypsin)과 같은 동물 소화관의 프로티에이스를 비롯한 각종 조직이나 세포 중에 존재하는 프로티에이스에 관한 연구가 활발히 이루어졌다. 프로티에이스의 생리적 역할은 그것을 생성하는 생물에 따라 다르지만, 영양물질을 이용하기 위한 소화분해 기능과 체성분 단백질의 신진대사를 위한 이들의 단백질의 분해·제거 등의 생리작용을 생각할 수 있다. 이러한 프로티에이스는 효소세제, 의약품(소화제, 염증치료제 등), 식품(조미료, 발효식품, 식육가공, 주정공업, 등), 피혁가공 등 여러 산업분야에 활용되고 있다.

효소세제

효소세제란 미생물이 생산하는 알칼리성 효소(alkaline protease, alkaline lipase, alkaline amylase)를 주성분으로 만들어진 세제를 말한다. 의복에 부착되어 있는 유기성 물질 10~40%가 단백질이며, 이 단백질이 변성하게 되면 비수용성이 되어 보통의 계면활성제로서는 제거하기 어렵다. 이때 변성단백질을 분해하는 프로티에이스(protease)를 공존시켜 세척효과를 크게 증진시킬 수 있다. 또한, 부엌용 세제에 알카리성 아밀레이스(alkaline amylase)를 첨가하여 사용하는 경우도 있다.

식품공업

아미노산, 펩타이드, 단백질은 식품의 중요한 성분 중의 하나로서 식품의 물리·화학적 성질 및 영양가에 기여할 뿐만 아니라 식품의 맛에도 직접적인 영향을 미친다. 따라서 프로티에이스에 의한 단백질 분해산물인 아미노산이나 펩타이드의 맛을 연구하는 일은 식품산업에 있어서 매우 뜻있는 일이라 할 수 있다. 각 아미노산은 감미(단맛, sweet), 고미(쓴맛, bitter), 산미(신맛, sour), 지미(감칠맛, 구수한맛, palatable) 등의 특징이 있는 맛을 가지며 농도에 따라서도 맛이 다르다. 예로서 L-글루탐산(glutamic acid)은 저농도에서 산미를 고농도에서 지미와 산미를 나타낸다. L-알라닌(alanine), L-세린(serine), L-쓰레오닌(threonine), L-아저닌(arginine) 등도 농도에 따라 맛이 다르다. 펩타이드(Peptide)의 맛에 있어서 아미노산이 2~10개로 된 저급 펩타이그(peptide)는 특히 발효식품(된장, 간장 등)의 맛성분으로 중요하다. 단백질을 프로티에이스(protease)로 분해하면 고미를 생성하는 것이 많고 펩타이드의 고미는 그 중에 함유된 류신(leucine), 아이소루신(isoleucine), 배린(valine), 페닐알라닌(phenylalanine) 등의 소수성 아미노산에 기인되고 소수성이 높을 수록 고미가 강화된다. 한편, 산성 아미노산을 함유하는 Glu-Asp, Glu-Thr, Glu-Ser, Glu-Glu 또는 Glu-Glu 잔기를 가진 헥사펩타이드(hexapeptide)는 중성 영역에서 지미를 나타낸다. 더욱이 이들 펩타이드는 고미 펩타이드나 카페인(caffeine)과 같은 고미 물질의 고미를 없애거나 감소시키는 역할을 하는 것으로 알려져 있다. 펩타이드가 식품의 맛에 영향을 주는 또 다른 예는 1981년 FDA에서 인정한 인공감미료인 아스파탐(aspartame, L-aspartyl-L-phenylalanine-methylester)이다. 아스파탐(Aspartame)은 현재 실용화되고 있는 인공감미료로 설탕의 180배의 감미를 가진다.

가장 오래된 효소제품의 이용의 예로 치즈 생산에 활용되는 카이모신(chymosin)이 있다. 카이모신(Chymosin)은 예전에 렌닌(rennin)이라고 불렀는데, 젖먹이 송아지 등 반추동물의 제4위 내막(abomasum)에서 제조한 추출물(rennet)이 이 효소를 함유하고 있다. 카이모신(Chymosin)은 우유 단백질인 카파-카제인(κ-casein)에 존재하는 페닐알라닌(phenylalanine)과 메싸이오닌(methionine) 간의 펩타이드 결합을 절단하는 아스파트산 프로티에이스(aspartic acid protease)이다. 치즈 제조 공정에서 우유는 고체상태인 응유(curd)와 액체상태인 유장(whey, 유청)으로 분리되어져야 한다. 이 과정은 대게 우유의 산화(acidification)와 응유효소(rennin)의 첨가로 이루어진다. 우유의 산화는 식초와 같은 산성 물질을 직접 첨가하는 방법과, *Lactococci, Lactobacilli, Streptococci, Propionibacter shermani*과 같은 스타터 세균(starter bacteria)을 이용하는 방법이 있다. 이들 스타터 세균(starter bacteria)

은 유당(milk sugars)을 젖산(lactic acid)으로 전환한다. 만약 이 반응이 우유에 적용되면 카제인 단백질의 소수성 그룹[hydrophobic(para-casein) group]과 친수성 그룹[hydrophilic(acidic glycopeptide) group] 간의 펩타이드 결합이 절단되어 소수성 그룹이 서로 뭉치게 된다. 이 소수성 그룹[hydrophobic(para-casein) group]은 칼슘과 복합체를 형성하여 calcium phosphocaseinate가 생성된다. 이 반응에 의해 카이모신(chymosin, rennin)은 치즈 제조과정에서 광범위한 응유(curd)의 형성과 침전을 유발하기 위하여 이용된다.

한편, 미생물로부터 응유효소(microbial rennet)를 생산하려는 시도가 성공하여 접합균류인 뮤코 푸시러스(*Mucor pusillus*)를 비롯한 몇몇 균류가 응유효소의 공업적 생산에 이용되고 있다.

7.4 라이페이스(Lipase)의 분류 및 그 이용

라이페이스(Lipase)는 트리아실글리세롤(triacylglycerol, triglyceride)에 작용하여 글리세롤(glycerol, glycerin)과 지방산(fatty acid)으로 가수분해하는 효소임과 동시에 역으로 합성작용도 촉매하는 효소이다. 라이페이스(Lipase)는 기질 특이성에 따라 트리글리세라이드 라이페이스(triglyceride lipase), 모노글리세라이드 라이페이스(monoglyceride lipase), 리포프로테인 라이페이스(lipoprotein lipase) 등으로 구별되는 경우가 있다. 라이페이스(Lipase)는 동물, 식물, 미생물에 널리 분포되어 있다. 동물체 내에서는 췌장, 지방질 조직, 혈액, 젖 등에서 발견되고 식물에서는 지방질 함량이 많은 피마자 종자, 소맥배아, 쌀겨 등에서 발견된다. 대량생산되어 산업적으로 활용되고 있는 lipase는 미생물 배양액 중에 분비되는 것이고 소화효소제, 식품가공용 효소, 임상검사 시약으로 사용되고 있다. 상업적으로 널리 이용되는 라이페이스(lipase) 생성균주로는 아스퍼질러스(*Aspergillus*)속, 뮤코(*Mucor*)속, 라이조퍼스(*Rhizopus*)속, 캔디다(*Candida*)속이 있다. 세균 라이페이스(lipase)의 최적 pH는 중성이거나 약알카리성이지만 곰팡이가 생산하는 라이페이스(lipase)의 최적 pH는 중성 또는 약산성이다. 두 부류 모두 최적온도는 일반적으로 30~35℃이다.

7.5 산업적으로 유용한 미생물

산업공정에 적합한 미생물은 목적으로 하는 물질을 생산할 수 있는 능력뿐만 아니라 몇 가지 다른 특성들을 가지고 있어야 한다. 첫째, 산업미생물은 대규모 발효조(large-scale fermentor)에 쉽게 접종될 수 있어야 하며, 가능한 값싼 액체배지 내에서 빠르게 성장하여 목적으로 하는 산물을 비교적 짧은 시간 안에 생산할 수 있어야 한다. 둘째, 산업미생물은 인간과 경제적으로 중요한 동·식물에 병원성이 없어야 한다. 셋째, 산업미생물은 유전자 조작이 가능해야 한다. 이러한 특성을 갖는 산업미생물로부터 우리 인간은 많은 유용한 대사산물을 얻어 왔다. 미생물의 대사산물은 기본적으로 1차 대사산물과 2차 대사산물 두 가지로 구분할 수 있다. 1차 대사산물(primary metabolite)이란 생장기에 있는 미생물이 합성하는 물질로 아미노산, 핵산, 유기산, 에탄올 등이 포함된다. 미생물 세포외로 분비되는 산업용 효소도 생장기 동안 합성되기도 한다. 2차 대사산물(secondary metabolite)은 생장주기 끝무렵, 즉 생장의 정지기나 그 부근에서 생산되는 물질을 말한다. 2차 대사산물에는 생장과 생식에 필수적이지는 않지만 생존에 필요한 항생물질, 마이코톡신(mycotoxin), 색소 등이 포함된다.

7.5.1 발효와 부패

우리들이 생활하면서 자주 사용하지만 질문을 받으면 명확히 답하지 못하는 것이 꽤 되는 듯하다. 그 중에 하나가 발효와 부패의 차이점이 아닌가 생각한다. 또한 미생물을 이용하는 산업은 발효와 밀접한 상관관계가 있다.

유기물이 미생물의 효소작용에 의해 분해 및 변화되는 과정을 발효(fermentation)라고 한다. 좁은 뜻의 발효는 미생물에 의한 글루코오스의 무산소적 분해(혐기성 분해) 현상을 말하며, 넓은 뜻으로는 미생물에 의한 유용물질의 생산을 일컫는다. 발효와 부패는 비슷한 과정에 의해 진행되지만 분해 및 변화의 결과, 우리의 실생활에 유용하게 사용되는 물질이 만들어지면 발효라고 하고 악취가 나거나 유해한 물질이 만들어지면 부패(putrefaction)라고 한다. 부패를 일으키는 미생물들은 거의 다 식중독균에 속한다.

우리가 즐겨먹는 김치, 된장, 피클(pickles), 요구르트, 식초 등은 모두 발효에 의해 만들어진 식품들이다. 그런데 혐기성 발효와 호기성 발효에는 어떤 차이점이 있을까?

대부분의 생물들(호기성 생물)은 세포성 호흡을 위해 산소를 필요로 하며, 이를 통해 생명 활동에 필요한 에너지를 얻는다. 이러한 호기성 호흡을 유기호흡이라고도 한다. 반면에 산소가 부족한 환경에서 서식하는 생물들(혐기성 생물)은 산소 없이도 에너지를 얻을 수 있는데, 이러한 호흡을 혐기성 호흡이라고 한다. 혐기성 호흡을 무산소호흡 또는 무기호흡이라고도 한다.

사람을 비롯한 호기성 생물들은 탄수화물과 같은 유기물을 섭취하면 호기성 호흡을 통해 유기물을 이산화탄소와 물로 분해하고 화학에너지(ATP)를 얻는다. 그러나 혐기성 호흡을 하는 생물들은 발효과정에서 유기물을 완전히 분해시키지 못하고 다른 종류의 유기물을 생산하기도 한다. 또한 얻어지는 화학에너지(ATP)의 양도 호기성 생물에 비하여 대단히 적다. 이와 같은 혐기적 조건하에서 이루어지는 발효의 예로서 알코올 발효, 유산균에 의한 젖산 발효, 부티르산균(*Clostridium butyricum* 등)에 의한 부티르산 발효, 프로피온산균에 의한 프로피온산 발효 등이 있다. 이에 반하여 호기성 조건하에서 행하여지는 발효도 있다. 그 예로서 식초 양조에 이용되는 초산균(acetic acid bacteria: *Acetobacter*속 세균)에 의한 초산 발효가 있다. 이외에 균류(Fungi)인 곰팡이에 의한 구연산(시트르산), 푸마르산 같은 유기산 발효와 세균에 의한 아미노산 발효 등도 호기적 조건하에서 이루어진다. 한편 페니실린, 스트렙토마이신 등의 미생물에 의한 항생물질 생산 등도 발효 과정에 포함시키고 있다.

7.5.2 알코올성 음료와 알코올 발효 미생물

당화 상태의 탄수화물을 담은 용기에 효모(yeast)를 첨가하여 뚜껑을 닫으면 효모가 몇 가지 효소들(enzymes)을 이용하여 알코올 발효를 진행한다. 용기가 밀봉되어 있기 때문에 효모는 산소를 이용하는 호기성 호흡을 할 수 없다. 따라서 혐기성 호흡이 이루어진다. 효모는 탄수화물의 최종 분해산물인 글루코오스를 완전히 분해시키지 못하고 에탄올을 만든다. 이러한 발효를 알코올 발효라고 하며, 이를 이용하여 술을 만든다.

$$C_6H_{12}O_6\text{(글루코오스)} \rightarrow 2CH_3CH_2OH\text{(에탄올)} + 2CO_2 + 2ATP$$

오늘날 알코올성 음료의 생산은 세계적으로 큰 산업을 형성하고 있다. 이러한 알코올성 음료는 양조주(Fermented Liquor, 발효주)와 증류주(Distilled Liquor)로 대별된다. 양조주(발효주)는 탁주, 청주, 맥주 등 곡류의 전분을 당화 및 발효 과정을 거쳐 만든 술과 포도, 사과 등 과실의 당 성분을 발효시켜 만든 술로 구분된다. 증류주는 양조주보다 순도 높은 주정을 얻기 위해 1차 발효된 양조주를 증류시켜 알코올 도수를 높인 술을 일컫는다. 증류는 알코올과 물의 끓는점의 차이를 이용하여 고농도 알코올을 얻어내는 과정이다. 양조주를 서서히 가열하면 끓는점이 낮은 알코올이 먼저 증발하는데, 증발된 기체를 모아서 냉각시키면 고농도의 알코올이 얻어진다. 증류주에는 위스키(Whisky), 브랜디(Brandy), 진(Gin), 럼(Rum), 보드카(Vodka), 테킬라(Tequila) 등이 있다.

포도주(wine): 생활 수준의 향상과 건강을 위해 저도수의 알코올을 즐기려는 풍조에 힘입어 포도주(와인)의 인기가 날로 높아지고 있다. 포도주(와인)는 제조공정에 따라 드라이 와인(dry wine), 스위트 와인(sweet wine), 강화 와인(fortified wine), 발포성 와인(sparkling wine)으로 구분된다. 드라이 와인은 포도즙의 당 성분(15~20% 정도)이 발효 후 거의 남아있지 않아(0.1% 정도) 신맛이 나는 와인을 말하며, 스위트 와인은 약간의 당이 남아있거나 발효 후에 추가적으로 당을 첨가하여 단맛을 즐길 수 있는 와인(당 성분이 10%까지)을 말한다. 강화 와인은 알코올 도수를 높이기 위해 발효 중 또는 발효가 끝난 후, 와인에 포도로 만든 알코올(대부분 브랜디)을 섞은 와인을 말하며, 셰리(Sherry,스페인), 포트(Port, 포르투갈), 마데이라(Madeira, 포르투갈)가 가장 잘 알려져 있다. 일반 와인의 알코올 도수는 15% 이하(보통 12%) 이고 강화 와인은 16~20% 정도이다. 발포성 와인은 직접 밀봉된 병에서 효모로 이차 발효(secondary fermentation)를 시켜 발생되는 이산화탄소를 함유한 와인을 말하며, 프랑스의 샹파뉴 지방(Shampagne region)에서 만들어진 샴페인(Shampagne)이 가장 유명하다. 발포성 와인에 상대되는 용어로 탄산가스를 제거한 일반 와인을 비발포성 와인(still wine)이라 한다.

그림 7.2 포도주(화이트 와인)와 적포도주(레드 와인).

한편, 아이스 와인(ice wine)은 초겨울에 포도를 딴 다음 해동되기 전에 짜서 만든 독일의 디저트 와인(Dessert Wine)이다. 'Ice wine'은 독일어로 'eiswein(아이스바인)'인데 'eis'는 'ice'이고, 'wein'은 'wine'을 뜻한다. 포도 내부의 수분이 얼어 있기 때문에 그 즙은 농축되어서 풍미가 좋고 당도와 산도가 높은 고급 와인이 만들어진다. 주로 독일과 캐나다에서 생산되며, 1년에 5~6회 가량 언 포도의 수확이 가능하다고 한다. 자연 상태에서 재배한 포도로 만든 와인만을 공식 아이스 와인으로 인정하며, 수확 후 냉동시킨 포도알로부터 만든 아이스 와인은 아이스박스 와인(icebox wine)이라는 이칭으로 구분된다. 아이스박스 와인은 아이스 와인에 비해 특유의 향이 부족하다.

와인을 구분하는 데에는 몇 가지가 있지만, 색깔로 구분한다면 레드 와인(red wine)과 화이트 와인(white wine)으로 나눌 수 있다. 레드 와인(red wine)은 제조 과정에서 붉은 포도의 씨와 껍질을 함께 넣어 발효한 것으로 다소 떫은 맛을 나타낸다. 붉은 벽돌색, 자주색, 루비색, 적갈색 등 다양한 색을 띠며 대부분 육류나 양념이 많이 된 음식과 잘 어울린다. 화이트 와인(white wine)은 샤르도네(Chardonnay), 쇼비뇽 블랑(Sauvignon Blanc), 리슬링(Riesling), 세미용(Semillon), 피노 그리지오(Pinot Grigio) 등과 같이 청포도를 원료로 하여 씨와 껍질을 제거한 과즙을 이용하여 제조한 와인을 일컫는다. 때때로 껍질과 씨를 제거한 적포도의 즙을 사용하는 경우도 있다. 화이트 와인은 발효 시 씨와 껍질이 들어가지 않기 때문에 레드 와인에 비하여 풍미가 깔끔하다. 엷은 노란색, 연초록색, 볏짚색, 황금색, 호박색 등의 다양한 색을 띠며 생선이나 과일, 야채, 담백한 요리에 적당하다. 화이트 와인은 청량감과 과일향을 즐기기 위해 차게 마시는 것이 좋다. 핑크색 장미를 연상케하는 로제 와인(Rosé wine)은 레드 와인과 같이 포도 껍질을 같이 넣고 발효시켰다가 어느 정도 색이 우러나오면 껍질을 제거한 뒤 포도즙을 가지고 만든 것으로 분홍빛을 띠며 맛은 화이트 와인에 가깝다. 생선과 고기를 함께 먹을 때 좋다.

알코올 발효에 관여하는 미생물로 *Saccharomyces*속 효모와 *Zymomonas*속 세균이 가장 잘 알려져 있다. 포도주에 관여하는 효모는 두 종류가 알려져 있다. 포도 자체에 존재하던 것이 포도즙으로 전달된 야생효모(wild yeast)와 인위적인 발효를 위해 포도즙에 첨가하는 배양된 와인효모(cultivated wine yeast) *Saccharomyces ellipsoideus*가 있다. 야생효모는 알코올 내성이 약하고 최종제품에 나쁜 영향을 미칠 수 있기 때문에 와인 양조장에서는 약 100ppm의 이산화황(sulfites, 아황산염)을 첨가함으로써 머스트(must: 포도를 으깨서 만든 즙)에 있는 야생효모를 죽이는 것이 관례이다. *Saccharomyces ellipsoideus*는 이 정도 농도의 이산화황에는 내성을 갖고 있다. 효모는 비교적 적은 양의 알코올을 생산(10~15%)하므로 증류주는 효모가 생산한 알코올을 증류하여 40~50% 알코올 함량으로 농축한 것이다.

맥주: 발아시킨 곡물(Malted grains)로 만드는 알코올성 음료의 제조를 양조(brewing)라고 한다. 전형적인 맥아주류에는 맥주(lager beer), 에일(ale), 포터(porter), 스타우트(stout) 등이 있다. 맥주는 보리의 싹을 틔워서 만든 맥아로 맥아즙을 만들고, 여과한 후 홉(hop)을 첨가하여 맥주효모로 발효시켜서 만든 증류시키지 않은 알코올성 음료이다. 홉(Hop)은 맥아

참고

흑맥주(Dark beer)는 맥주의 원료인 맥아를 볶아서 어두운 빛깔의 맥주로 양조한 것인데 빛깔뿐만 아니라 맛과 향도 일반 맥주와는 다른 풍취가 있다. 흑맥주는 세계적으로 독일 아인베크(Einbecker)의 보크 비어(Bock beer)와 그 흐름을 이어받은 뮌헨의 비어 그리고 영국의 포터(Porter)와 그 흐름을 이어받은 아일랜드의 스타우트(Stout)가 유명하다. 스타우트는 알코올 도수가 라거 맥주의 2배 정도다. 흑맥주는 캐러멜 맥아 또는 색맥아를 사용하여 제조한다. 캐러멜 맥아는 수분 50%를 흡수시킨 건조 맥아를 로스터라고 하는 가열장치로 110~130°C로 가열한 것이고, 색맥아는 7~8% 정도의 수분을 흡수시키고 로스터로 200°C 정도에서 가열한 것이다. 색맥아는 캐러멜 맥아보다 강한 빛깔과 향이 있다. 흑맥주의 경우 일반 맥주보다 홉을 많이 사용하여 제조한다.

즙에 첨가되는 맥주의 쓴맛을 제공하는 향미성분(a bitter herbal flavour)이지만 발효과정에서 오염방지에 도움을 주는 항미생물적 특성도 가지고 있다.

참고 **맥아**(Malt, 엿기름)

발아 · 발근시킨 보리를 건조시켜 어린뿌리를 제거한 것. 곡류(grains)의 녹말을 당화하는 효소를 비롯하여 배젖조직을 분해하는 여러 가지 효소가 발아 때에 생산되는 것을 이용하여 당화제를 겸한 녹말원료로 맥주, 위스키, 엿, 식혜 등의 제조에 쓰인다. 즉, 맥아는 전분을 당으로 전환시키는 자연 당화효소(natural amylases)를 함유하고 있다.

맥주는 발효방식에 따라 상층발효 맥주와 하층발효 맥주 두 가지로 분류된다.

상면발효 맥주(Top fermentation): 전형적인 상면발효 효모인 *Saccharomyces cerevisiae*를 이용하여 발효시킨 맥주로 비교적 고온인 14~23°C에서 발효시키고 숙성기간(5~7일)이 짧다. 색이 짙고 맥주의 향이 풍부하며 쓴맛이 강한 맥주가 대부분이다. 알코올 도수는 하면발효 맥주보다 높다. 대표적인 맥주로는 에일(Ale), 스타우트(Stout: 영국식 흑맥주), 포터(Porter: 영국의 흑맥주), 램빅(Lambics: 벨기에 브뤼셀 맥주) 등이 있다. 영국, 벨기에, 캐나다 등에서 상면발효 효모를 사용하고 있다.

하면발효 맥주(Bottom fermentation): 하면발효 효모인 *Saccharomyces carlsbergensis*를 이용하여 비교적 저온인 6~12°C에서 발효시킨 라거 맥주(lager beer)로 숙성기간(8~14일)이 길고, 부드러우며 알코올 도수가 낮아 마시기에 편안한 맥주이다. 독일, 미국, 한국, 일본 등지에서 생산되는 맥주를 비롯하여 전 세계적으로 하면발효 맥주가 맥주의 대부분을 차지한다(3/4 정도). 대표적인 라거 맥주로 뮌헨(München) 타입과 필젠(Pilsen) 타입, 비인(Wien) 타입 등의 맥주가 있다.

라거 맥주의 도수는 대게 4.5~5도이며, 5도 이상의 맥주도 시판되고 있다. 에일(Ale), 스타우트(stout)와 같은 상면발효 맥주의 도수는 8도 정도이다.

증류주: 위스키(whisky 또는 whiskey)는 맥아 및 기타 곡류(주로 옥수수)를 발효시킨 1차주를 다시 증류하여 만든 술이다. 증류 후에는 나무통에 넣어 숙성(aging)시키는 것이 보통이다. 위스키는 사용원료에 의해 몰트 위스키(malt whisky), 그레인 위스키(grain whisky), 블랜디드 위스키(blended whisky) 3가지로 분류된다. 몰트 위스키는 대맥맥아(malted barley)만을 원료로 하여 단식 증류기에 두 차례 증류 후 화이트 오크통에 장기간 천천히 숙성시켜 만든 위스키이다. 맥아를 건조시킬 때 피트(peat)라는 석탄을 태워 그 연기와 열풍으로 건조시켰기 때문에 피트향이 베어 있고 단식 증류기를 사용하기 때문에 맛이 중후하고 짙다. 그러나 단식 증류기 사용으로 생산성이 좋지 않아 가격이 비싼 편이다. 대표적인 몰트 위스키로 글랜피딕, 맥캘란, 글랜리벳 등이 있다. 그래인 위스키는 발아시키지 않은 보리, 옥수수, 호밀 등에 맥아를 첨가하여 당화·발효시킨 뒤 연속식 증류기로 제조한 위스키이다. 감자, 고구마 등의 전분질 원료나 당질 원료는 사용되지 않는다. 가격은 싸지만 맛이나 향 등 품질면에서 몰트 위스키를 따르지 못해 주로 몰트 위스키와 브랜딩하기 위한 목적으로 만든다. 블랜디드 위스키는 몰트 위스키와 그레인 위스키를 적당한 비율로 혼합한 위스키이며, 배합비율에 따라 맛이 달라진다. 일반적으로 위스키하면 브랜디드 위스키를 말할 정도로 전체 위스키 시장의 97% 정도를 점하고 있다. 조니워커, 발렌타인, 로얄샬루트, 시바스리갈 등 대부분의 위스키가 블랜디드 위스키이다.

증류주로 위스키 외에 와인을 증류한 브랜디(brandy), 사탕수수즙이나 당밀 등의 제당공정 부산물을 원료로 발효 · 증류 · 숙성시켜 만든 럼주(rum; 서인도제도 자메이카 술), 감자, 보리, 옥수수, 밀 등을 쪄서 보리의 맥아로 당화시킨 뒤 발효시켜 고성능 연속식 증류기로 정류한 보드카(vodka: 러시아 술), 호밀, 옥수수를 주원료로 하여 이를 푹 찐 다음 맥아를 넣어 당화시킨 뒤 발효시켜 그 발효액을 증류한 후에 다시 50~60% 정도로 물에 희석시켜 노간주나무 열매(juniper berry) 등 향료식물의 정유(精油)를 첨가하여 만든 진(gin) 등이 있다. 완성된 진은 일반적으로 알코올 37.5~47.5%이다. 진에는 여러 가지 종류가 있는데, 네덜란드진(geneva)과 런던진이 대표적이며, 모두 노간주나무 열매(juniper berry)의 독특한 향을 지니고 있다. 맥주를 증류해서 만든 위스키의 알코올 도수는 일반적으로 30%~40% 정도이며, 포도를 증류한 브랜디는 30%~40%, 럼주는 44~45%, 보드카는 40%~60%, 고량주(빼갈)는 40%~63% 정도이다. 우리나라의 희석 증류주인 소주의 알코올 도수는

20%~25%, 막걸리는 6~7% 정도이다.

희석시키지 않은 우리나라의 전통 소주의 도수는 35%~40% 정도인데, 희석식 소주는 1965년부터 생산되었다. 소주는 원래 증류주였으나 정부가 식량난 해소를 위해 양곡을 원료로 한 주류제조를 금지하자 희석식으로 전환한 후 오늘에 이르고 있다. 그 당시 소주의 알코올 도수는 30도였다. 그 후 1974년 25도로 내려왔으며 소주의 알코올 도수가 25도로 정형화되는 듯했다. 그러나 1993년 23도의 화이트 소주(무학)가 처음 출시된 뒤, 점차 23도 소주시장이 전국화되었고 23도의 대중화시대는 1999년부터 본격화됐다. 이 후 22도 시장이 열렸고 최근에는 20도 이하의 소주가 보편화되면서 19.8도, 19.5도, 16.9도(좋은데이, 무학; 2006년 11월 14일 출시) 등 도수가 계속 낮아지고 있는 추세이다.

알코올(에탄올)은 알코올성 음료 이외에도 공업용 용매, 휘발유 보조제로서도 사용된다. 따라서 오늘날 세계 여러 나라에서 에탄올의 대량생산에 박차를 가하고 있다. *Saccharomyces, Kluyveromyces, Candida* 등의 다양한 효모들이 에탄올의 대량생산에 사용되어 왔으나, 미국에서는 대부분의 에탄올을 옥수수 전분을 이용하여 *Saccharomyces*로부터 생산한다.

포도당이나 과당 등 당을 이용하며 알코올을 생성하는 *Zymomonas mobilis*는 그람-음성 간균으로 계통발생학적으로 *Pseudomonad*와 연관을 나타내며, Entner-Doudoroff 경로를 사용한다. *Zymomonas mobilis*는 다양한 식물의 액즙을 알코올로 발효하기 때문에 중남미, 아프리카, 그리고 아시아의 여러 열대지역에서 발효음료산업에 널리 이용되고 있다. 예를 들면, 멕시코에서 용설란을 알코올 발효하여 용설란주(pulque)를 만드는 데 *Zymomonas mobilis*를 이용한다. *Zymomonas mobilis*는 또한 야자수액, 사탕수수 즙, 벌꿀의 발효에도 관여한다. 최근 우리나라에서 알코올을 대량생산할 수 있는 수퍼 알코올 박테리아가 개발돼 무공해 대체에너지 개발에 청신호가 켜졌다. 바이오 벤처회사인 (주)마크로젠은 *Zymomonas*의 알코올 생성 유전자를 밝혀, 그 유전자를 조작해 수퍼 알코올 박테리아를 개발했다. 마크로젠에 따르면 *Zymomonas*의 게놈지도를 완성하면서 찾아낸 알코올 생산 유전자를 *Zymomonas*에 다시 집중적으로 삽입한 결과 알코올을 20% 더 생산한다는 것과 *Zymomonas*의 유전자가 모두 1,998개이며, 그 중 1,346개는 기능이 알려진 것이고, 652개는 기능이 전혀 알려지지 않은 새로운 유전자라는 것도 밝혀냈다. 이 회사는 *Zymomonas* 유전자를 모두 내장한 유전자칩과 신종 수퍼 알코올 박테리아 등에 대해 특허를 출원했다. 현재 미국은 *Zymomonas*를 활용해 알코올을 대량 생산하는 공장을 가동 중이다. 그러나 이번 마크로젠이 개발한 신종에 비해 생산 효율이 떨어진다. 마크로젠 회장인 서정선 서울대 교수는 "*Zymomonas*는 알코올 생산은 물론 혈장 대용제 등 의약품 개발에도 활용할 수 있다고"고 한다.

7.5.3 유기산 생산과 미생물

미생물에 의한 유기산(organic acid)의 생산은 산업미생물에 있어서 매우 중요한 위치를 점하고 있다. 구연산(citric acid), 초산(아세트산, acetic acid), 젖산(lactic acid), 푸마르산(fumaric acid), 글루콘산(gluconic acid)이 주된 산물이다.

구연산(Citric acid): 식품산업(음료, 과자류, 기타 식품의 보조제), 의약품산업, 공업용으로 널리 사용되는 구연산(citric acid)은 주로 사상균인 *Aspergillus niger*를 이용하는 발효를 통해 미생물학적으로 생산된다. 미생물 제조과정이 개발되기 전에는 이탈리아 감귤(citrus fruit from Italy)을 이용하여 구연산을 제조하기도 하였다. *A. niger*로부터 많은 양의 구연산을 생산하기 위하여 철분이 제거된 배지를 사용해야 한다. 철분이 결핍되면 *A. niger*는 철을 제거하는 킬레이터(chelator)로서 구연산을 과량 생산하게 된다. 곰팡이에서 구연산의 생산은 1961년 Thom 등이 페니실리엄(*Penicillum*)속에서 발견한 후 아스퍼질러스 나이거(*Aspergillus niger*)를 비롯한 *A. awamori, A. clavatas* 등의 *Aspergillus* 속에서 연구가 가장 많이 이루어졌다. 또한 *Mucor puriformis, Trichoderma viride* 등에서도 구연산 생산능이 밝혀졌다. 세균에서는 *Corinebacterium, Arthrobacter, Brevibacterium* 등의 corineform 세균이 n-알켄(alkene)이 함유된 배지에서 배양되어졌을 때 많은 구연산을 생산하였고, 효모에서는 캔디다(*Candida*)속에서 구연산을 생산하는 것으로 알려져 있다.

글루콘산(Gluconic acid): 글루콘산(Gluconic acid)은 자연계 내에서 과일, 벌꿀, 콤부차 티(kombucha tea), 포도주 등에 존재하며, 산업적인 글루콘산(gluconic acid)의 생산은 글루코오스(glucose)로부터 아스퍼질러스 나이거(*Aspergillus niger*)의 글루코오스 산화효소(glucose oxidase)에 의해 유도된다. 글루콘산(Gluconic acid)은 식품첨가제(food additive)로서 산도 조절제(acidity regulator)로 이용되며, 글루콘산 음이온(gluconate anion)은 Ca^{2+}, Fe^{2+}, Al^{3+}와 같은 중금속 킬레이터(chelator)이기 때문에 칼슘과 철의 담체(carrier)로 사용된다. 글루콘산칼슘(Calcium gluconate)은 사람의 칼슘 결핍을 치료하는 데 사용된다.

초산발효(Acetic acid fermentation): 식초(vinegar)는 제법에 따라 합성식초(synthetic vinegar)와 양조식초(brewing vinegar)로 구분된다. 화학적인 방법으로 만들어진 합성식초는 예전에 4~5% 정도로 희석하여 조미료 등으로 사용한 적이 있다. 합성식초의 경우 제조원가가 저렴하고, 산도를 자유롭게 조정할 수 있고, 제조에 장기간을 요하지 않는 점 등의 장점이 있지만 인체에 나쁜 영향을 미치는 것으로 알려지면서 선진국에서는 독극물로 분류하고 있다. 시중에 판매되고 있는 양조식초는 영국·독일의 맥아식초(malt vinegar), 프랑스의 포도식초(wine vinegar), 미국의 사과식초(cider vinegar), 일본의 청주박식초, 현미식초, 감식초 등 그 종류가 다양하다.

양조식초(Brewing vinegarar)는 전분, 당류, 에틸알코올을 원료로 하여 미생물의 작용으로 생성된 아세트산(CH_3COOH)을 주성분으로 하는 산성 조미료이다. 우리나라 식품공전(Korean Food Standards Codex)에서 양조식초는 과실식초, 곡물식초, 주정식초 등 세 종류로 규정하고 있다.

양조식초를 제조할 때 원료의 종류에 따라 다소 다른 전처리를 행한다. 일반적으로 곡류 등의 전분질을 이용하는 경우 당화 과정을 거친 후, 효모에 의한 알코올 발효에 이어 *Acetobacter*속의 초산균(아세트산 세균, acetic acid bacteria)에 의한 아세트산발효(초산발효)를 행한다. 과실류, 당밀 등을 이용하는 경우에는 알코올발효와 초산발효를 시키지만, 주류 등의 알코올 원료를 사용할 시에는 초산발효만을 시킨다.

초산발효(acetic acid fermentation)란 산화발효의 한 종류로서 공기 중의 산소를 이용하는 초산균(아세트산 세균)의 작용으로 에틸알코올(CH_3CH_2OH)을 호기적으로 산화시켜 아세트알데하이드(CH_3CHO)를 거쳐 아세트산(초산, CH_3COOH)을 만드는 과정이다. 알코올의 산화 과정은 2단계를 거친다. 먼저 알코올 탈수소효소(alcohol dehydrogenase)에 의해 에틸알코올(CH_3CH_2OH)이 아세트알데하이드(C_2H_4O)로 전환된다. 그 다음에 아세트알데하이드(C_2H_4O)가 알데하이드 탈수소효소(aldehyde dehydrogenase)에 의해 아세트산(초산, CH_3COOH)으로 전환된다.

맥주와 같은 알코올 함유량이 비교적 적은 주류에 물을 타서 컵에 넣어 따뜻한 공기 속에 방치하면, 표면에 흰 피막이 생기며 신맛이 난다. 이 피막은 초산균의 집합체이다. 초산균(아세트산 세균)은 간상의 무포자 절대 호기성 그람-음성 세균으로서 공기가 풍부한 액체의 표면에서 잘 번식할 뿐만 아니라, 공기 중의 산소를 이용하여 알코올을 아세트산으로 전환시킨다. 초산균의 생육 최적pH는 pH 3.5~6.5이며, 생육 최적온도는 20~30℃이다. 10℃ 이하 또는 45℃ 이상에서는 번식력이 매우 약해진다. 또한 초산균은 알코올 농도 5 10%의 범위 내에서만 생육이 가능하고, 산에 상당한 내성을 가지지만 초산(아세트산)의 농도가 10% 이상이 되면 사멸한다. 식초 생산에 주요한 문제점은 아세트산 세균이 생장 중 많은 산소를 요구하기 때문에 배지에 충분한 산소를 공급하는 것이다. 아세트산 세균(acetic acid bacteria)는 *Acetobacteraceae*과(family)에 10속(genus)으로 구성되어 있다.

젖산발효(lactic acid fermentation): 젖산균(유산균: lactic acid bacteria)을 혐기성 상태에서 글루코오스(포도당)와 반응시키면 젖산(lactic acid)을 만들어내는데, 이러한 발효를 젖산발효라고 한다. 젖산균(유산균)은 그람-양성 세균이며, 통성혐기성 또는 혐기성 세균으로서 락토바실러스(*Lactobacillus*)속과 스트렙토코커스(*Streptococcus*)속에 여러 종류가 알려져 있다. 젖산균은 인간을 비롯한 포유동물의 장에서 유해세균의 생육을 저지하여 이상발효를 방지하는 정장제로도 이용되는 중요한 세균이다. 김치, 요구르트, 치즈 등은 젖산 발효에 의해 만들어진 대표적인 음식이다. 젖산 발효는 음식을 만드는 과정뿐 아니라 인체 내에서도 일어난다. 격렬한 운동을 하면 인체는 짧은 시간 동안 많은 에너지를 필요로 하기 때문에 빠르게 에너지를 생산해야 한다. 격렬한 운동을 하는 동안 소모되는 에너지의 양이 산소호흡을 통해 얻어지는 것보다 크면 인체는 부족한 만큼을 무산소호흡을 통해 에너지를 얻어야 한다. 이와 같은 인체 내에서 일어나는 무산소호흡도 젖산 발효에 속한다. 격렬한 운동을 하고 나서 근육통 등의 근육이 피로해지는 이유는 바로 젖산이 만들어져서 근육 내에 축적되기 때문이다.

$$C_6H_{12}O_6\text{(글루코오스)} \rightarrow 2C_3H_6O_3\text{(젖산)} + 2ATP$$

7.5.4 아미노산 생산과 미생물

정상적인 미생물은 세포대사를 세밀하게 조절하여 생화학적 중간대사산물의 과생산(overproduction)을 피한다. 따라서 상업용으로 아미노산을 생산할 때에는 최종산물의 합성에 있어서 제어능력이 떨어진 조절성 돌연변이체(regulatory mutant)를 사용한다. 가장 중요한 상업적 아미노산은 화학조미료인 monosodium glutamate(MSG)이다. 글루탐산나트륨(MSG)은 버섯이나 토마토, 해조류, 치즈, 고기 등의 음식물에 많이 함유되어 있으며 대부분의 화학조미료에 첨가되는 성분이다. MSG는 1908년 일본 토쿄대 이케다(Ikeda) 교수가 다시마 국물의 '맛있는 맛'의 원인이 국물 속에 녹아 있는 글루탐산 때문임을 발견한 후, 1909년 일본의 아지노모토사(Ajinomoto Corporation)에 의해 특허가 신청되고 상업화되기에 이르렀다. 글루탐산(Glutamic acid)은 코리네박테리엄 글루타미컴(*Corynebacterium glutamicum*)에 의해 주로 글루코오스, 원당(crude sugar), 당밀을 원료로 사용하여 생산한다. 라이신(Lysine)은 1973년 일본 초등학교 급식 빵에 라이신을 첨가한 결과 학생들의 발육이 크게 향상되었다는 보고로 그 수요가 늘게 되었다. 라이신은 코리네박테리엄 글루타미컴(*Corynebacterium glutamicum*)이나 브레비박테리엄 플레이범(*Brevibacterium flavum*)에 의해 상업적으로 생산되어 식품 첨가제로 사용된다. 페닐알라닌(Phenylalanine)은 의료용 수액제, 영양강화제, 사료첨가제로 이용되며 최근에는 아스파트산(aspartic acid)과 함께 인공감미료인 아스파탐(aspartame)의 원료로 그 수요가 늘고 있다. 페닐알라닌(Phenylalanine)은 단백질 중에 그 함량이 높지 않아 단백질가수분해 방법은 그리 효율적이지 못하며 효소법에서도 비싼 원료를 사용하며 그 생산 농도도 낮았다. 그러나 1980년대 후반부터 재조합 대장균을 이용한 발효법의 도입으로 고농도의 페닐알라닌이 생산되고 있다

7.5.5 항생물질 생산과 미생물

전형적인 2차 대사산물인 항생물질은 제5장에서 논의한 것처럼 "미생물에 의하여 생산되는 천연물질로서, 저농도에서 다른 미생물의 생육을 저해하거나 사멸시키는 물질"이다. 항생물질을 생성하는 미생물 중 가장 두드러진 것은 방선균류(*Actinobacteria*)로서, 생산되는 항생물질의 50% 이상, 임상치료에 이용되는 항생물질의 90% 이상이 방선균류 유래이다. 그 다음으로 곰팡이, 진정세균류 순으로 항생물질 생성균이 분포되어 있다. 곰팡이류 유래의 항생물질로서 페니실린(penicillin) G, 세팔로스포린(cephalosporin) C, 푸시딘산(fusidic acid) 등의 항세균성 항생제와 그리세오풀빈(griseofulvin)과 같은 항진균성 항생제가 있다. 항생물질에 관해서는 제5장에서 상세히 언급했기 때문에 여기서는 스트렙토마이시즈 나탈렌시스(*Streptomyces natalensis*)가 생산하는 항진균제(antifungal agent)인 나타마이신(natamycin)에 관해서만 간단히 언급하기로 한다. 나타마이신(Natamycin)은 피마리신(pimaricin)으로도 알려져 있으며, 토양에서 흔히 발견되는 스트렙토마이시즈 나탈렌시스(*Streptomyces natalensis*)에 의해 생산되는 항진균제(antifungal agent)이다. 나타마이신은 macrolide polyene계 항진균제로서 진균 각막염(fungal keratitis)의 치료제(점안약, eyedrops)로 이용되고 있다. 나타마이신(Natamycin)은 *Candida, Aspergillus, Cephalosporium, Fusarium* 그리고 *Penicillium*을 포함하는 균류에 의한 감염(fungal infections) 치료에 이용되며, 특히 아스퍼질러스(*Aspergillus*)와 푸사리엄(*Fusarium*)에 의한 각막 감염(corneal infections)에 매우 효과적이다. 나타마이신은 물에 대한 용해도가 매우 낮지만 매우 낮은 농도에서도 약효가 뛰어나다. 대부분의 곰팡이는 10ppm 이하의 최소억제농도(MIC, Minimum Inhibitory Concentration)를 가진다. 또 다른 매크로라이드(macrolide)계 항진균제로 암포테리신(Amphotericin) B, 나이스타틴(Nystatin) 그리고 필리핀(Filipin)이 있다. 나타마이신은 또한 지난 10년 동안 유제품과 육가공품를 비롯한 식품을 위한 항진균제로 이용되어져 왔다. 즉, 나타마이신(Natamycin)은 인체 독성에 대한 안정성을 인정받아 현재 식품보존제로 널리 사용되고 있다.

Appendix 부록

부록에서는 우리들이 일상생활에서 자주 접하는 식품인 피자, 커피, 바나나에 관해 간단하게 기술하고자 한다.

1 피자(Pizza)

피자(pizza)는 넓게 펴 만든 도우(dough) 위에 토마토 소스와 모차렐라 치즈(mozzarella cheese)를 기본으로 하여 기호에 따라 고기, 살라미(salami), 해산물, 야채 등 다양한 토핑을 올려 화덕이나 오븐에 구운 이탈리아 전통요리이다.

참고 살라미(Salami)

소고기나 돼지고기에 소금 간을 많이 하여 건조시킨 향이 강한 이탈리아식 소시지다. 살라미는 주로 얇게 썰어서 피자, 샌드위치, 카나페(Canape) 등의 요리에 활용한다. 요리하지 않고 먹을 때는 주로 와인 안주로 곁들인다. 이탈리아어로는 〈Salame(살라메)〉인데, 소금을 뜻하는 〈Sale〉에 접미사가 결합된 형태다. 살라미는 유럽의 지역에 따라 특색을 가지며, 페퍼로니(Pepperoni)는 이탈리아 살라미의 미국식 버전이다.

피자는 이탈리아를 대표하는 요리로서 그 역사가 수천 년에 이르지만, 오늘날과 같은 피자의 형태는 19세기 말에 이르러서다. 피자는 나폴리를 중심으로 한 서민 음식으로 활용되다가 19세기 이탈리아 통일 과정에서 이탈리아 전역으로 퍼져 나갔다. 이후 제2차 세계대전 동안 이탈리아에 주둔했던 미군들이 피자를 맛본 후 미국으로 전해지거나 이탈리아 이민자들에 의해 미국 전역으로 퍼지면서 세계적인 음식으로 발돋움하였다. 미국의 피자는 음식의 양을 중요시하는 미국인의 취향에 맞게 크기가 커지고, 육류와 치즈를 중심으로 토핑이 풍성해졌다.

피자(Pizza)는 이탈리아 남부 지방의 언어로서 고대 로마인들이 사용하던 "파이(pie)"라는 의미의 '피체아(picea)'에서 파생된 말이다. 피체아는 로마인들이 먹던 '플라첸타(placenta)'라고 불리던 빵의 까맣게 그을린 아랫부분 혹은 그 빵 자체를 일컫는 말이었다. 이 'picea'가 'piza'를 거쳐 오늘날의 'pizza'로 굳어진 것으로 추정된다.

이탈리아의 경우 지역에 따라 수많은 피자 레시피가 개발되어 있다. 이 중 가장 유명한 것은 나폴리풍 피자와 라치오풍(로마풍) 피자이다.

나폴리풍 피자인 피자 알라 나폴레타나(pizza alla napoletana)는 가장 기본이 되는 이탈리아 피자로서 2009년 EU에 의해 전통 특선요리(traditional specialty guaranteed dish)로 인정 받았다. 피자의 가장자리 테두리가 살짝 부푼 모양은 공처럼 생긴 피자 반죽을 안에서 밖으로 밀 때 공기가 차면서 생긴 것이다. 전통적인 레시피를 살펴보면, 반죽은 밀가루, 효모, 소금만으로 빚고, 지방 성분은 넣지 않으며, 반드시 나무를 때는 화덕에서 구워야 한다. 토핑에 따라 피자 마르게리타(pizza margherita)와 피자 마리나라(pizza marinara) 두 가지가 있다. 피자 마르게리타는 토마토, 모차렐라 디 부팔라(버팔로 젖으로 만든 모차렐라 치즈), 바질(Basil), 엑스트라 버진 올리브 오일을 사용하여 만든다. 마르게리타(Margherita)는 통일 이탈리아 왕국의 제2대 국왕 움베르토 1세의 부인의 이름이다. 피자 마리나라는 토마토, 마늘, 오레가노(허브의 일종), 엑스트라 버진 올리브 오일을 토핑으로 올려 만든다.

피자는 특히 캄파니아(Campania)주 나폴리를 중심으로 발달하였는데, 나폴리인들은 토마토 토핑을 최초로 고안해냈다. 그후 토마토와 더불어 모차렐라 치즈가 토핑으로 올라가면서 피자의 맛이 한층 더 좋아지게 되었다. 이를 처음 개발한 사람은 나폴리의 유명 피자 셰프 라파엘레 에스포지토(Raffaele Esposito)이다. 1889년 통일 이탈리아 왕국의 제2대 국왕 움베르토 1세와 함께 나폴리를 방문해 몬테 왕궁에 머물고 있던 마르게리타 왕비는 피자의 명성을 듣고 호기심을 가지고 있었다고 한다. 이런 마르게리타 왕비에게 피자를 대접하기 위해 라파엘레 에스포지토(Raffaele Esposito)가 왕궁으로 불려졌다. 그는 여러 유형의 피자를 만들어 왕비에게 바쳤데, 왕비는 이탈리아 3색 국기를 상징하는 토마토(red), 바질(green), 모차렐라 치즈(white)를 넣고 만든 피자를 선택하고선 매우 기뻐했다. 이후 이 피자를 여왕의 이름을 본따 마르게리타 피자라고 부르고 있다.

라치오(Lazio) 지역의 피자(pizza alla lazio)도 두 가지 다른 형태를 가지고 있다. 간이 피자 판매점에서 판매하는 피자 루스티카(pizza rustica)나 피자 알 탈리오(pizza al taglio)는 다른 피자보다 상대적으로 두꺼운 편(1~2cm)이며, 피자 알 탈리오(pizza al taglio)는 직사각형 모양의 팬으로 굽는 경우가 많다. 크러스트(crust: The bottom of the pizza)는 잉글리시 머핀과 비슷하고, 전자 오븐에 굽는 경우도 있다. 보통 가위나 칼로 잘라서 무게에 따라 판매한다. 피자 전문점(pizzeria, 피체리아)에서는 피자를 전통적인 둥근 형태로 만드는데, 빵의 두께가 얇고 바삭바삭한 것이 특징이다. 주로 나무 연료 오븐을 사용하여 특유의 맛과 질감이 나도록 굽는다. 라치오(로마) 지역에서 피자 나폴레타나(pizza alla napoletana)는 토마토, 모차렐라 치즈, 안초비(멸치류), 버진 올리브 오일로 토핑된 것을 말한다. 나폴리에서는 이것을 피자 로마나(pizza romana)라고 부른다. 라치오 지역 사람들은 바삭거리는 크러스트(crust)를 선호한 반면, 나폴리 사람들은 질겅거리는 식감의 크러스트를 완성시켰다.

참고 ▶ 토핑의 유형과 모양에 따른 피자의 종류

피자 비엔네제(Pizza viennese), 피자 카프리초사(Pizza capricciosa), 피자 쿼트로 스태지오니(Pizza quattro stagioni), 피자 쿼트로 포르마지(Pizza quattro formaggi), 시칠리아식 피자(Sicilian pizza), 화이트 피자 (White pizza, pizza bianca), 리피에노(Ripieno) 또는 칼조네(calzone)

2 커피(Coffee)

우리나라는 세계 7위의 커피 수입국이며 커피 시장은 연 10조 원에 이른다고 한다. 커피 전문점이 전국에 10만 개가 있으며, 국민 1인당 연 512잔을 마신다는 통계도 나왔다. 가히 '커피 공화국'이라 할 만하다.

이렇게 인기를 끌고 있는 커피도 옛날부터 그 유해성을 두고 논란이 일어왔다. 8세기 유럽에서 있었던 일이다. 스웨덴 국왕 구스타프 3세는 커피의 독성을 증명하기 위해 한 살인범에게 죽을 때까지 날마다 커피를 마시도록 하고, 다른 살인범은 차를 마시도록 했다. 이를 감독하기 위해 2명의 의사가 임명되었는데 이 긴 실험 동안 가장 먼저 죽은 사람은 두 의사였다. 다음으로는 1792년 왕이 암살되었고, 그 뒤 수년이 지나 두 살인범 중 차를 마셔온 쪽이 83세 때 먼저 죽었다. 이 이야기는 커피의 유해성과 관련해 종종 언급되는 일화로

『세계 상식 백과』(리더스 다이제스트)에 나오는 내용이다. 우리나라에선 커피의 유해성 여부에 관해 더 이상 사회적 논란거리가 되지 않는다.

커피나무는 식물학적으로 꼭두서니과(Rubiaceae) 코페아속(Coffea)에 속하는 다년생 상록 쌍떡잎식물이다. 커피속(Coffea)의 식물은 현재 120여 종(species)이 발견되었지만 주로 코페아 아라비카(Coffea Arabica)와 코페아 카네포라(Coffea Canephora: predominantly a form known as 'robusta') 2종이 상업적으로 재배되고 있다. 코페아 아라비카는 세계 커피 생산량의 75~80% 정도를 차지하며 에티오피아의 남서부 고산지대, 수단의 남동부 보마고원(Boma Plateau), 케냐 북부의 마르사비트(Marsabit)가 원산지이다. 보통 아라비카 커피(Arabica coffee)로 부르며 주로 고지대에서 재배되고, 재배 조건이 까다로우며, 병충해에 취약한 편이다. 하지만 카페인 함량이 0.9~1.2% 정도로 낮고 향미가 우수하고 신맛이 좋은 것으로 알려져 있다. 주로 스트레이트 커피(Straight Coffee)와 스페셜티 커피(Specialty Coffee)에 사용한다. 코페아 카네포라는 흔히 로부스타 커피(Robusta coffee)라고 부르며 세계 커피 생산량의 약 20% 정도를 차지하며 기니(Guinea), 콩고, 우간다(Uganda), 남수단(southeastern Sudan)을 포함하는 사하라 사막 이남(Subsaharan Africa)의 서부 및 중앙아프리카가 원산지이다. 아라비카에 비해 저지대에서도 잘 자라고 병충해에 강하지만 향미가 떨어지고 쓴맛이 강하여 주로 블랜딩(Blending) 커피나 인스턴트 커피의 재료로 쓰인다. 카페인 함량은 아라비카보다 2배 정도 높다. 이 두 종보다 훨씬 덜 인기있는 세계 커피 생산량의 1% 미만을 차지하는 종으로서 Coffea liberica(코페아 리베리카), C. stenophylla, C. mauritiana, C. racemosa 등이 있다. 코페아 카네포라와 코페아 리베리카는 서로 다른 유전자를 가진 두 식물 사이에서 수분이 일어나는 자가불임성(self-incompatible), 즉 이종교배(outcrossing) 나무이기 때문에 수많은 변종이 있다. 반면에 코페아 아라비카는 자가수분(Self-Pollination)을 하는 나무이기 때문에 원형을 유지하려는 습성이 있다. 대표적인 고유 품종으로는 티피카(Typica)와 버본(Bourbon)이 있다. 그러나 15세기 이후 중동지역을 중심으로 전 세계로 퍼져 나가면서 자연적 돌연변이와 인위적인 품종개량을 통해 여러 변형 품종이 생겨났다. 대표적인 코페아 아라비카 품종은 다음과 같다.

- 티피카(Typica): 'Typica'는 스페인어이고 영어로는 'Typical'을 의미하는데, 아라비카 원종(原種)에 가장 가까운 품종이다. 모양이 길고 얇으며 뛰어난 향과 신맛을 가지고 있다. 병충해에 약해서 생산성이 낮고 가격이 비싼 편이다. 블루마운틴(Blue Mountain), 자바(Java), 코나(Kona) 등이 여기에 속한다.
- 버본(Bourbon): 예멘의 모카(Mocha) 품종의 나무를 프랑스 식민지였던 버번(부르

몽) 섬에 이식한 데서 유래된 말로 생두는 작고 둥글고 향미가 뛰어나다. 수확량이 점점 줄고 있어서 다른 품종으로 개량되고 있는 추세이다. 브라질, 케냐, 탄자니아 등지에서 재배되고 있다.

- 문도 노보(Mundo Novo): '신세계'라는 뜻으로 브라질의 레드 버번(Red Bourbon)과 티피카 계열의 수마트라(Sumatra)의 자연교배종이다. 생두 크기는 다양하며 신맛과 쓴맛이 뛰어나다. 거의 브라질에서만 재배되고 있는 품종이다.
- 카투라(Catura): 브라질의 레드 버번(Red Bourbon)의 돌연변이종으로 생두의 크기가 작은 편이고 깊은 신맛과 약간 떫은 맛을 가진다. 생산성이 좋고 콜롬비아, 코스타리카 등지에서 재배되고 있다.
- 카투아이(Catuai): '매우 좋다'란 뜻으로 문도 노보와 카투라의 인공 교배종으로 생두의 외형은 카투라의 특성과 유사하다. 체리(Cherry)가 노란색을 카투아이 아마렐로(Catuai Amarello), 붉은색을 카투아이 버멜로(Catuai Vermelho)라고 한다. 생산성은 좋지만 생산 기간은 다른 종에 비해 짧은 편이다.
- 마라고지페(Maragogipe): 브라질에서 발견된 티피카의 돌연변이 품종으로 생두의 크기가 매우 크고 생산성이 낮다. 중미, 멕시코 일부지역에서 재배되고 있다.

3 바나나

바나나는 우리나라에서 거의 생산되지 않기 때문에 수입을 통해 활용하고 있는 과일이다. 1980년대 초 바나나의 가격은 개당 1000원에서 1500원 정도였다. 당시 도시근로자의 월평균 소득이 40만 원 안팎이었음을 고려하면 상당히 비싼 과일이었다. 바나나가 국내에 본격 수입된 것은 수입제한 품목에서 풀린 1991년부터였다. 우리나라에선 바나나가 주로 간식거리이지만 대부분의 열대 지방에서 바나나는 주요 식량이다. 실제로 수출을 위해 재배하는 바나나는 전체 생산량의 15%에 불과하고 나머지는 모두 현지에서 소비된다고 한다. 전 세계적으로 150개의 나라가 바나나를 생산하며 연간 생산 규모만 1억500만 톤에 달한다. 바나나는 전 세계에서 가장 중요한 8개 농작물 중 하나이자 개발도상국에는 4번째로 중요한 식량이다. 교역 규모까지 합치면 전 세계 바나나 산업은 89억 달러에 이른다. 그런데 최근 바나나가 장차 사라질 수 있다는 과학계의 경고가 나와 인류의 식량 안보와 세계 경제에 빨간불이 켜졌다.

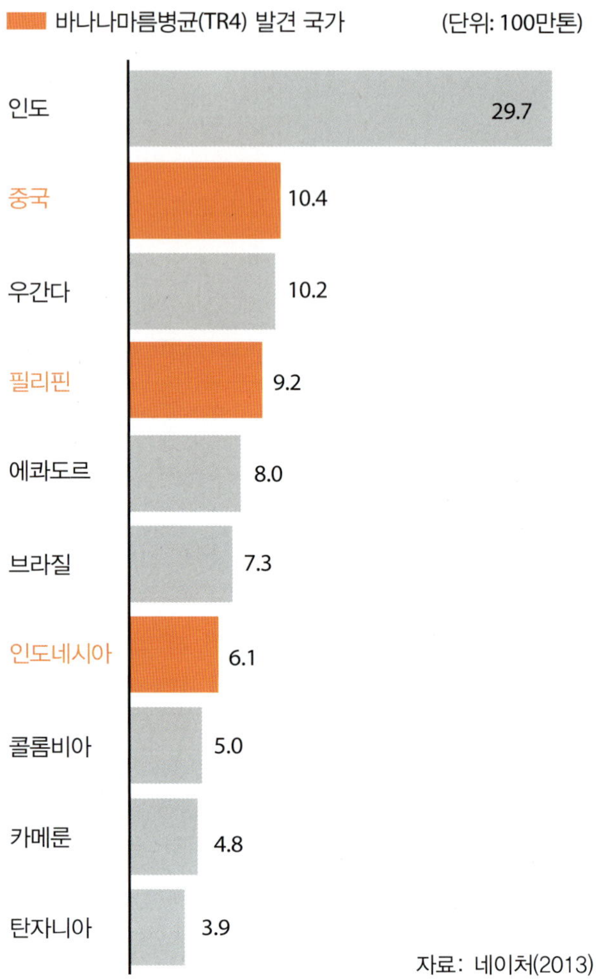

〈주요 국가의 바나나 생산량〉

(1) 바나나의 정의

바나나는 무사(Musa)속의 몇몇 여러해살이 현화식물(herbaceous flowering plants)에 의해 생산되는 식용 과일(edible fruit)이다. 따라서 우리가 흔히 '바나나 나무'라고 부르지만 사실 지구에서 가장 큰 풀(현화식물)이다. 바나나는 그 종류로서 카벤디쉬(Cavendish), 그로미셸(Gros Michel), 플랜틴(Plantain) 등이 있다.

(2) 바나나의 종류

바나나는 크게 날것으로 먹는 그로미셸 바나나(Gros Michel banana, often known as Big Mike)와 드워프 캐번디시 바나나[Dwarf Cavendish banana, 그냥 간단히 캐번디시 바나나(Cavendish banana)], 요리용인 플랜틴 바나나(Plantain banana)로 구분된다. 요즘 재배되고 있는 거의 모든 바나나는 야생종(seeded banana species)인 Musa acuminata와 Musa balbisiana로부터 유래된 품종(hybrids and polyploids)으로, 재배용 바나나는 씨(seed)가 없기 때문에 꺾꽂이 방식과 같은 무성생식에 의해 번식되며 단위결실(Parthenocarpy)에 의해 수확된다. 단위결실이란 속씨식물이 수정하지 않고도 씨방이 발달하여 열매가 되는 현상을 말한다. 이 열매에는 씨앗이 들어있지 않다. 무사 종(Musa species)은 열대 인도네시아(Indomalaya)와 호주(Australia)가 원산지이며, 파푸아뉴기니(Papua New Guinea)에서 처음 재배된 것으로 알려져 있다.

아프리카 동부와 중부, 그리고 아시아 일부 지역에서 주식으로 이용되고 있는 플랜틴(Plantains)은 당(sugar)의 함량이 낮고 전분의 함량이 높은 요리용 바나나이다. 캐번디시나 그로미셸 바나나보다 크기가 더 크고, 껍질이 더 질기다. 당의 함량 낮고 전분 함량이 높기 때문에 가열하여 익혀서 먹기 전에는 맛이 별로 없다. 처음 녹색 상태의 플랜틴 바나나는 숙성되어짐에 따라 노란색으로 변하고, 검은 반점이 생기며, 완전히 익고 나면 전체가 검게 된다. 보통 썰어서 칩이나 파삭파삭한 프라이로 튀겨 먹을 수 있다.

(3) 바나나 전염병

지난해 말, 바나나를 고사시키는 곰팡이병이 전 세계적으로 확산되고 있다며 해결책을 촉구하는 보도가 과학저널인 〈네이처〉에 실렸다. 이어 지난 4월 21일(현지 시각)엔 미국 경제 전문 채널 〈시엔비시(CNBC)〉는 “파나마병의 일종인 TR4가 전 세계로 빠르게 퍼지고 있다. 이대로라면 바나나가 지구 상에서 사라질 가능성도 있다”고 전했다. 1960년대 이전엔 주로 과실도 크고 당도도 높은 ‘그로미셸(Gros Michel)’ 품종이 재배되었지만 곰팡이병으로 인해 시장에서 사라지고, 현재 그 자리를 캐번디시(Cavendish) 품종이 대신하고 있다.

문제의 곰팡이병은 푸사륨 옥시스포룸(Fusarium oxysporum, 자낭균류), 즉 ‘바나나마름병균’이라는 곰팡이의 일종이 일으킨다. 평소 토양 속에 존재하던 곰팡이 균사가 뿌리를 통해 침투한 후 물관부를 거쳐 식물 전체로 퍼진다. 이 과정에서 균사가 바나나의 관다발을 막아 물이 올라가지 못하게 된다. 이로 인해 바나나의 잎이 노랗게 변하며 전체 또는 부분적으로 시드는데, 심한 경우에는 잘록병(입고병, damping-off)이 된다. '바나나마름병균'은 상업용 바나나가 본격 재배된지 얼마 후 1903년 경에 알려지기 시작했다. 바나나마름병(Fusarium wilt, 바나나시듦병)은 파나마에서 발견돼 일명 '파나마병(Panama disease)'으로 불리며, 이 병을 일으키는 균주는 '레이스 원' (Race 1, R1)이다. 이후 이 균주는 파나마의 이웃 나라들로 빠르게 번져, 1960년에는 급기야 그로미셸 품종이 시장에서 완전히 자취를 감췄다. 다행히 영국 캐번디시 공작의 정원사였던 조지프 팩스턴이 발견한 캐번디시 품종이 레이스 원(R1)에 내성도 갖추고 상품성도 지녀 그로미셸 바나나를 대체할 구세주로 등장했다. 1970년대 말 세계 바나나 수요가 늘어나며 동남아 국가에서 캐번디시 바나나의 상업적 대량재배가 신흥산업으로 장려되었다. 그런데 캐번디시 바나나 재배가 시작된 지 몇 년 지나지 않아 말레이시아의 일부 농장에서 바나나가 말라죽기 시작했다. 증상이 파나마병과 비슷했지만 식물에 영향을 끼치는 속도와 전파력은 훨씬 컸다. 여러 연구를 거쳐 밝혀진, 바나나마름병균의 새로운 균주는 '열대 레이스 포' (Tropical Race 4, TR4)로 명명되었다. 최근 문제가 된 바나나 곰팡이병은 이 균주 때문이다. '레이스 원' (R1)에 내성이 있다고 알려진 캐번디시 바나나조차 '열대 레이스 포' (TR4) 앞에선 속수무책이라고 한다. 이처럼 바나나에 심각한 위협을 주는 '열대 레이스 포' (TR4)에 대한 대책을 찾느라 여러 학자들이 고심하고 있다. 다행히 야생 바나나 일종의 유전체(게놈)가 2012년 발표되었는데, 그 유전정보에서 새로운 균주에 내성을 띠는 유전자를 찾아내어 캐번디시 품종에 유전자 조작으로 집어넣으려는 연구가 한창 진행이다. 유전자 조작 바나나는 오스트레일리아의 곰팡이병 발생 지역에서 행한 야외 실험에서 희망적인 결과를 얻었다고 한다. 하지만 이런 대책이 현실에서 효과를 발휘할지는 아직 미지수이다. 더구나 유전자 조작으로 생산되는 바나나를 소비자들이 어떻게 받아들일지도 문제이다.

전 세계적으로 1,000여 종에 달하는 바나나 품종이 있지만 이들 중 '캐번디시'가 글로벌 작황의 약 45%를 차지할 정도로 가장 인기있다. 현재 캐번디시는 바나나 수출의 90% 정도를 차지하고 있지만 TR4에 의해 초토화되고 있다. TR4 균주는 주요 바나나 생산국인 중국, 필리핀, 인도네시아에서 검출되었고 중동의 요르단과 아프리카의 모잠비크에서도 추가로 검출돼 전 세계로 번지는 추세이다. 문제는 TR4가 세계 최대 바나나 생산 지역인 남미로 확산되는 것이다. 지난 2010~2012년까지 남미는 전 세계 바나나 수출의 81%를 차지했다. 아시아는 15%, 아프리카는 4%에 불과하다. 미국을 비롯한 상위 소비국 대다수는 남미에서 바나나를 수입하고 있다. 미국은 연간 400만 톤에 달하는 바나나를 수입하며, 유럽연합(EU)은 그 뒤를 잇고 있다. 최대 수출국은 에콰도르, 필리핀, 코스타리카, 과테말라, 콜롬비아 순이다.

REFERENCE

참고문헌

김영재. 2009. 최신미생물학, 월드사이언스.

김영재. 2010. 병원미생물과 항생물질, 월드사이언스.

김영재. 2012. 생화학-생체분자의 세계. 월드사이언스.

김영재. 2015. 핵심효소학, 월드사이언스.

INDEX 찾아보기

국문색인

ㅈ

ㅊ

ㅋ

영문색인

A

B

C

N

O

P

Q

R

S

T